Techniques book of Amigurumi

手作鉤織玩偶技法書

日本鉤織玩偶協會

從起針、針法組合到線材處理與收尾
詳細解說鉤織玩偶的基本做法

序

鉤織玩偶在毛線編織當中，可以說別具特色。

立體織物表現的可能性無限寬廣，從小巧可愛到大而複雜的織物都能用一條毛線鉤織出來，而且只要有毛線及鉤針就能即刻動手編織，可以說兼具創造和簡便的特性。因此鉤織玩偶在眾多手工藝中，往往被視為容易入門卻相當深奧的嗜好，也因此逐漸獨立為一門技藝。

只是對於從未接觸毛線編織的人而言，鉤織玩偶一開始的難度太高，大多數人容易遭遇挫折，而已經學會毛線編織的人則在不知不覺間上手，因此鉤織玩偶堪稱是成品個體差異相當大的手工藝。

鉤織玩偶不論成品完成度好或壞，都能看作一種妙趣或獨特風格加以欣賞，這也是其魅力之一。對於鉤針編織初學者而言，本書將詳細介紹鉤針拿法的基礎、如何鉤織立體織片、織片的表現、組合方式、如何加上表情等製作鉤織玩偶必備的一連串技術。至於已經熟悉毛線編織的讀者，本書也能傳授你如何漂亮收尾的技巧，以及製作原創鉤織玩偶的訣竅，絕對是您不能錯過的技法書。

日本鉤織玩偶協會

6/0
5/0
4/0
3/0
2/0

CONTENTS

STEP 3
編織技巧 II

〈織片花樣款式集〉

CONTENTS

STEP 4
組合零件

STEP 5
收尾的方法＆完成

〈製作雜貨〉

STEP 6

鉤織原創作品

STEP 7

嘗試動手做

鉤織玩偶集錦

—

I

重現幼犬毛茸茸的蓬鬆模樣。
善用織片的特色呈現鼻尖及耳朵，一雙大眼也相當可愛！

※範例作品僅供參考

小熊的頭與手都在裡面放入重物，因此可以懸掛在書桌或箱子的邊緣。發現小熊正用渾圓的雙眼看著你呢！

兩隻小熊爬富士山！小熊的尺寸小巧，也可以當作吊飾，像這樣擺在桌上裝飾也別有趣味。

嬰兒頭大身小，這個階段特有的
不協調比例相當可愛！小狗也
以同樣頭身不相符的比例織成，
採用柔和的配色。

彷彿從動畫世界跳出來
的可愛少女，所有零件
都是用毛線織成。

從婚紗、燕尾服到新娘捧花等細節都相當講究。新郎與新娘幸福的表情，可以讓人感受到一股暖意。

讓大象穿上衣服，維持人類的坐姿，看起來更可愛。

STEP 1

鉤織玩偶的製作基礎

本篇彙整鉤織玩偶所使用的工具與材料、
各部位名稱、如何看懂編織圖等等，
集結各種有備無患的基本事項。

Techniques book
of
Amigurumi

【鉤織玩偶所需工具】

基本工具

首先先備齊製作鉤織玩偶的必備工具吧。

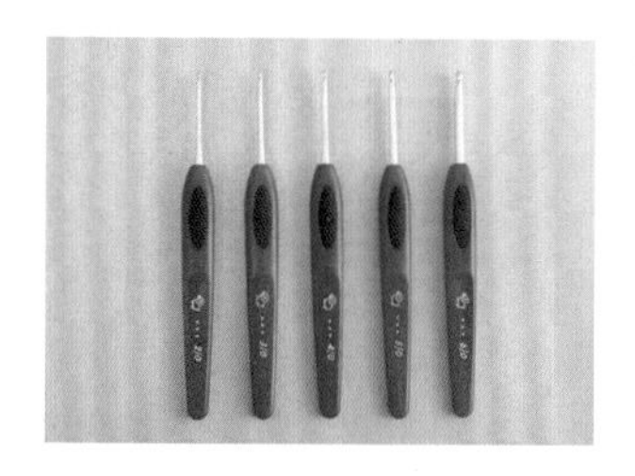

【鉤針】
從2/0號到10/0號均有，數字愈大代表鉤針愈粗，比10/0號鉤針還粗的大鉤針則是以mm單位作為標記。可配合毛線粗細選用（詳見P.16）。

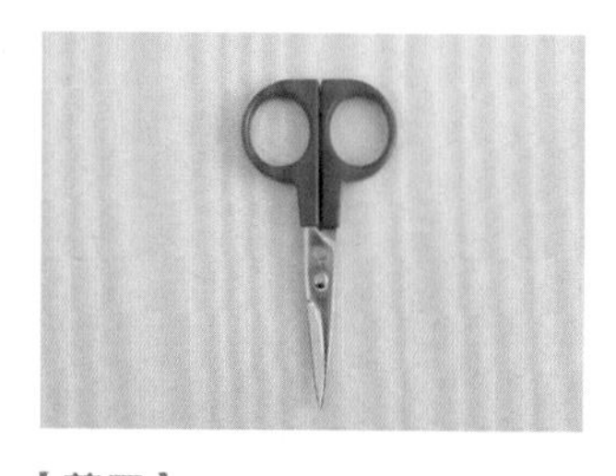

【剪刀】
可剪裁毛線及材料。準備一把尖頭剪刀在作業時會比較便利。

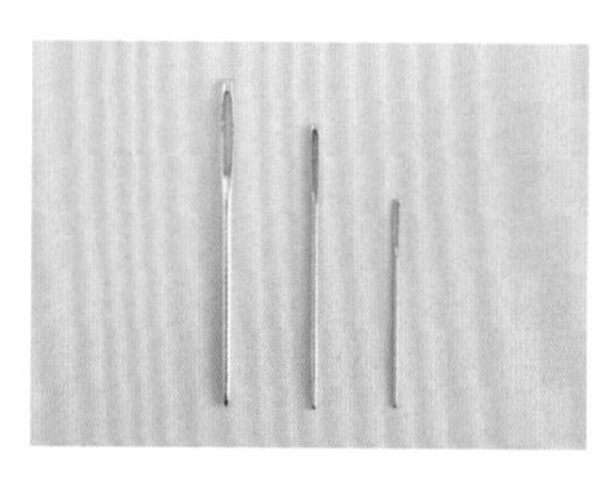

【毛線縫針】
用於綴縫、併縫及刺繡，可配合毛線粗細選用合適的毛線縫針。

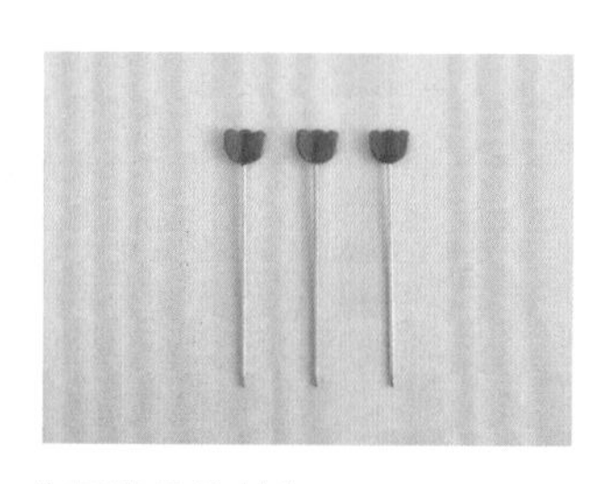

【編織用待針】
綴縫零件或是決定好縫合的位置時，用來暫時固定的針頭。尖端比洋裁用待針來得鈍，針身也比較粗，以便牢牢固定。

【錐子】
黏貼插入式零件時，可用來在織片上挖洞，或是拉起織片以便黏貼。玩偶需要塞入棉花時，也可以使用錐子調整形狀。

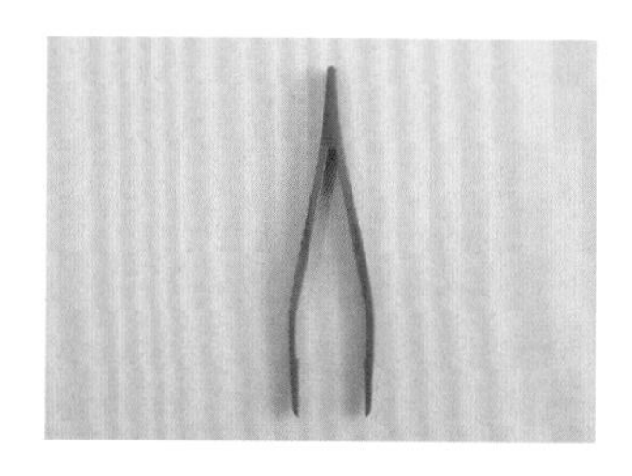

【鑷子】
在手臂等細長零件及開口狹小的零件塞入棉花時使用。

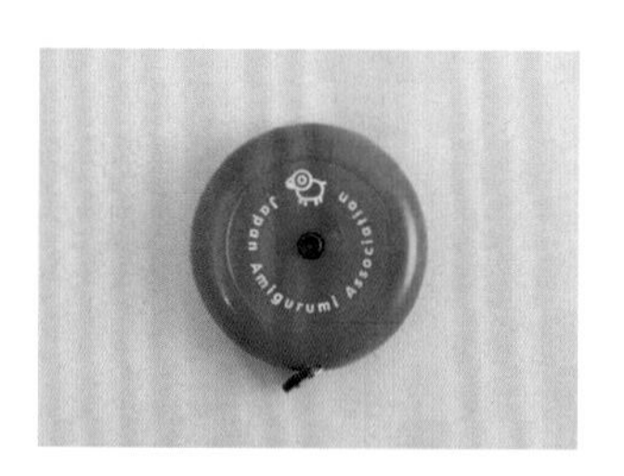

【量尺】
用來測量作品大小及規格。

【強力接著劑】
用於黏貼眼、鼻等配件，或是毛線及毛氈等。

【蒸氣熨斗】
捲曲的織片及拆掉後縮成一團的毛線，只要以蒸氣熨斗燙過後就會變得平整直順。

有備無患的便利工具

下面是根據製作作品而定的必備工具，以及方便作業的便利工具。

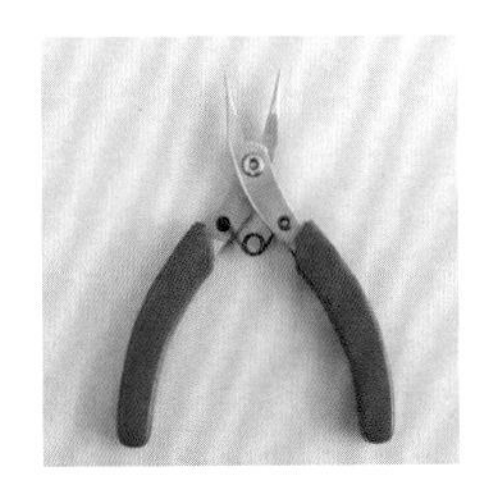

【鉗子】
可輔助裝上C圈等金屬零件，或是用來彎曲鐵絲等。

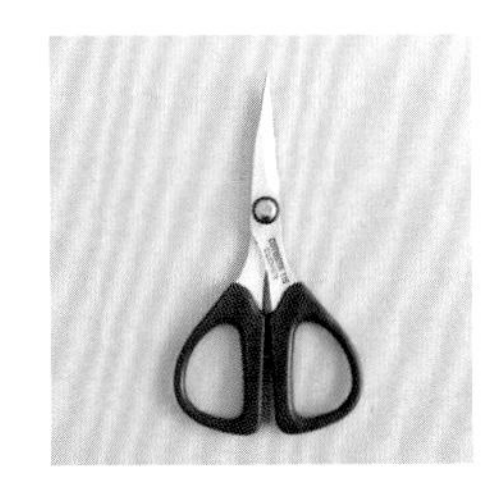

【剪刀（彎刃）】
由於刀刃前端彎曲，剪裁時不會傷到織片。

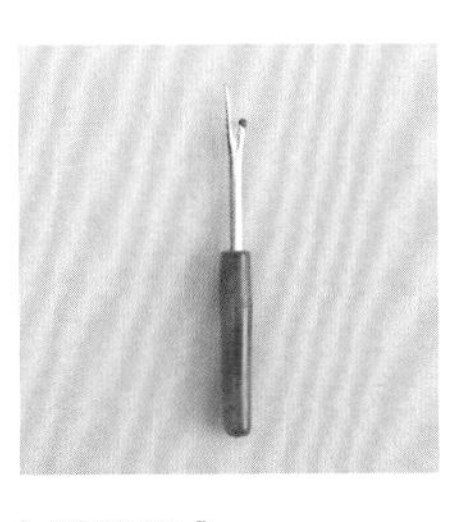

【拆線刀】
想解開纏線部分時，拆線刀會比剪刀更能輕鬆拆線。

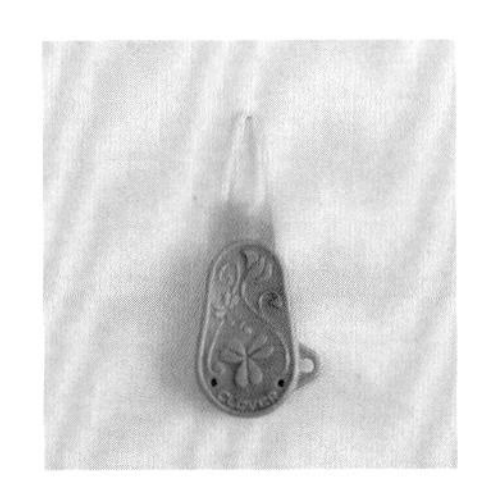

【毛線縫針穿線器】
將毛線穿過毛線縫針時使用。沒有也行，但準備一個就能輕鬆穿線。

【氣消筆】
剪裁毛氈或是黏貼配件時用來作記號。

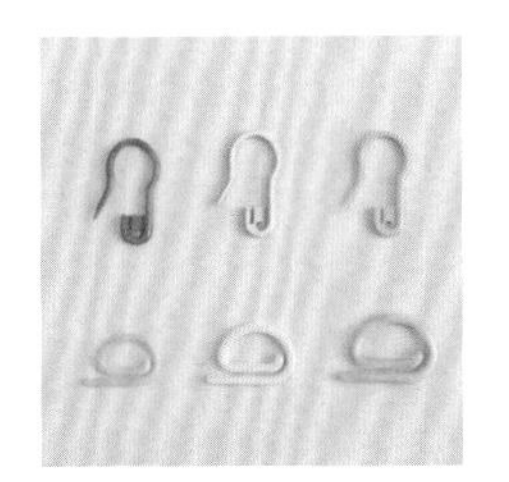

【記號環（段數計環）】
計算針數時，用來掛在欲做記號的針目上。

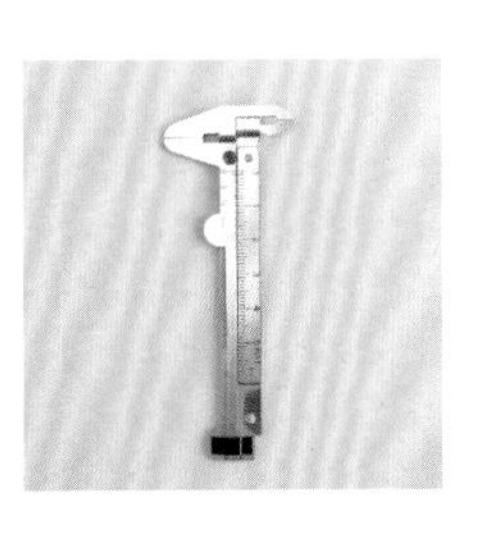

【卡尺】
可正確測量眼鼻配件等大小的工具。

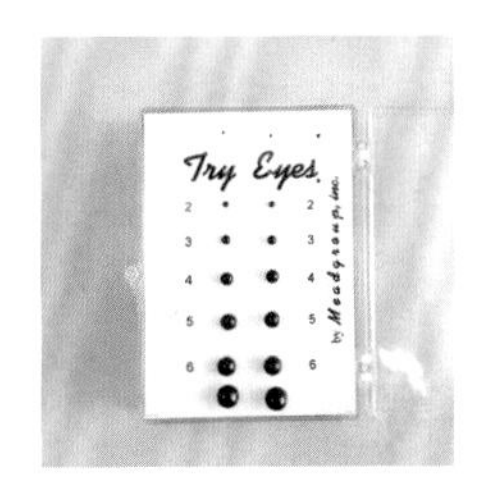

【豆豆眼】
大小不同的豆豆眼組，可實際試用。

【戳針】
將羊毛氈（壓克力纖維）貼在織片上時使用。

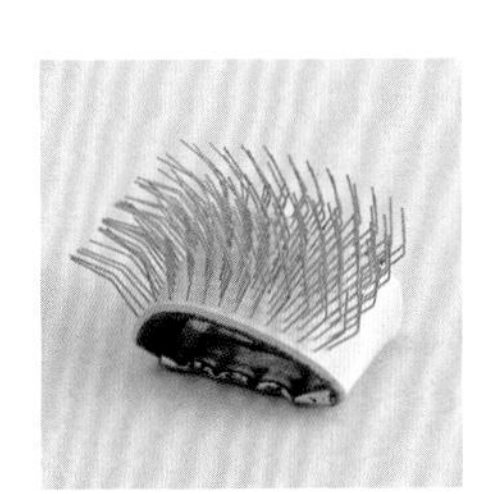

【針梳】
使用針梳的金屬尖端輕刷織片，就能刷出起毛效果。

【毛線製球器】
能夠零失敗製作漂亮的毛線球。

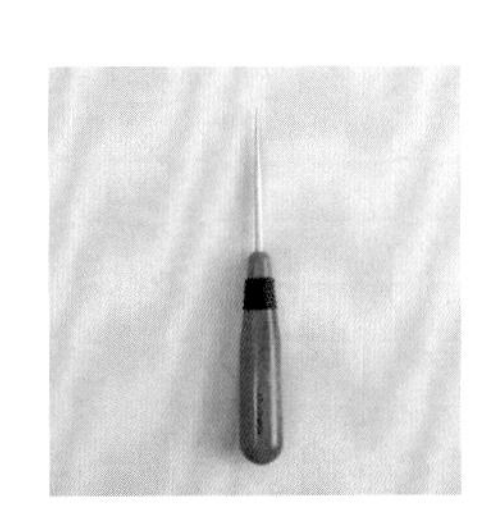

【尖錐】
尖端比錐子還細，主要用於鑽洞。

【鉤織玩偶所需工具】

鉤針的粗細

鉤針有許多粗細不同的型號，應配合使用的毛線，選擇最合適的型號。

號數・公釐	鉤針（實物大）	使用毛線的粗細※
2/0・2.0mm		極細
3/0・2.3mm		中細
4/0・2.5mm		中細、中粗
5/0・3.0mm		粗
6/0・3.5mm		粗
7/0・4.0mm		粗
7.5/0・4.5mm		極粗
8/0・5.0mm		極粗
9/0・5.5mm		極粗
10/0・6.0mm		超粗、特極粗

※毛線粗細僅供參考

公釐	大鉤針（實物大）	使用毛線的粗細※
7mm	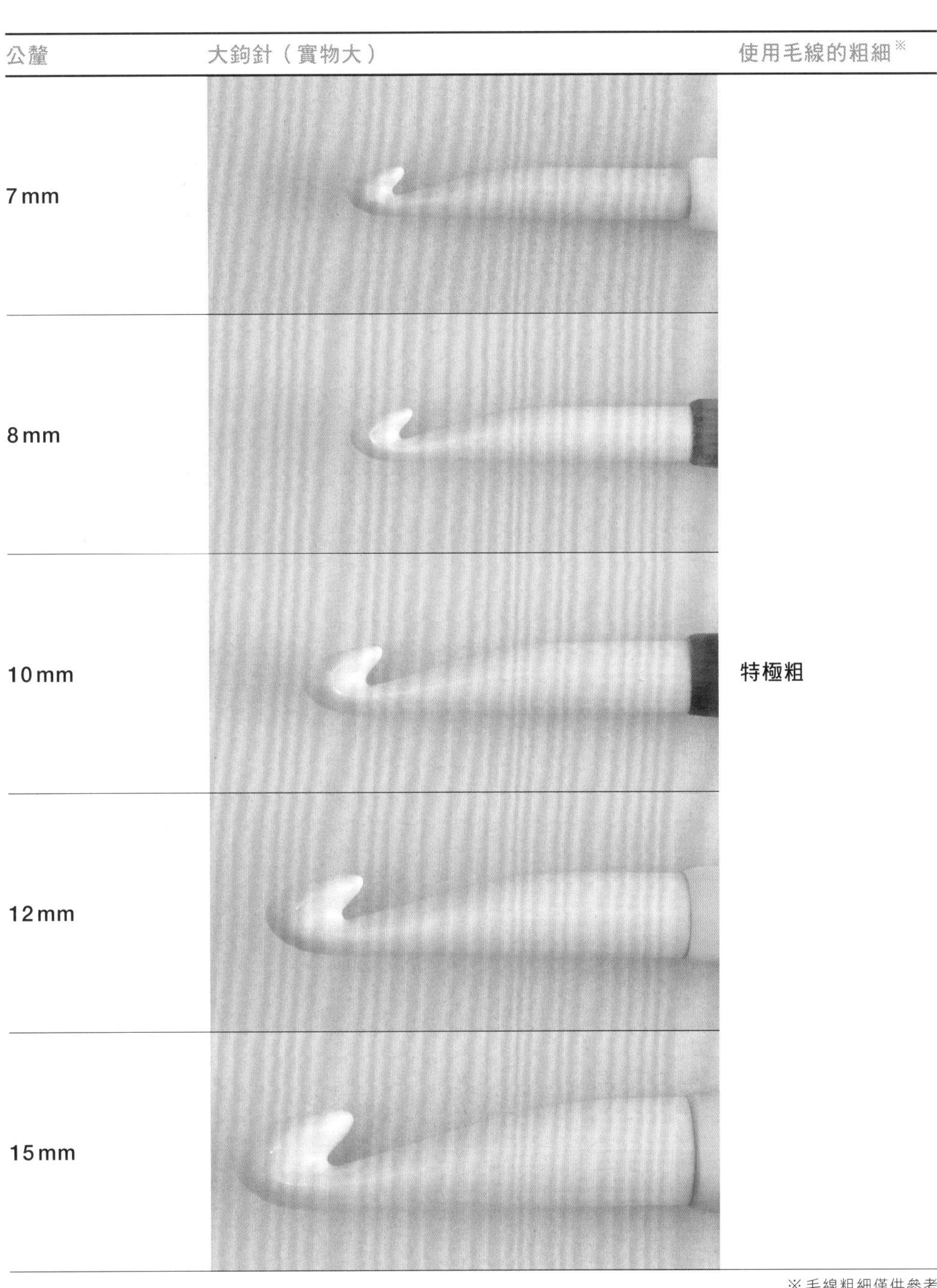	
8mm		
10mm		特極粗
12mm		
15mm		

※毛線粗細僅供參考

【鉤織玩偶所需材料】

線材

線材是鉤織玩偶的基底。依照鉤織玩偶的大小及使用部分，運用不同的線材。

【毛線】
有各種素材和粗細（詳見P.21）。不妨善用各種毛線的特性，選用粗細適合的鉤針。

【蕾絲線】
比毛線還細的線，可用來製作小型鉤織玩偶或是刺繡。

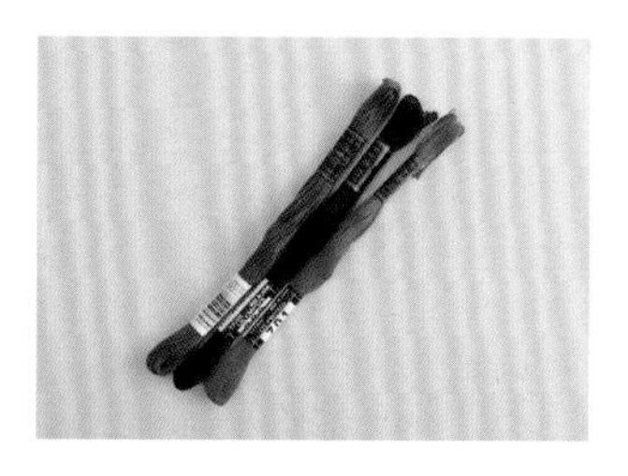

【繡線】
可用來繡臉部表情，能夠比毛線做出更鮮明細膩的表現。

眼鼻配件

當作鉤織玩偶眼睛及鼻子的配件，可使用接著劑黏貼或以針線縫上。

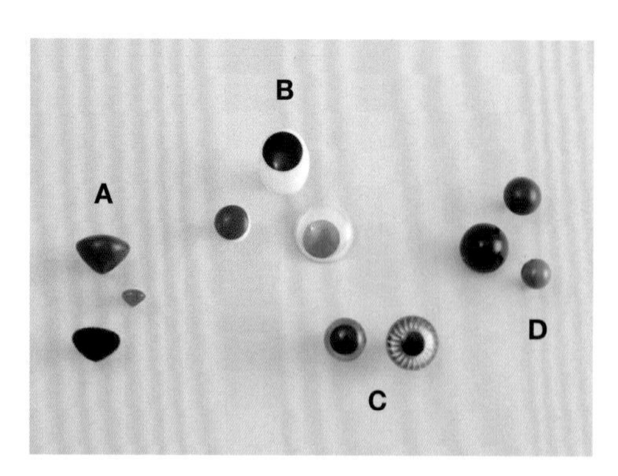

A. 鼻子配件
B. 眼睛配件（卡通眼）
C. 眼睛配件（水晶眼）
D. 眼睛配件（豆豆眼）

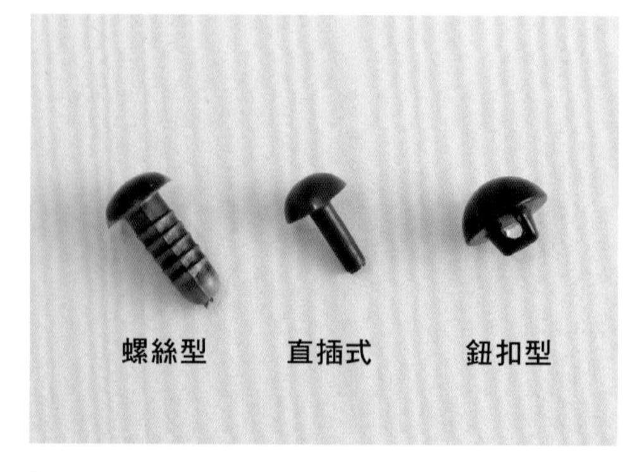

【插入式配件的支腿差異】
插入織片使用的配件支腿可分成三種類型。鈕扣型眼睛配件則是用針線縫合，不必使用白膠。

其他常用材料

製作鉤織玩偶時經常運用的材料。

【棉花】

手工藝用化纖棉花。即使是小型的鉤織玩偶，棉花用量也比外觀看起來要多得多（棉花塞法詳見 P. 131）。

【填充顆粒】

塞入鉤織玩偶內的填充物，可增加重量，或是讓玩偶坐穩。有玻璃、不鏽鋼、樹脂等各種材質。

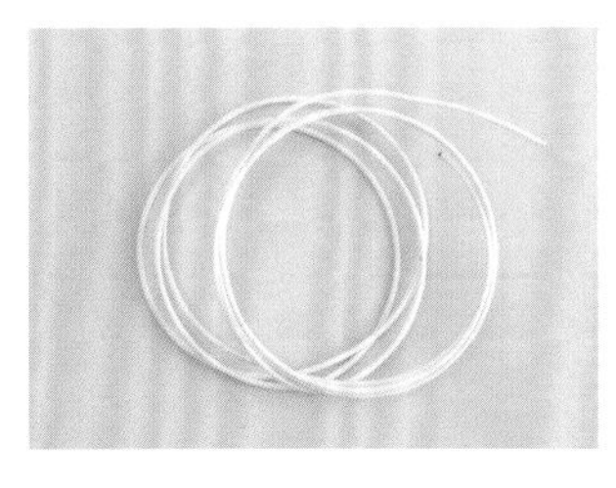

【鐵絲】

裝進鉤織玩偶的身體或手腳內，就能擺出各種姿勢（裝鐵絲的方法參見 P. 136）。請配合零件尺寸選擇適當粗細的鐵絲。

【毛氈】

使用接著劑黏貼，或是用針線縫在織片上。

【壓克力纖維】

使用比羊毛氈更快成形的壓克力纖維所製成的毛氈。可使用戳針戳刺，使毛氈氈化。

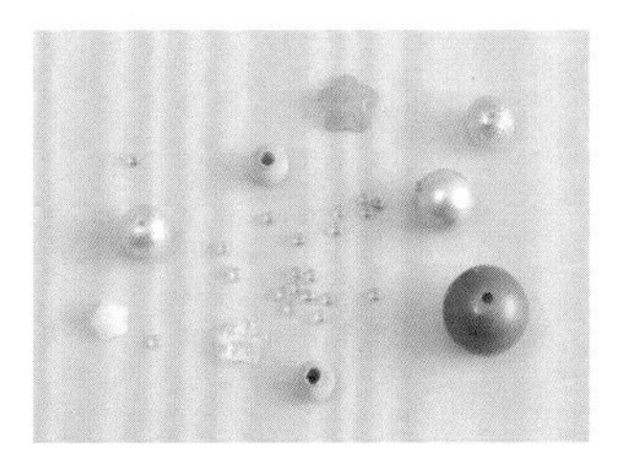

【串珠】

除了用縫線縫上以外，也可以織入毛線或是在織片內側塞入串珠（織入方法參見 P. 97）。

【鈕扣】

除了縫在臉上當作眼睛外，也可以當作裝飾。

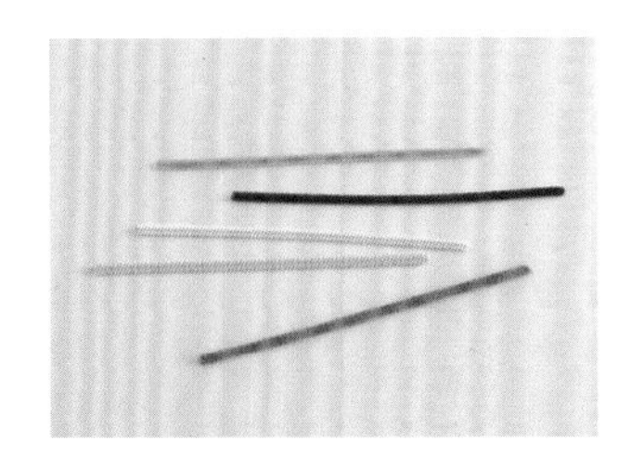

【毛根】

可作為裝飾，內含鐵絲。

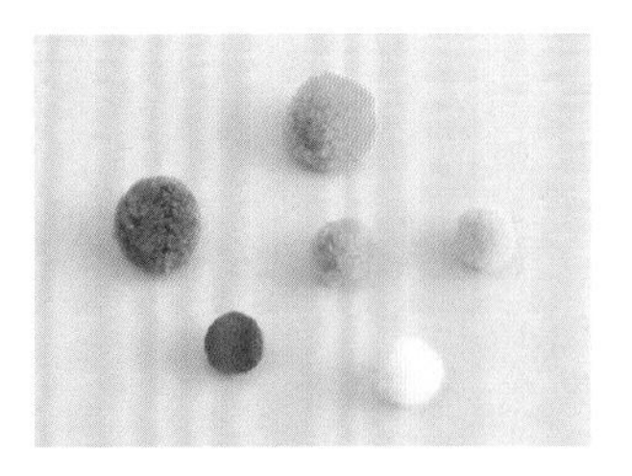

【毛球】

當作動物的鼻子或裝飾，有各種顏色及形狀。

其他常用材料

【厚紙板】
想補強鉤織作品的底部時，可裁成所需大小後使用（放入方法參見P.134）。

【塑膠鈴鐺、響笛】
放入鉤織玩偶中，只要搖動或是按壓就會發出聲響（放入方法參見P.133）。

製作雜貨的材料

以下彙整將鉤織玩偶做成雜貨時所需的代表性材料。

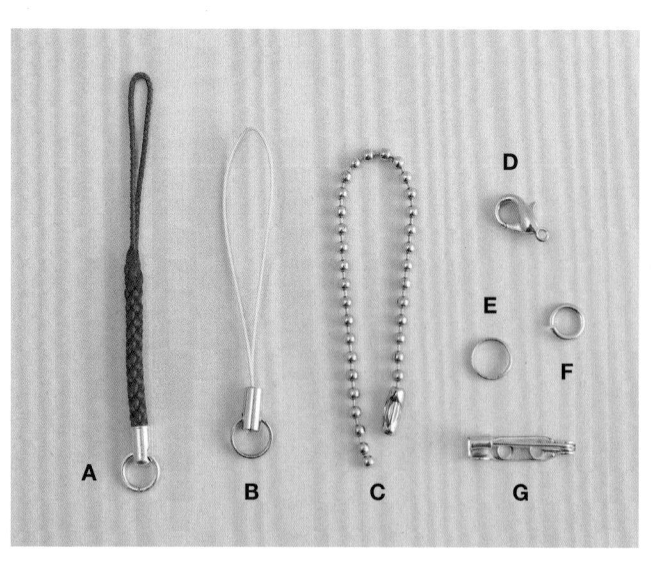

【手機繩、珠鏈條】
做成手機吊飾及飾品時所使用的金屬配件。
A.編織手機吊繩　B.有圈手機吊繩　C.珠鏈條
D.問號勾　E.單圈　F.C圈　G.胸針

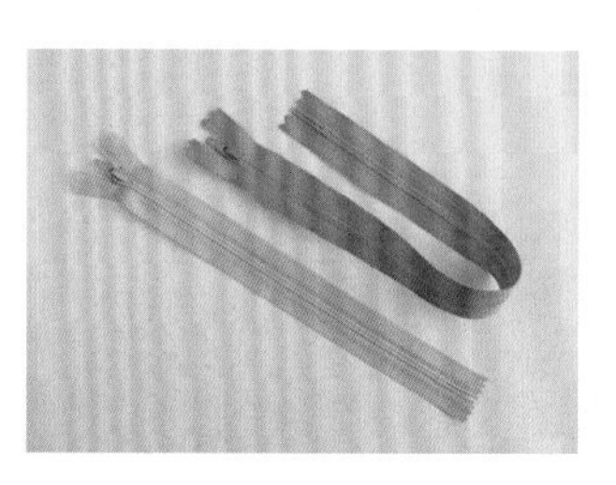

【拉鍊】
製作化妝包或票卡夾時，可縫合在織片上（縫法參見P.181）。

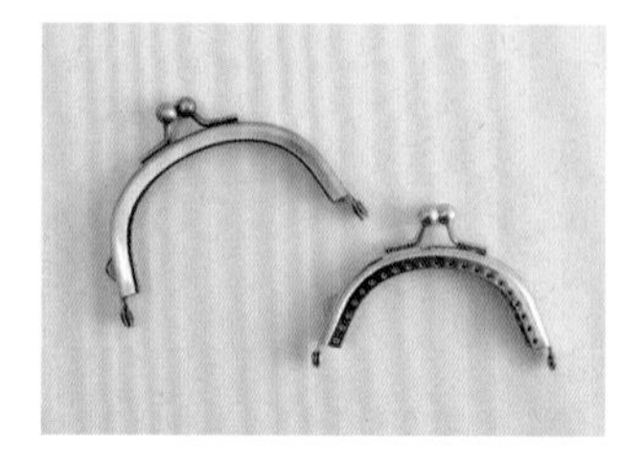

【口金（蛙嘴式）】
製作錢包、化妝包及包包等時使用，可分成縫合型和黏貼型（裝法參見P.178）。

【毛線的粗細與形狀】

毛線的粗細

以下是鉤織玩偶常用的毛線。根據粗細不同，配合使用不同的鉤針。

（實物大）

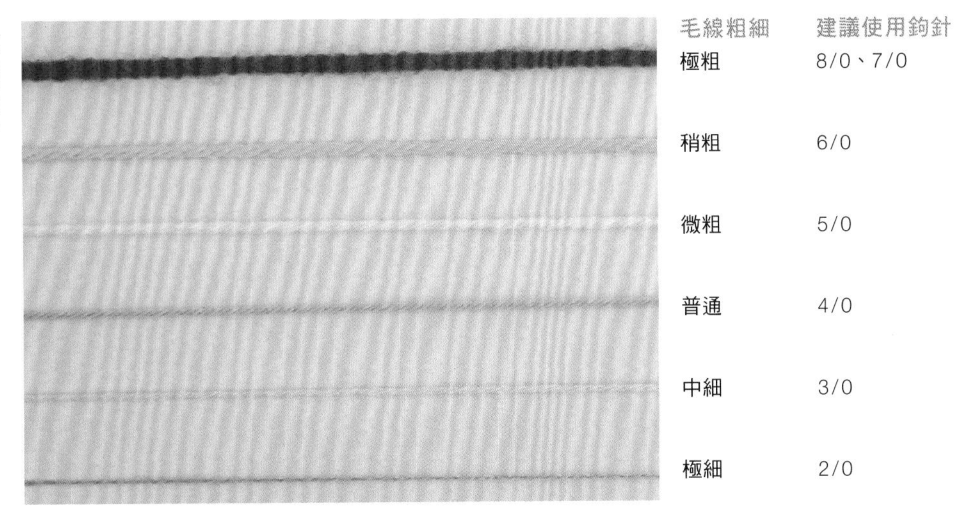

毛線粗細	建議使用鉤針
極粗	8/0、7/0
稍粗	6/0
微粗	5/0
普通	4/0
中細	3/0
極細	2/0

毛線的形狀與材質

毛線的類型五花八門。不同形狀的毛線織成織片時，成品表現也各不相同。
就連材質也相當多樣，像是毛系、棉、麻，不妨用心挑選自己喜歡的毛線。

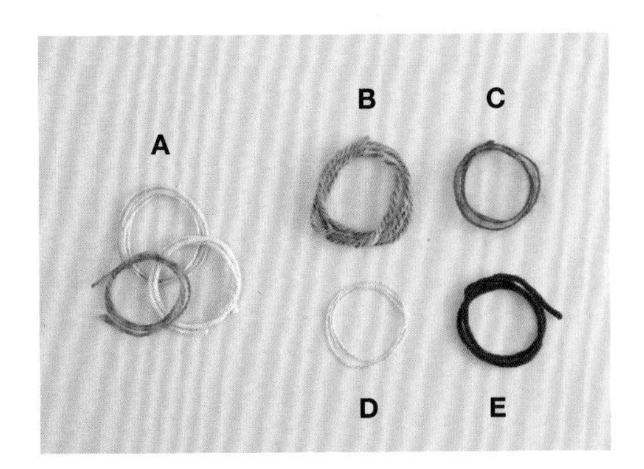

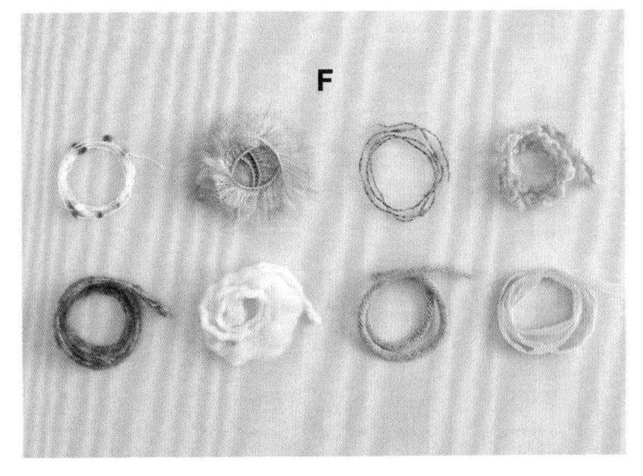

A. 直線毛／針目清楚明顯的毛線。適合初學者。
B. 結粒紗／含結粒（節或裝飾）的毛線。織片含有不規則的節及裝飾。
C. 馬海毛／帶有柔軟起毛的鬆軟毛線。原是以安哥拉毛（山羊毛）為原料，亦有壓克力纖維製。
D. 金銀線／可鉤織出閃閃發亮的織片。
E. 雪尼爾線／充滿絨毛，具光澤感、觸感滑順的毛線。大多為粗毛線。
F. 花式紗／由不同種類、顏色及粗細的線揉合而成的毛線。種類繁多，包括含結粒、毛皮等。

【鉤織玩偶&織片各部位名稱】

鉤織玩偶

介紹鉤織玩偶各部位的用語。

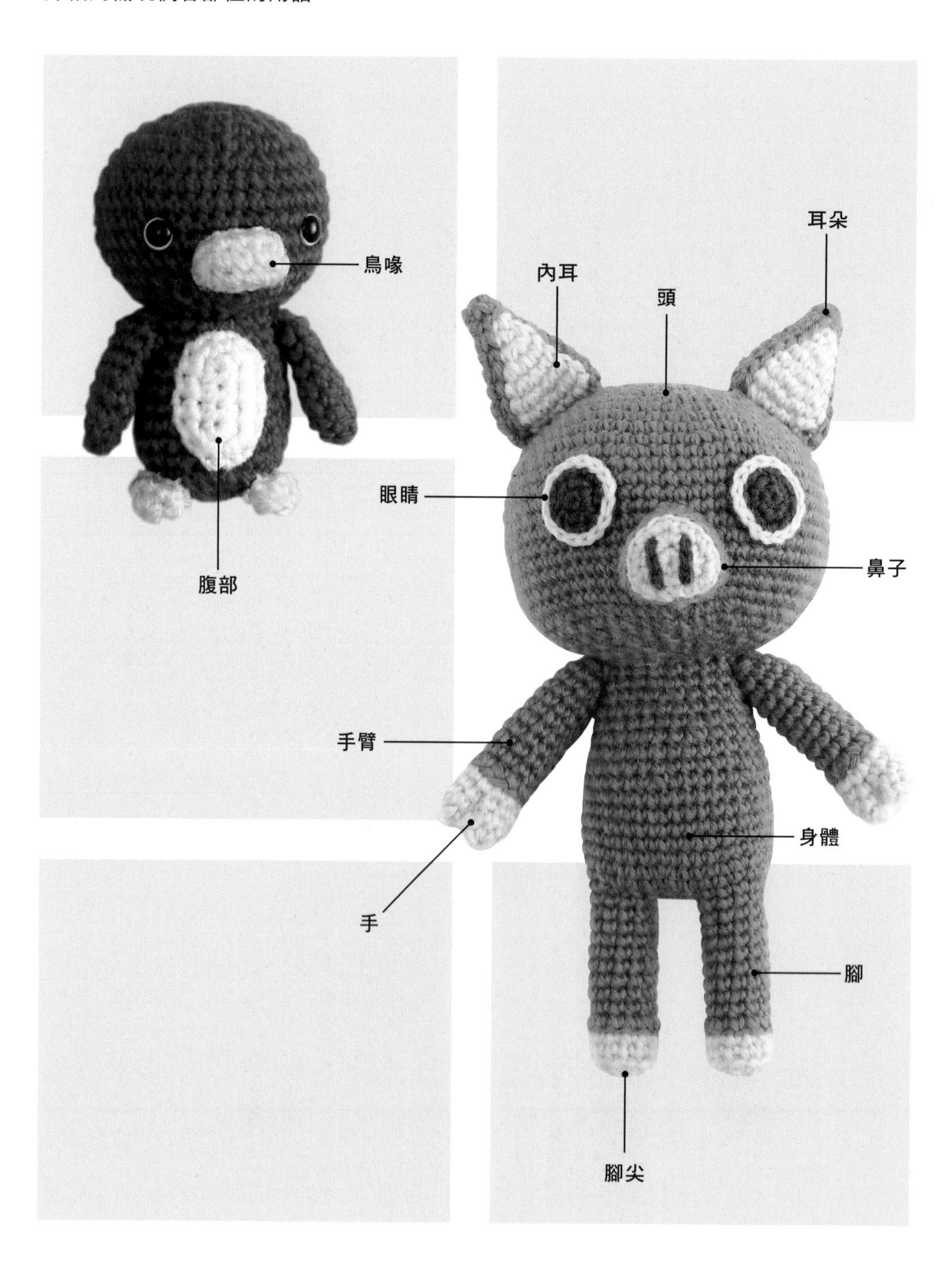

織片

介紹做法說明中所使用的織片各部位用語。

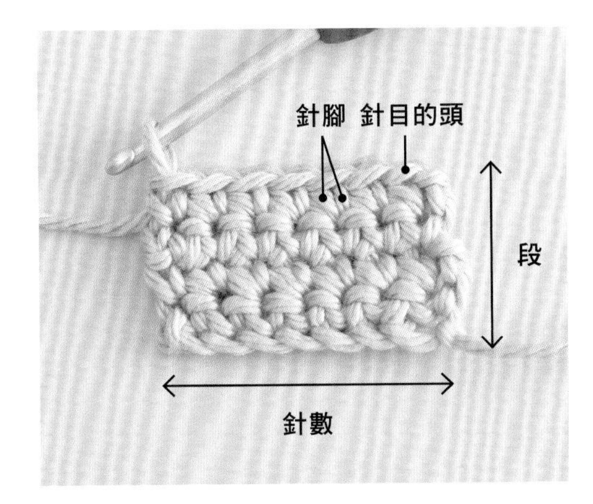

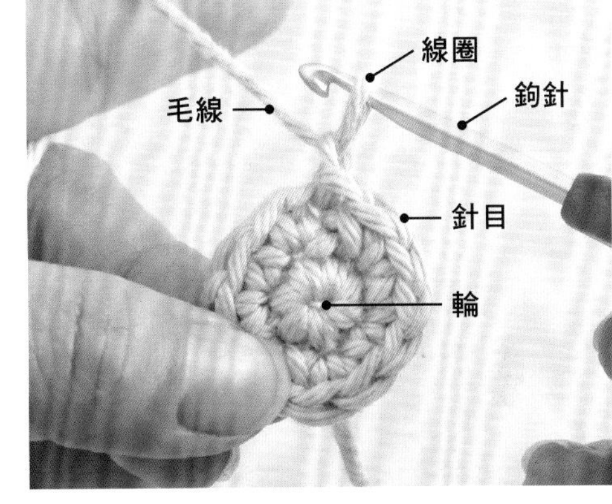

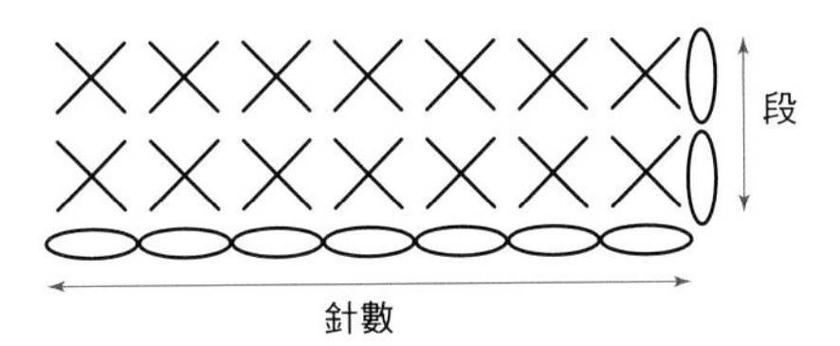

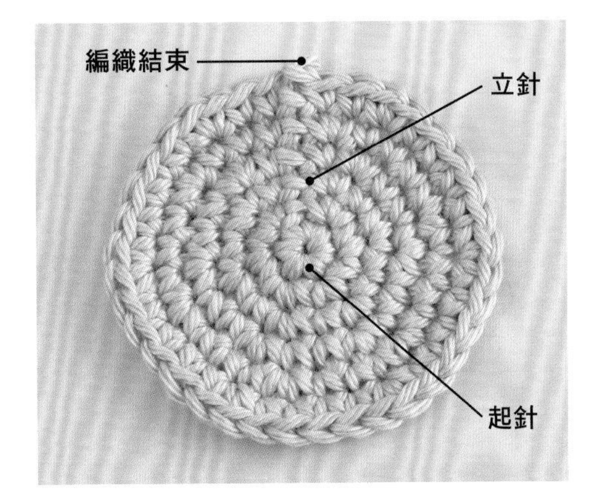

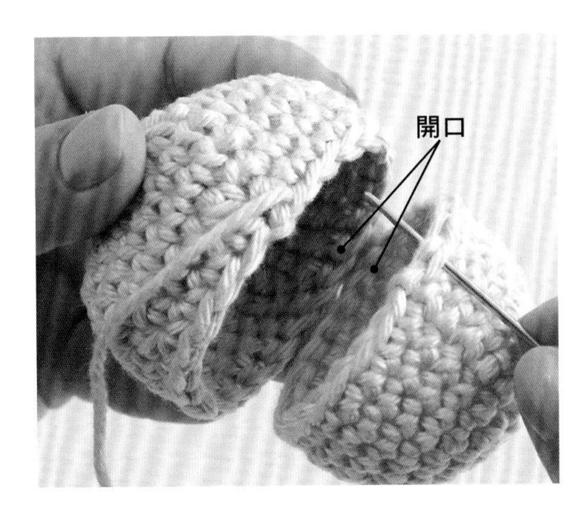

【編織圖的閱讀法】

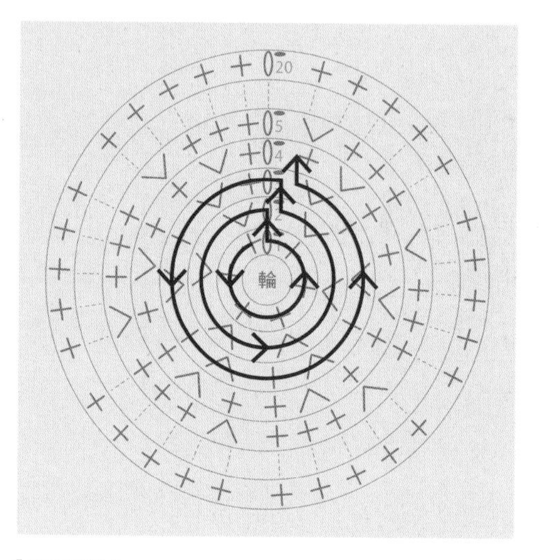

【編織圖】

圓的中心為起針，以線條劃分每一段。每段都是從立針記號往逆時針方向看圖。

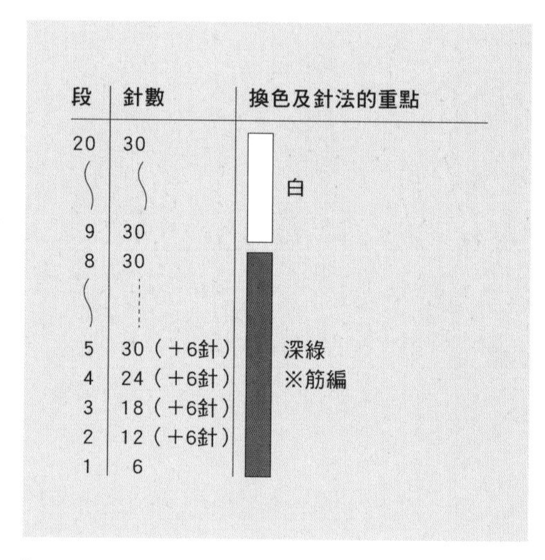

段	針數	換色及針法的重點
20	30	白
∫	∫	
9	30	
8	30	深綠 ※筋編
∫	⋮	
5	30（+6針）	
4	24（+6針）	
3	18（+6針）	
2	12（+6針）	
1	6	

【段數針數表】

將各段針數彙整成表，加針、減針則寫在括號中。若是途中換色，則在右側標示顏色。

【做法】

①參考編織圖鉤織各零件。

②在頭部塞入棉花。

③手、腳裝入鐵線，塞入棉花後，縫合在身體上。

④裝好鐵線後，在身體塞入棉花。

⑤將頭與身體縫合。

⑥將耳朵縫合在頭上。

⑦將尾巴縫合在身體後側。

⑧繡上鼻子及嘴巴。

⑨用接著劑貼上眼睛配件。

【做法說明】

將製作步驟彙整成文。

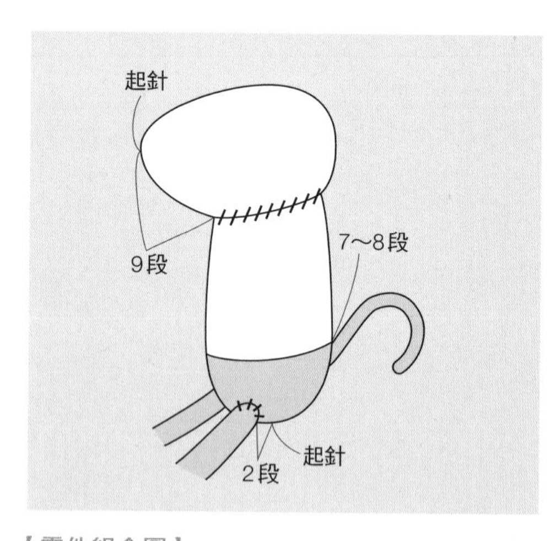

【零件組合圖】

解說組合零件時的位置。

〈嘴巴刺繡〉

1出
2入
3出
4入
起針
1段
2針

【重點圖】

以圖解說明刺繡以及需要特別注意的重點。

【鉤織玩偶的標準規格】

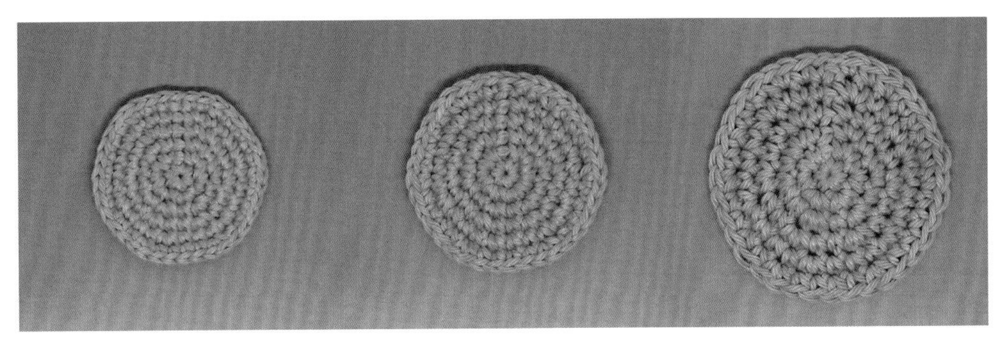

力道較重的織片　　標準力道的織片　　力道寬鬆的織片

即使是編織同樣的東西，力道拿捏不同，成品大小也會不同。開始鉤織作品之前，不妨先使用指示號數的鉤針來編織鉤織玩偶規格的織片。
如果織片比樣本規格大，表示鉤的力道較寬鬆；若是織片比較小，表示鉤的力道較重。可透過控制力道，或是更換鉤針號數來因應調整。

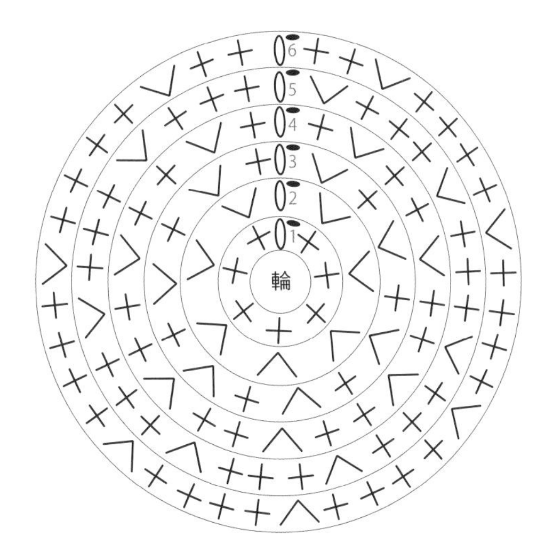

【斜行】

使用鉤針鉤織輪編時，立針部分會逐漸往右偏斜，稱作「斜行」。無論是新手還是專業人士都會出現這種現象。
這是因為鉤針編織在性質上，針目的頭部鎖針及針腳的位置自然會歪斜，不會保持垂直。不過每個人拉線的力道拿捏不同，造成的斜行程度也有個別差異，但平均傾斜角度約10度左右。
但如果發現作品出現大幅的傾斜，或是變成向左傾斜時，很有可能是立針的方法有誤，請務必參閱P. 44重新確認。

織圖記號一覽表

鎖針→P.35

短針→P.40

中長針→P.43

長針→P.46

長長針→P.48

三卷長針
將線纏繞鉤針3圈後再鉤長針。

螺旋卷針
將線纏繞鉤針指定圈數後，穿入前段針目鉤出線，接著在鉤針掛線，穿過纏繞的線圈後，再次在鉤針掛線，一次引拔拉出掛在鉤針上的2個線圈。

引拔針→P.50

逆短針→P.52

短針筋編→P.54

中長針筋編→P.54

長針筋編→P.54

短針畝編
鉤法與筋編一樣，進行平編後，織片的正面及反面會交錯出現紋理，形成畝狀圖案。

表引短針→P.56

表引中長針→P.56

表引長針→P.56

裡引短針→P.57

裡引中長針→P.57

裡引長針→P.57

短針的環編→P.61

2短針加針→P.64

3短針加針→P.64

2中長針加針
鉤法與短針一樣。在前段的同一針目鉤2針中長針。

3中長針加針
鉤法與短針一樣。在前段的同一針目鉤3針中長針。

2長針加針
鉤法與短針一樣。在前段的同一針目鉤2針長針。

3長針加針
鉤法與短針一樣。在前段的同一針目鉤3針長針。

3長針加針（挑束鉤織）
在前段的針目挑束，然後在同一針目鉤3針長針。

2短針併針→P.65

3短針併針→P.66

2中長針併針→P.66

3中長針併針→P.66

2長針併針→P.66

3長針併針→P.66

3中長針的玉針
在前段的同一針目鉤織3針未完成的中長針，最後一次引拔勾出掛在鉤針上的所有線圈。

3長針的玉針
在前段的同一針目鉤織3針未完成的長針，最後一次引拔勾出掛在鉤針上的所有線圈。

鏈條接合→P.142

STEP 2

編織技巧 I

本篇匯集了鉤針及線的拿法、起針等
製作鉤織玩偶所使用的基本針法。
先來掌握本篇的基本針法吧。

Techniques book
of
Amigurumi

開始編織前

先準備好毛線，一起來熟練鉤針的拿法、拿線法及掛線方法吧。
可別小看這個步驟，這可是所有針法的基礎。

▶ 如何取出線材末端

從毛線球的中心拉出線，蕾絲線及夏季毛線等容易鬆開的線則從外側取線使用。

▶ 鉤針的拿法

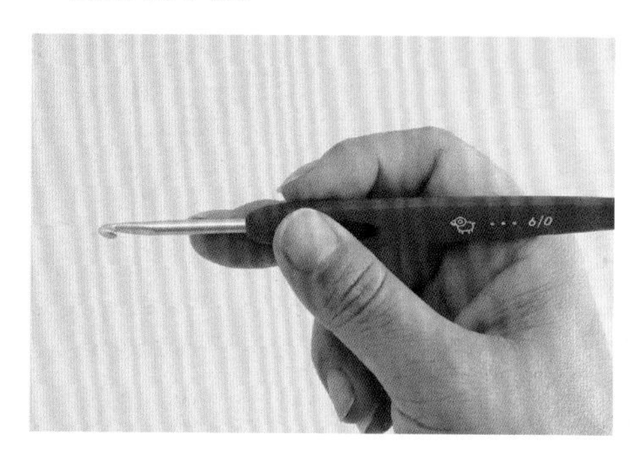

以大拇指抵住握柄，食指及中指輕扶握柄。

▶ 基本拿線法

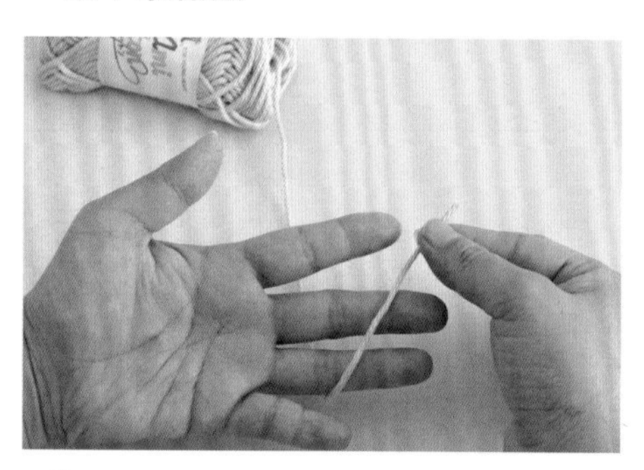

1　以右手捏住線端，從左手的小指及無名指之間拉出線。

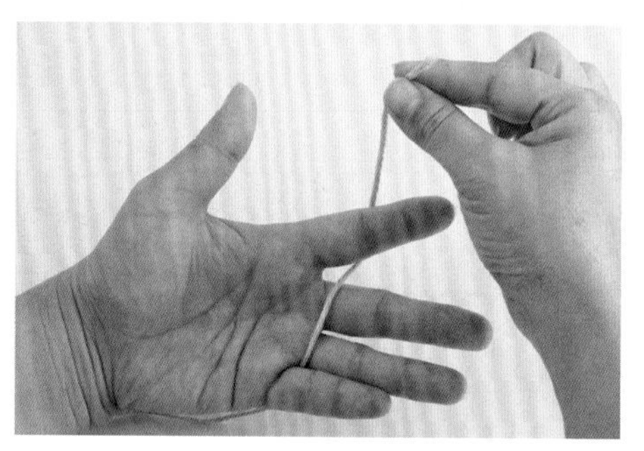

2　拉出的線繞過食指後方，掛在食指上。

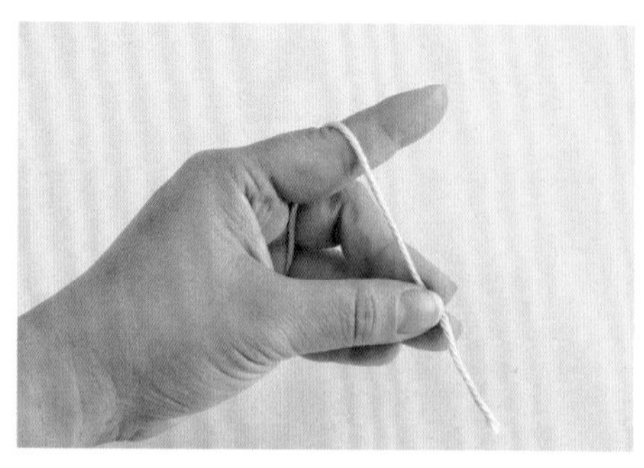

3　以大拇指及中指夾住離線端約5cm處。食指豎起，拉緊線材。

輪狀起針

製作鉤織玩偶的零件時，最常使用的起針方式。
下面以短針（P.40）作為示範，加以說明。

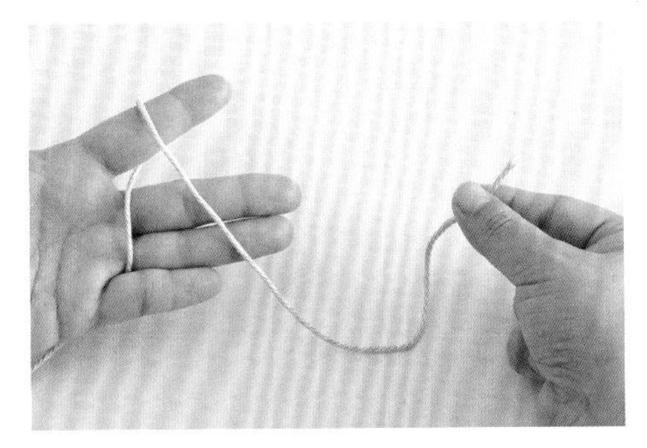

1 以小指夾住線端約40㎝處，按照拿線法（P.28）的步驟1～2將線掛在手指上。

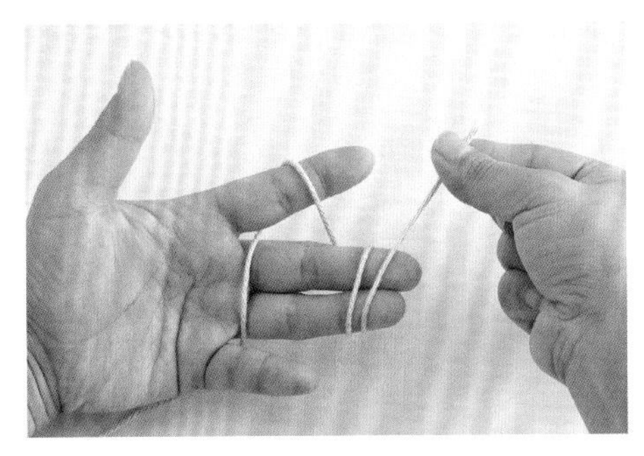

2 線在併攏的無名指及中指上繞2圈。

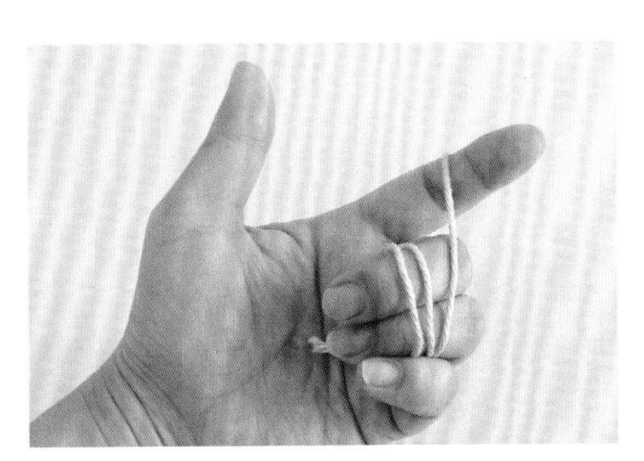

3 以小指及無名指夾住線端，並輕握中指、無名指及小指。

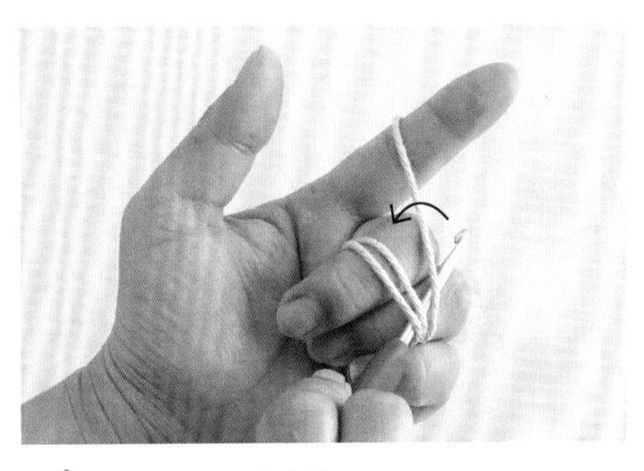

4 鉤針穿過雙重線圈。

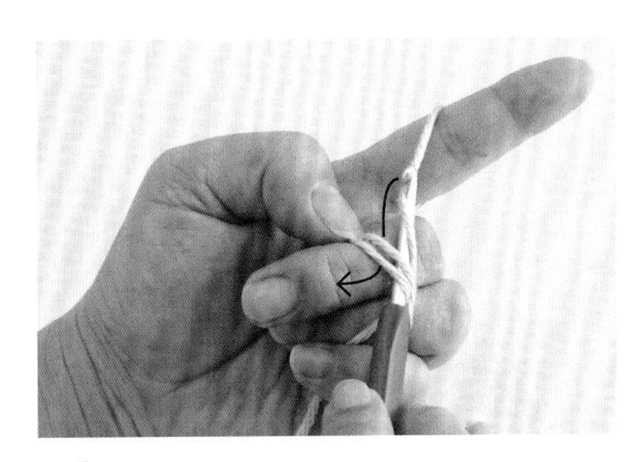

5 以鉤針勾住掛在食指上的線。

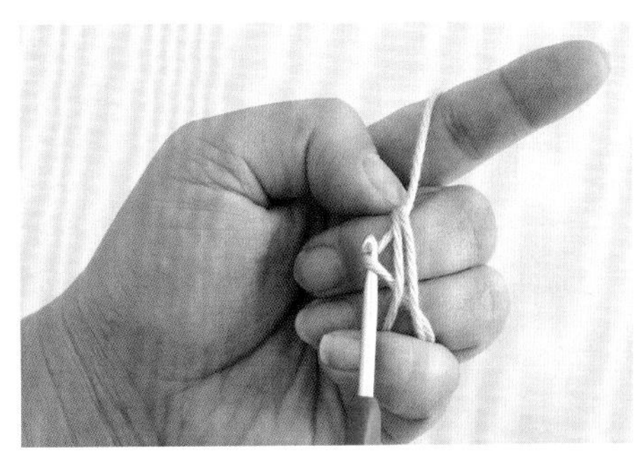

6 從雙重線圈的下方將線拉出。

輪狀起針

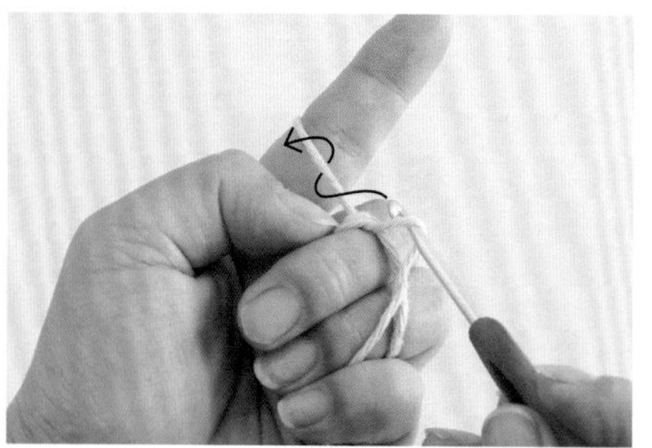
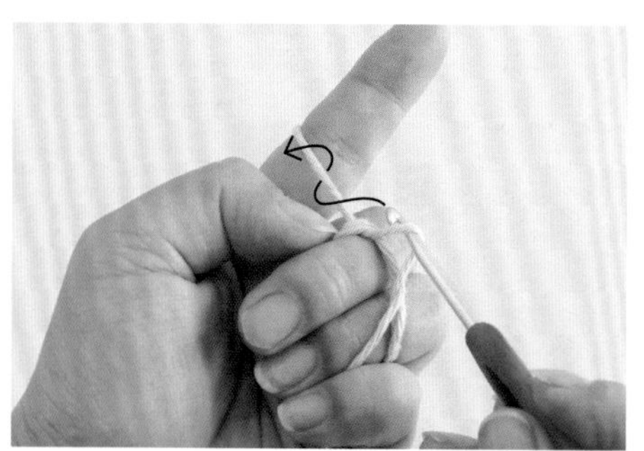

7　編織圖的「輪」的部分完成了。

▶ 第1段

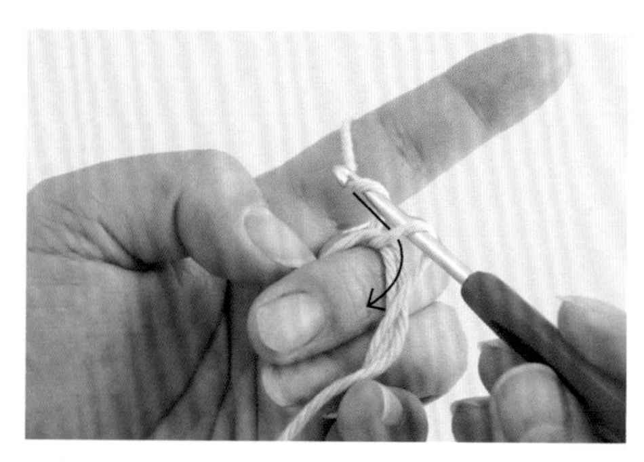

8　如步驟7的箭號所示範，將線掛在鉤針上，然後從線圈之間將線拉出。

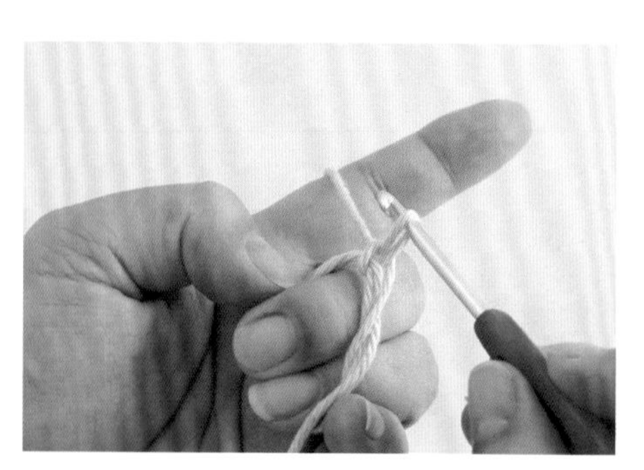

9　完成1針立針。

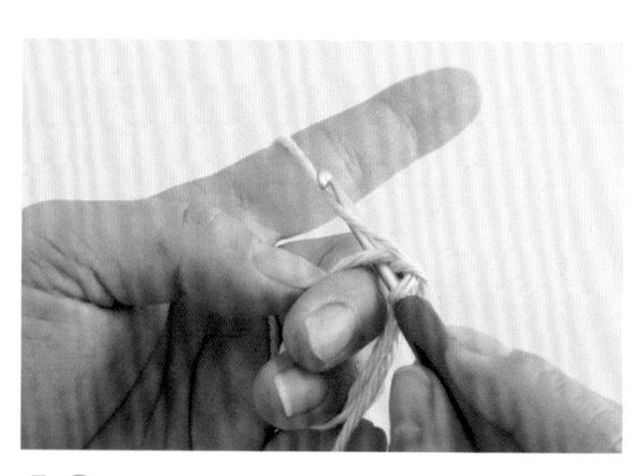

10　與步驟4一樣，鉤針穿入雙重線圈，將掛在食指上的線掛在鉤針上。

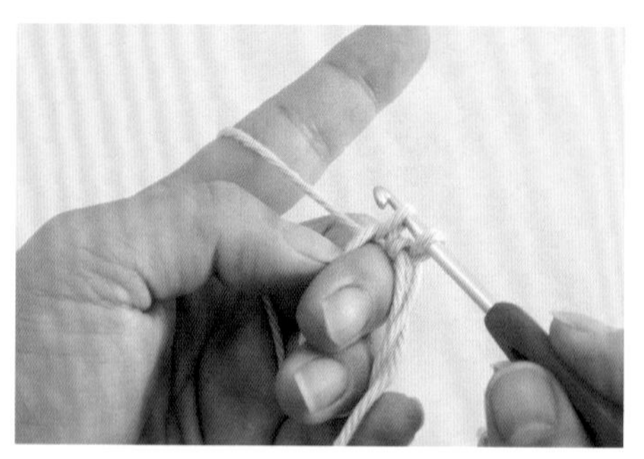

11　然後從雙重線圈之間將線拉出。這時，鉤針上掛有2個線圈。

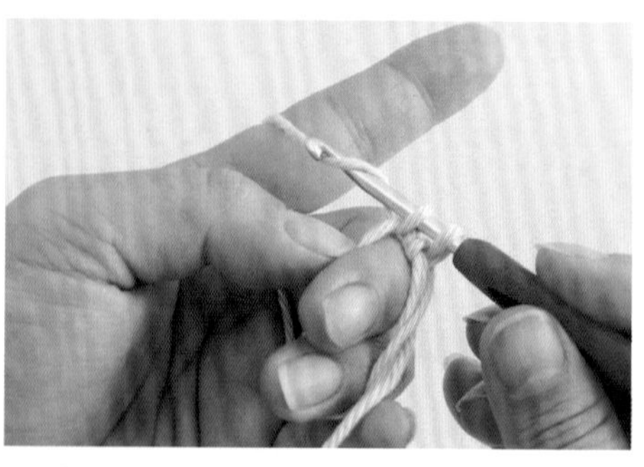

12　再次將掛在食指上的線掛在鉤針上。

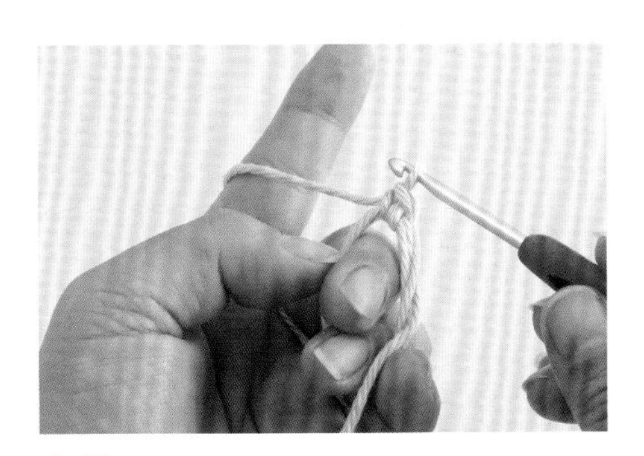

13 從掛在鉤針上的2個線圈中將線引拔拉出。完成1針短針。

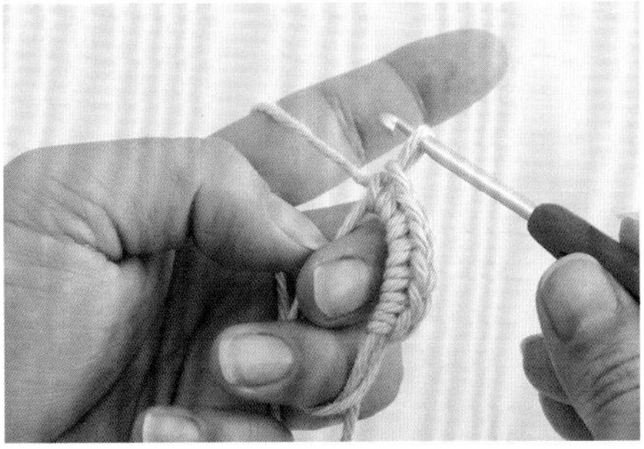

14 重複上述步驟，鉤織第1段所需針數。

▶ 拉緊線環

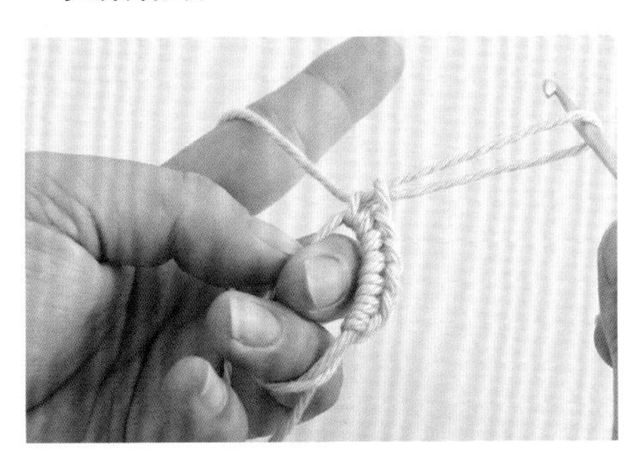

15 先拉長掛在鉤針上的線圈。

16 拿出鉤針（此步驟又稱為「讓線休息」）。左手拿住編好的部分，使休息的線圈位在右下方。

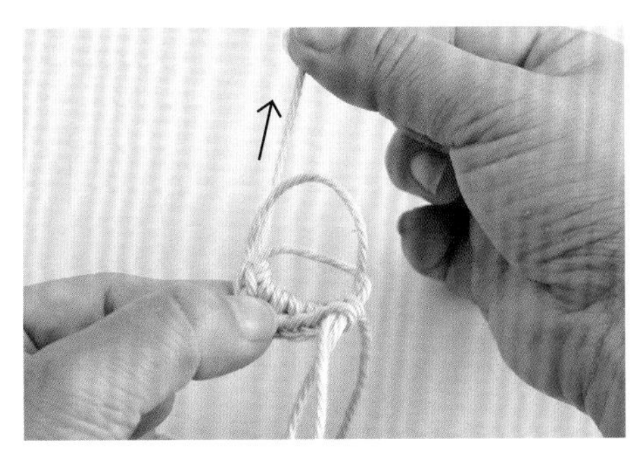

17 輕拉線端，確認是雙重線圈的哪一個線圈會滑動。

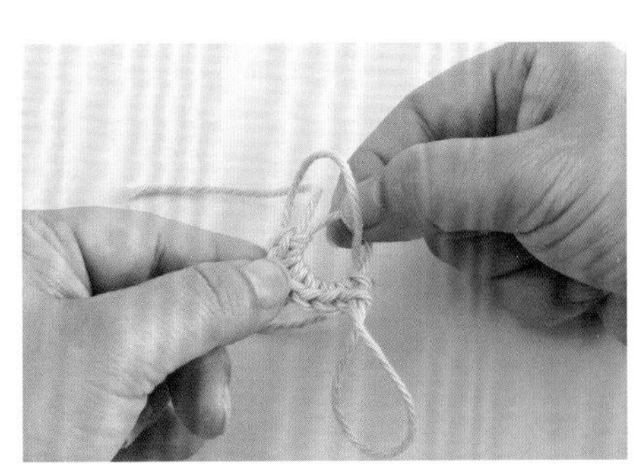

18 確認滑動的線圈後，抓住並拉動該線圈的靠線端側。

※注意不可以拉動休息的線圈側

輪狀起針

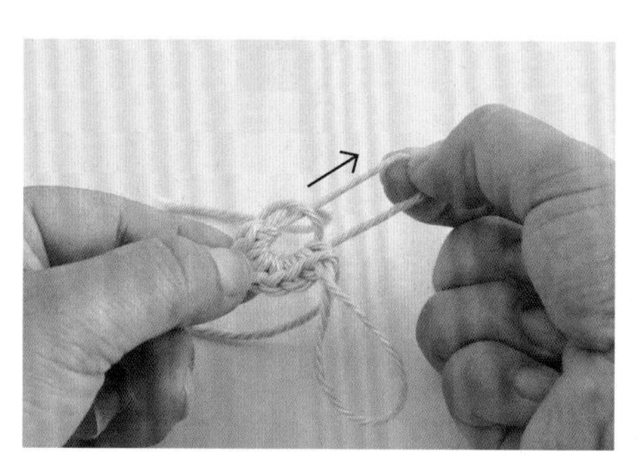

19 朝順時針方向（箭頭方向）拉。

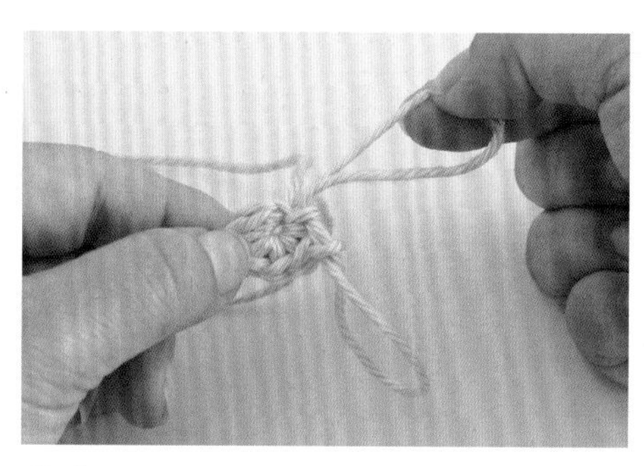

20 拉至輪的中心縮小為止。

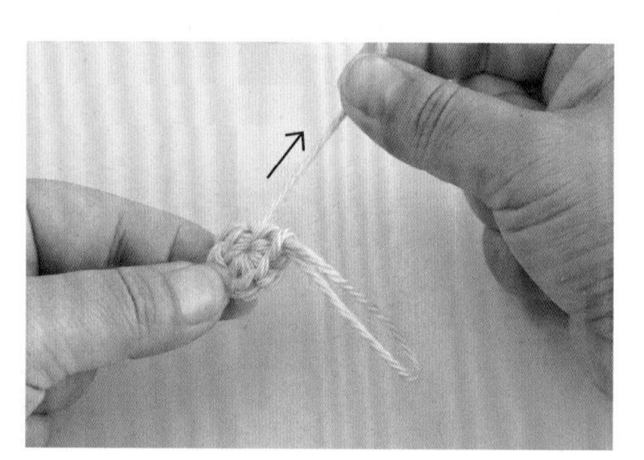

21 接著改拉動線端，使另一個線圈縮小。這樣就完成輪狀起針。

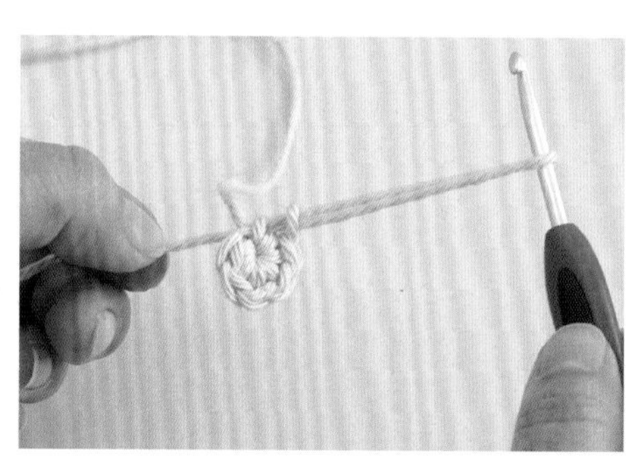

22 鉤針插回步驟15休息的線圈。

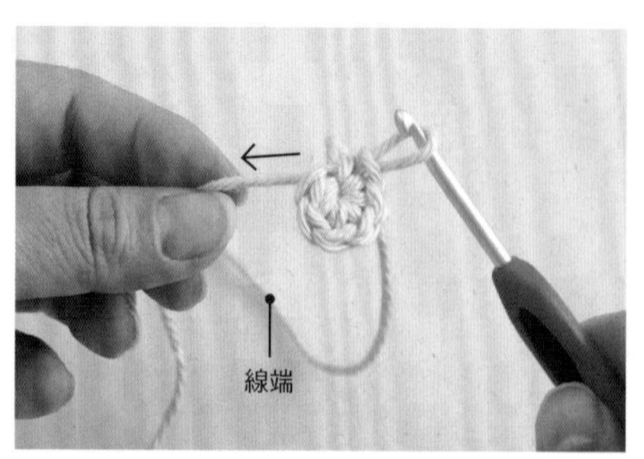

23 拉動從毛線球拉出的線，使線圈縮小。

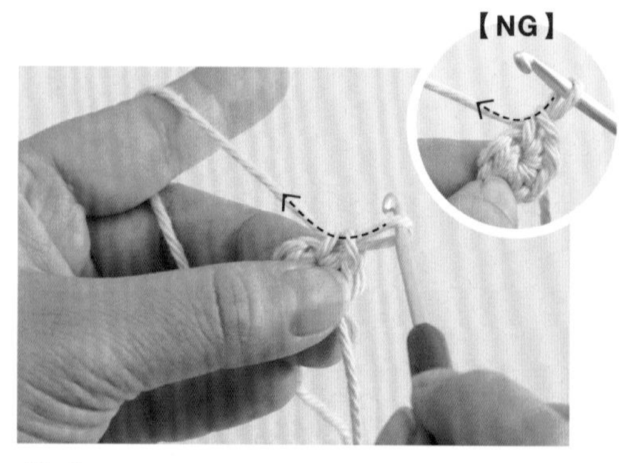

24 確認鉤針是否正確插回線圈，只要掛在食指上滑動的線位在鉤針前方即可。

※如果鉤針後方的線會滑動，就表示插錯了

▶ 每段結尾做引拔針

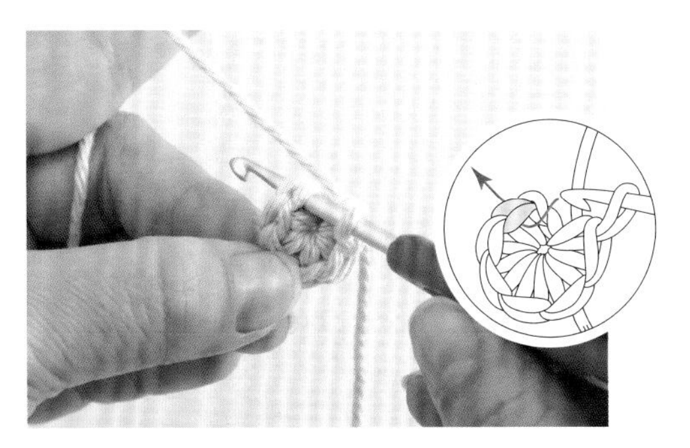

25 挑起第1針短針的頭部鎖針的全目。

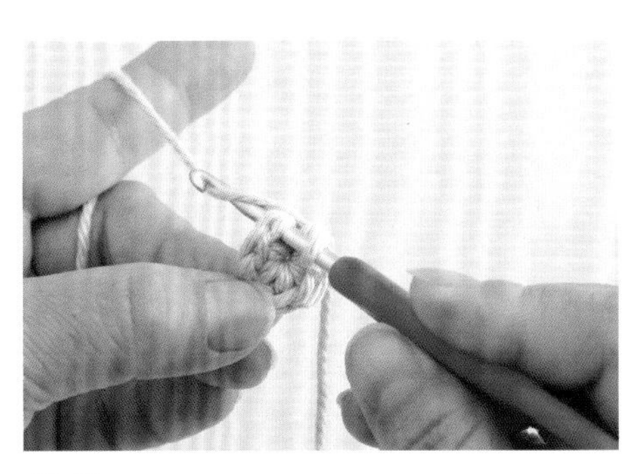

26 將線掛在鉤針上。

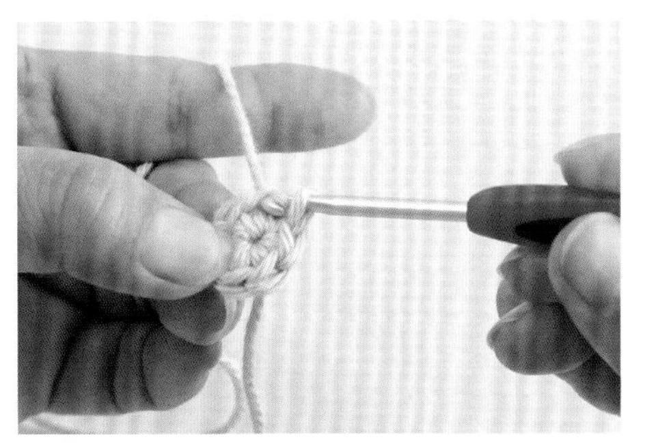

27 從步驟25的頭部鎖針及掛在鉤針上的線圈中將線引拔拉出（→P.50引拔針）。

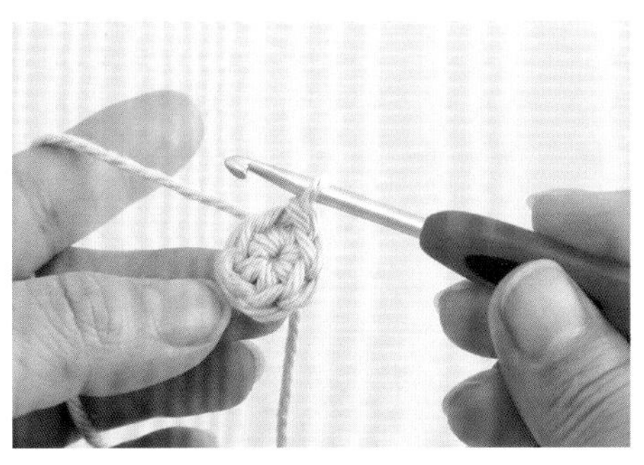

28 完成第1段。

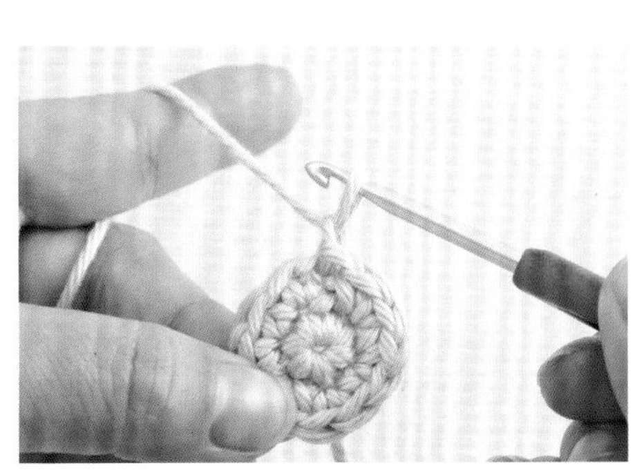

29 第2段以後，每段開頭都要先鉤1針鎖針作為立針（→P.44立針）。

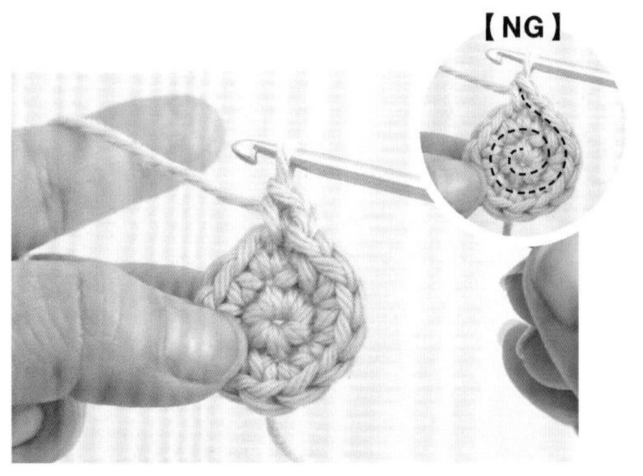

30 圖中為鉤完第3段第1針的模樣。如果沒有鉤立針，就會變成螺旋狀輪編（P.44）。

鎖針起針

鉤織鎖針時的起針方式。

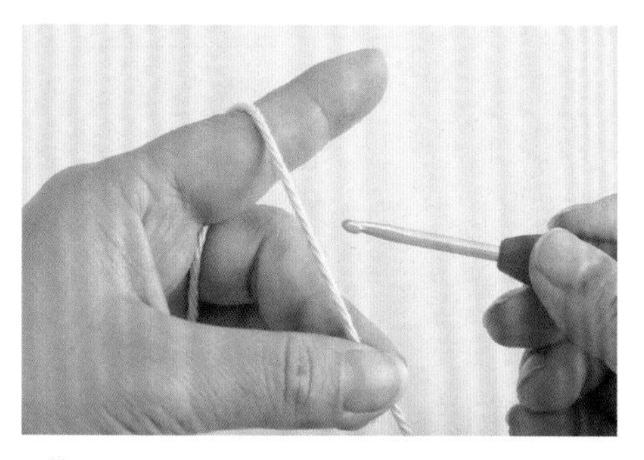

1　左手以基本拿線法（P.28）拿線，右手拿鉤針。

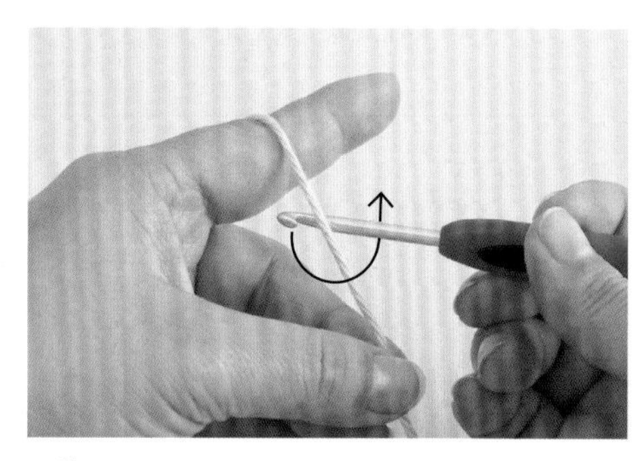

2　以鉤針抵住線的背面。

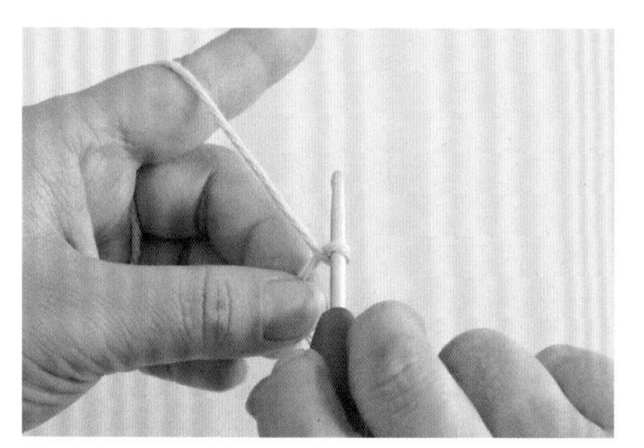

3　將線往前拉，使鉤針由下往後迴轉，做出線圈。

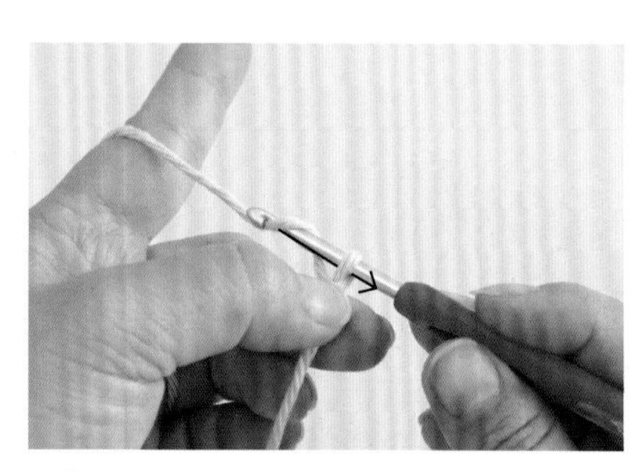

4　以大拇指及中指壓住交叉，然後掛線。

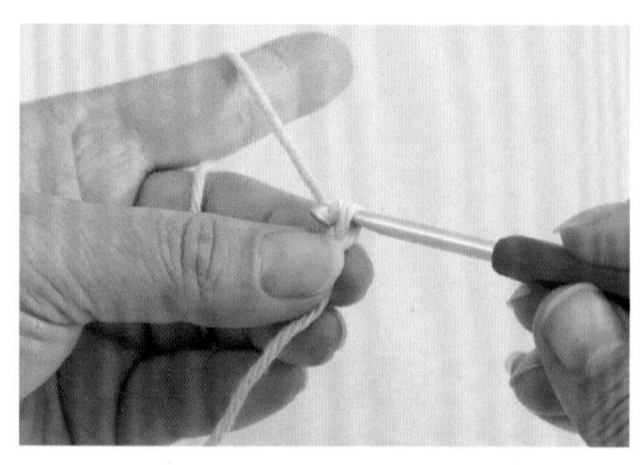

5　從掛在鉤針上的線圈中將線引拔拉出。

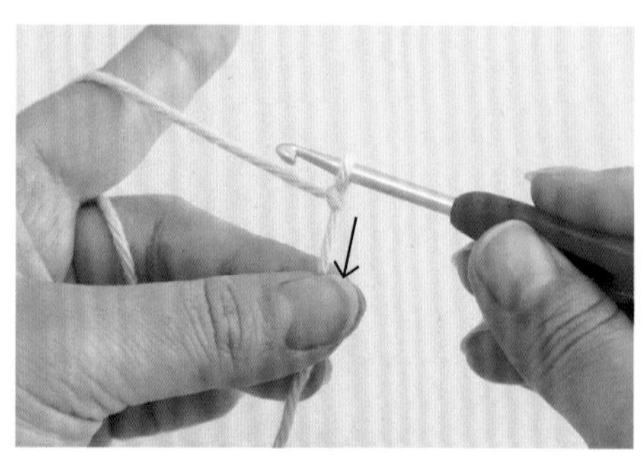

6　拉動線端，將線圈拉緊。這樣就完成起針（起針不包括在針數內）。

鎖針

鉤織平編、橢圓編及編織突起時的起針都會用到鎖針。
鉤織短針時，在每段的起針（P.44）也會運用鎖針。

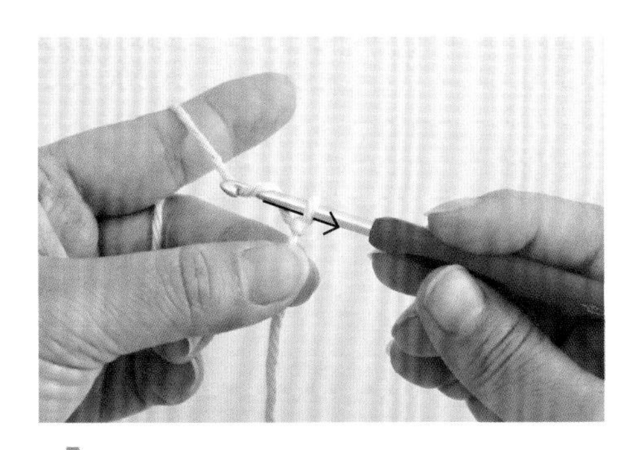

1 握住起針部分，然後掛線。

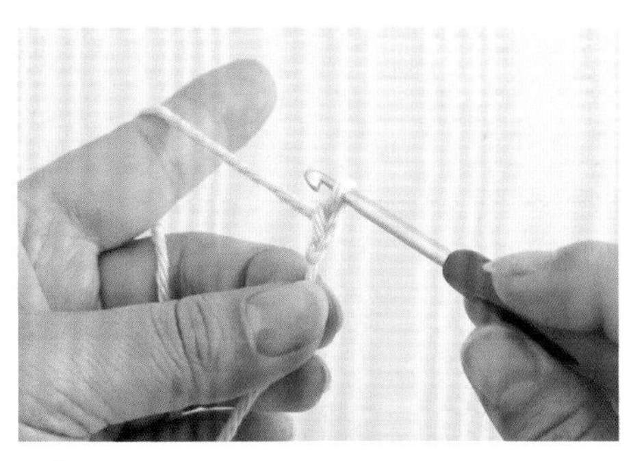

2 將線拉出，完成鎖針的第1針。重複上述步驟，鉤織所需針數。

正面與反面

鎖針有正反兩面。以鎖針為基底進行鉤織或是以鎖針接線編織時，鉤織出來的模樣也會隨著挑正面針目、反面針目或是在鎖針上鉤織而各不相同，如有指示，則按照指示鉤織。在此要記住鎖針的正面針目與反面針目截然不同。

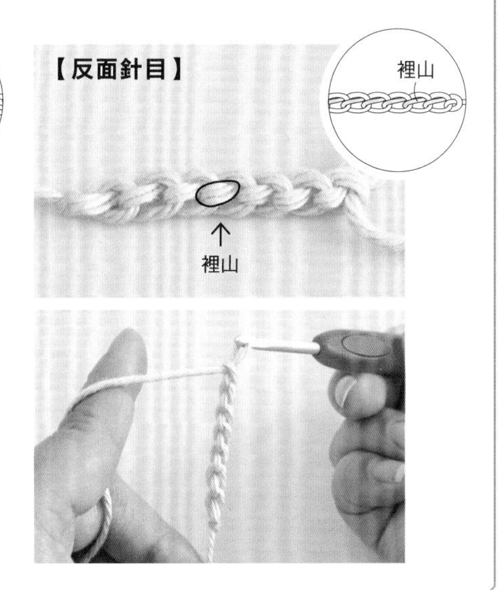

鎖針的輪狀起針

以鎖針起針圍成環狀，作為起針的針法。
適用於想在起針處開個洞時。

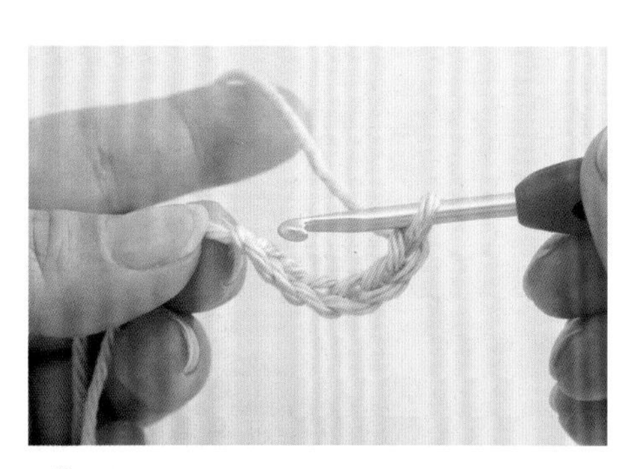

1 鉤織輪狀中心所需針數的鎖針。這裡鉤6針鎖針。

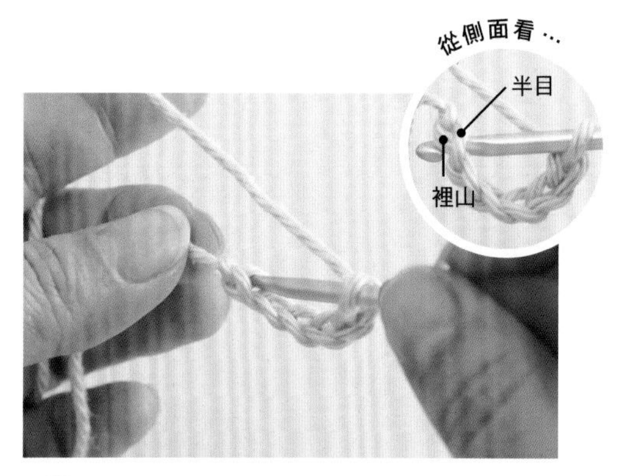

2 在第1針鉤引拔針。這時，以鉤針挑起鎖針的半目及裡山。

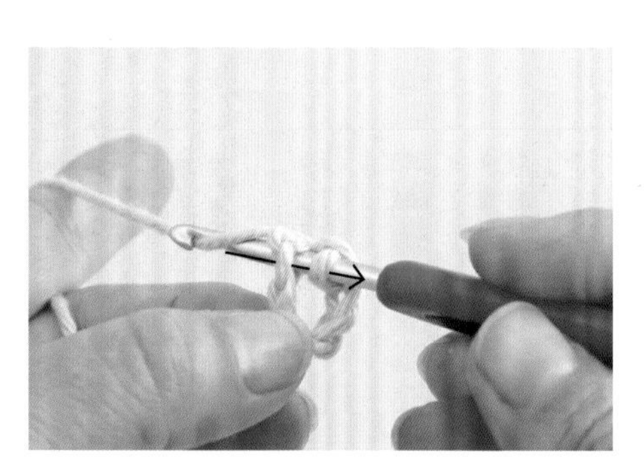

3 將掛在鉤針上的線引拔拉出。

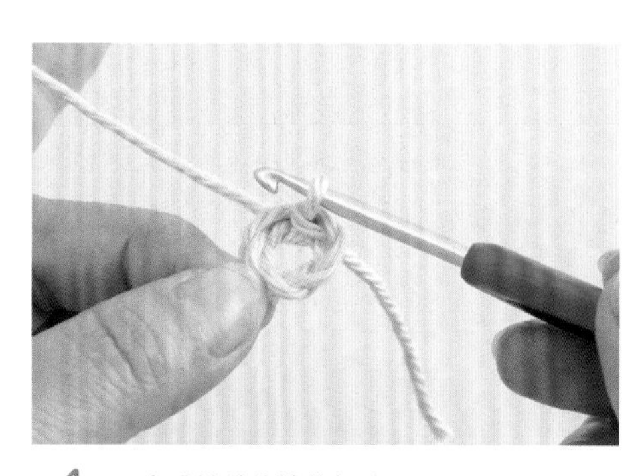

4 完成鎖針的輪狀起針。

▶ 鉤織第1段

5 鉤1針鎖針為立針。

6 將鉤針穿入環中。

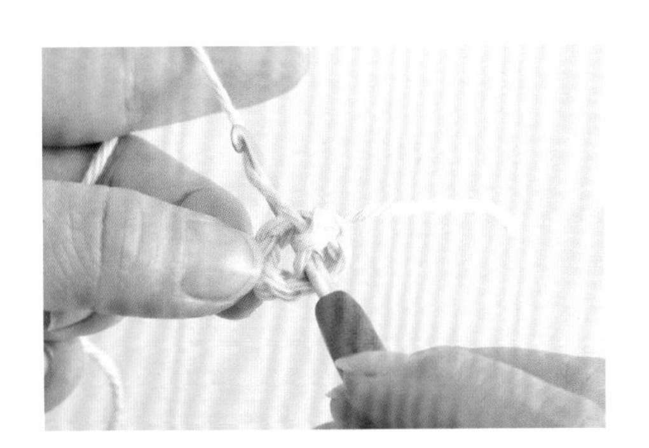

7　將線掛在鉤針上。

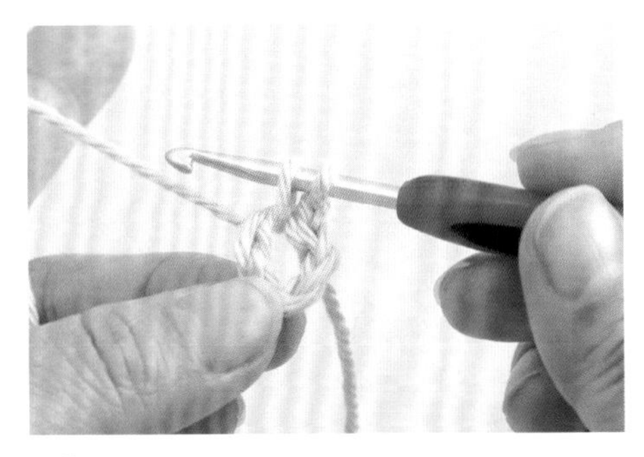

8　從環中將線拉出。

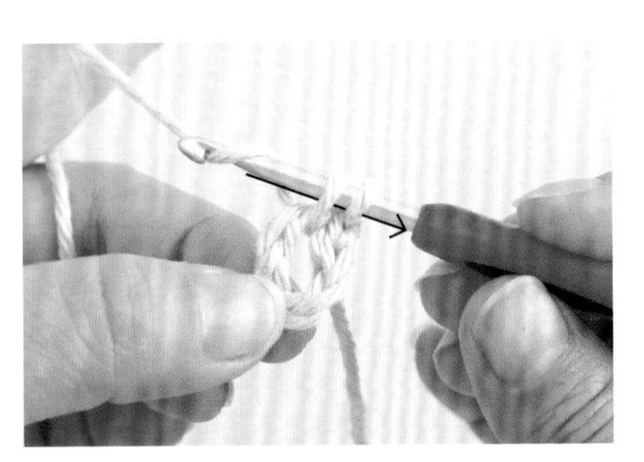

9　再次將線掛在鉤針上。

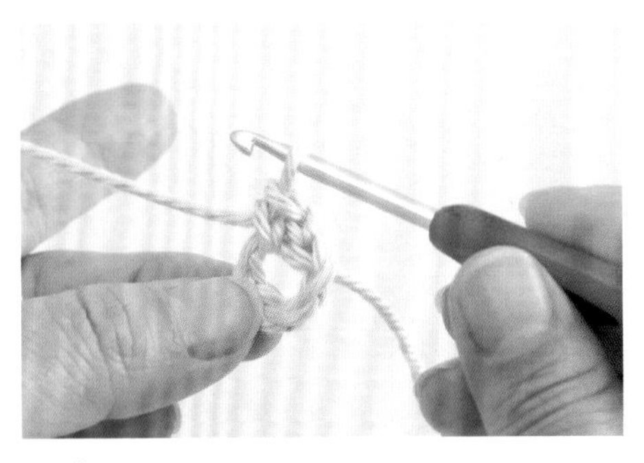

10　從掛在鉤針上的2個線圈中將線引拔拉出。這樣就完成1針短針。

11　重複上述步驟，鉤織編織圖上所標示的針數，最後以引拔針（P.50）收尾。

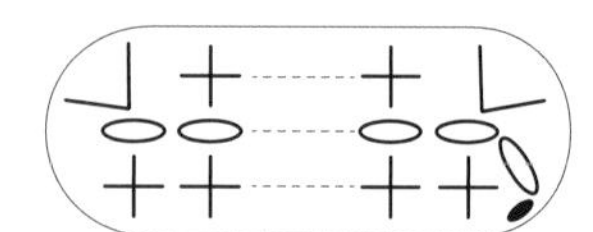

橢圓起針

想要鉤織橢圓形織片時，
則在鎖針起針的左右兩端加針來鉤織織片。

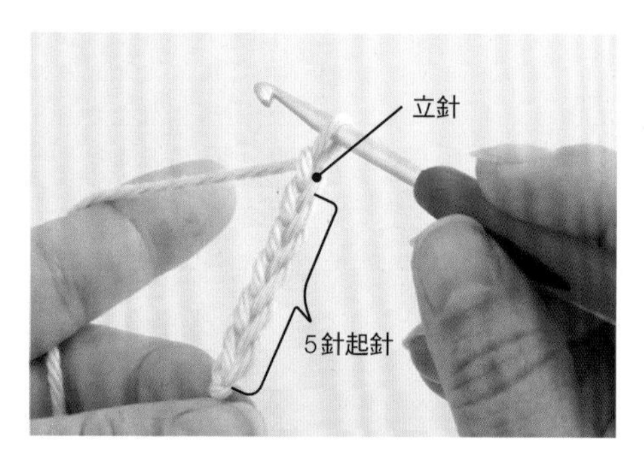

1 鉤所需針數的鎖針（這裡是5針）。接著鉤1針鎖針為立針。

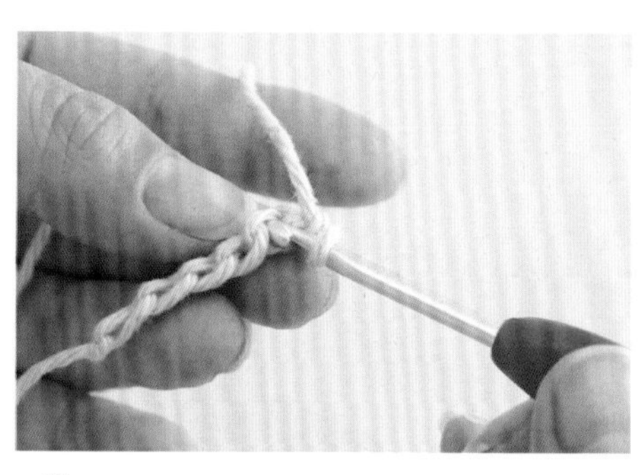

2 將起針翻面。以鉤針挑起從邊端數來第二個裡山，鉤織1針短針（P.40）。

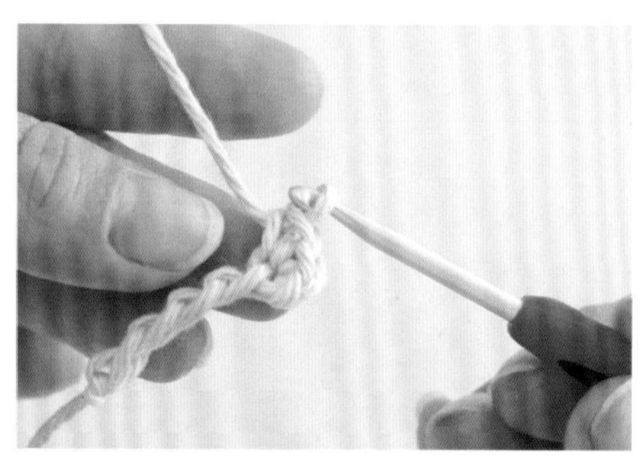

3 在步驟2的同一針目再鉤1針短針。圖中為完成2短針加針。

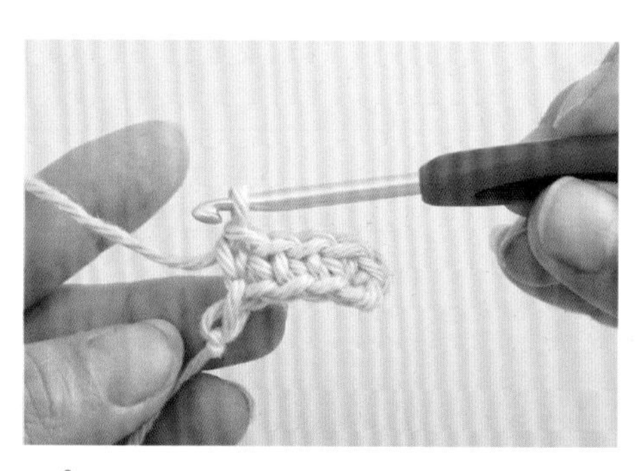

4 繼續以鉤針挑起裡山，鉤3針短針。

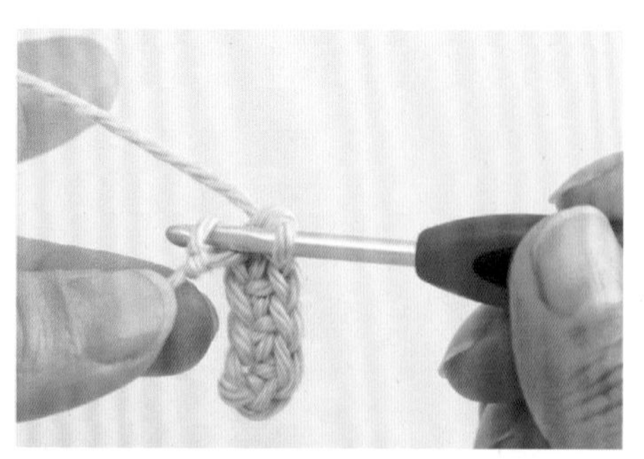

5 在邊端鉤2針短針。圖中為以鉤針挑起邊端的裡山。

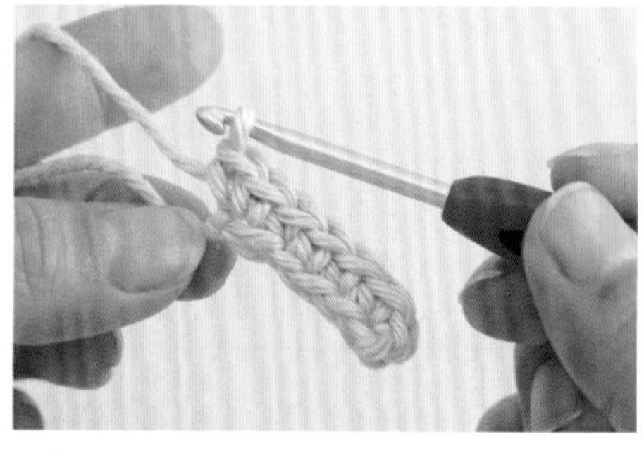

6 在起針的邊端鉤2針短針。

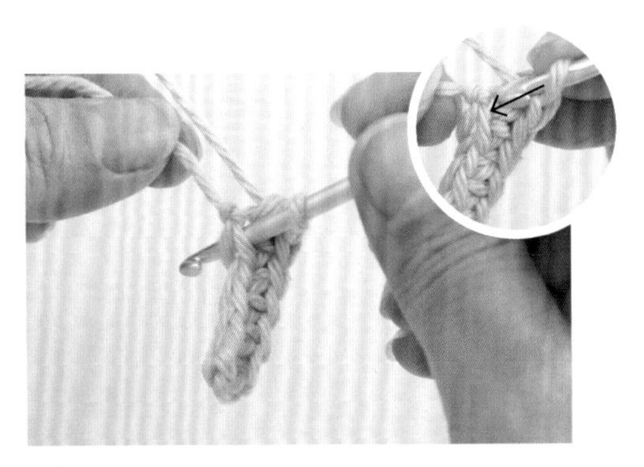

7 織片旋轉180度。在起針的頭部鎖針側挑針，於步驟6同一針目再鉤1針短針。

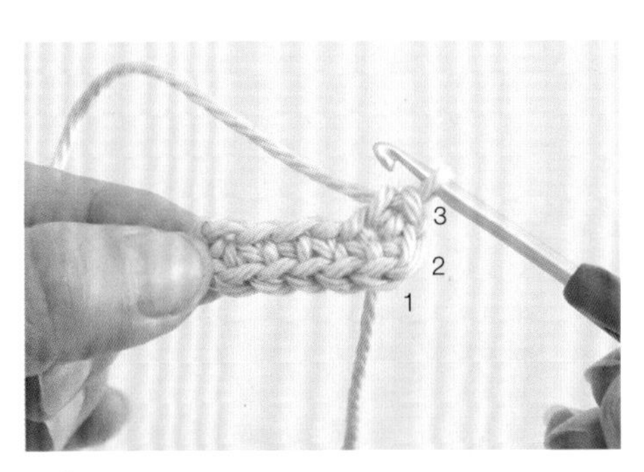

8 步驟5～7是在邊端的針目鉤3針短針。

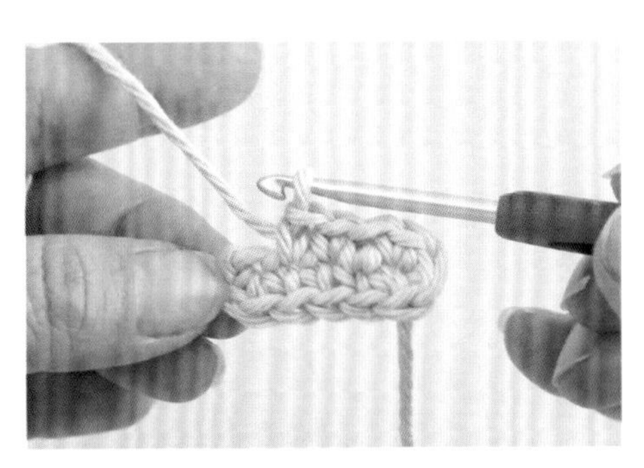

9 挑起頭部鎖針，繼續鉤3針短針。

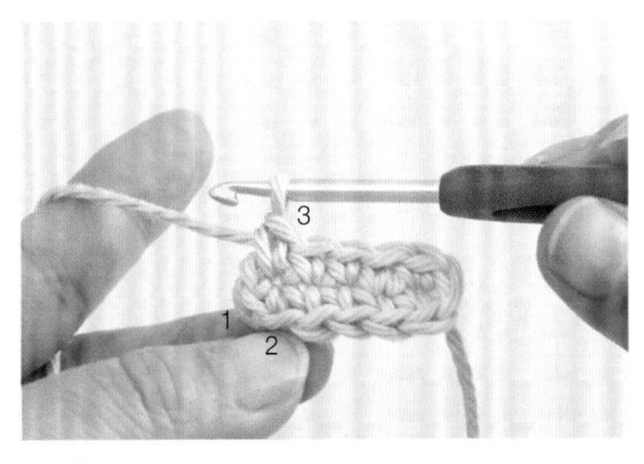

10 鉤織最後一針。這麼一來，左右兩端便分別鉤了3針短針。

11 挑起第一個短針頭部鎖針的全目，做引拔針（P.50）。

12 完成橢圓起針的一1段。

短針 + ×

鉤織玩偶的技法當中最基本的針法。

1 先鉤織輪狀起針或是鎖針的輪狀起針，並鉤1針鎖針為立針。

2 以鉤針挑起頭部鎖針的全目。

3 將線掛在鉤針上。

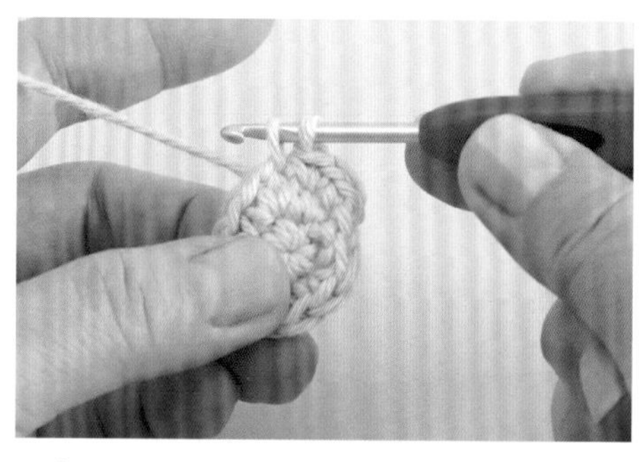

4 將步驟3掛在鉤針上的線拉出。留意掛在鉤針上的2個線圈要維持同一高度。

5 再次將線掛在鉤針上，然後一口氣從2個線圈中引拔拉出。

6 完成1針短針。

從鎖針起針鉤織短針

不鉤輪狀起針，而是從鎖針起針來鉤織短針（P. 40）。
鉤織平面織片時就採用這個鉤法。

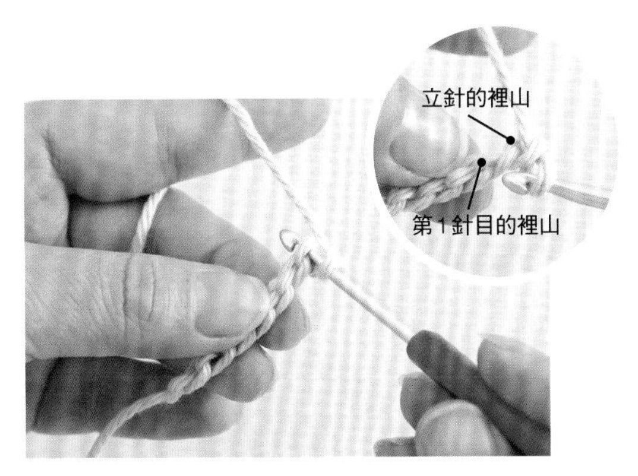

1 先鉤鎖針起針，再鉤1針鎖針為立針。接著以鉤針挑起第1針鎖針的裡山。

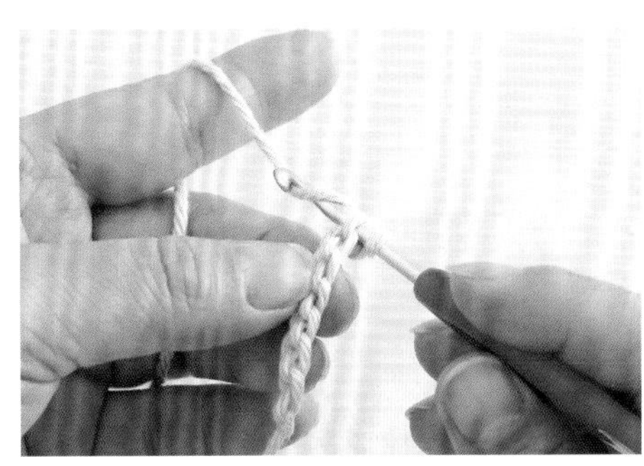

2 將線掛在鉤針上。

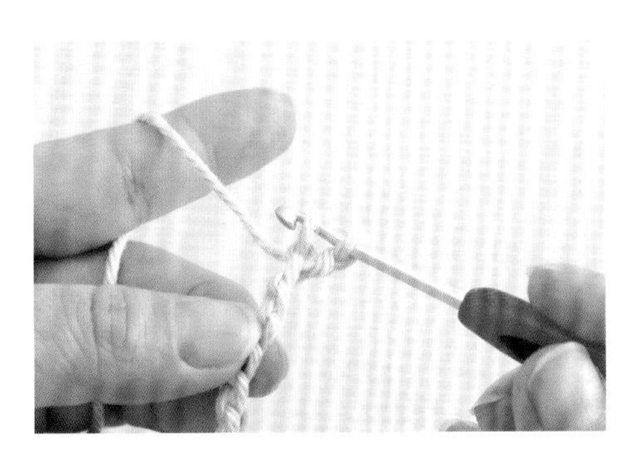

3 將步驟2的線拉出。

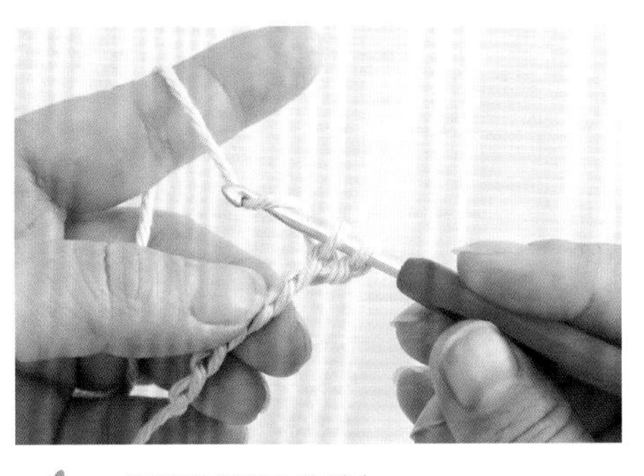

4 再次將線掛在鉤針上。

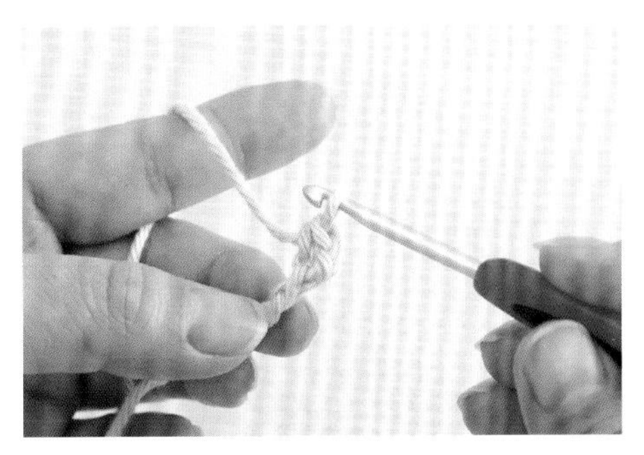

5 將線從掛在鉤針上的2個線圈當中引拔拉出，這樣就完成1針短針。

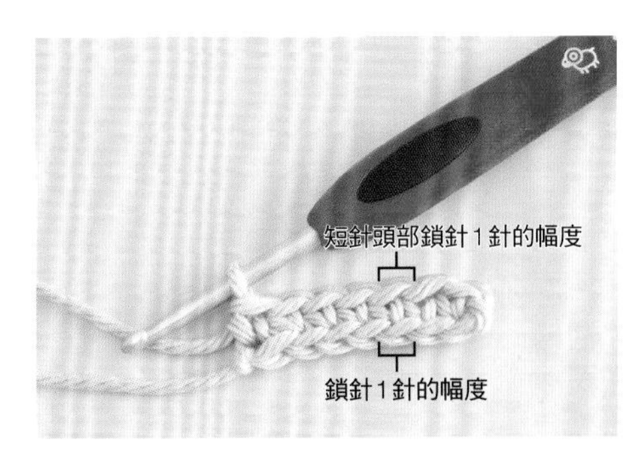

6 第1段完成。織片密度適中，不會太緊也不會過於寬鬆，而且鎖針起針的幅度與短針的頭部鎖針相同。

平編 +

編織平面織片時，只要織好一段，
便翻面繼續織下一段，如此往返重複。
下面就以短針（P.40）為例，加以說明。

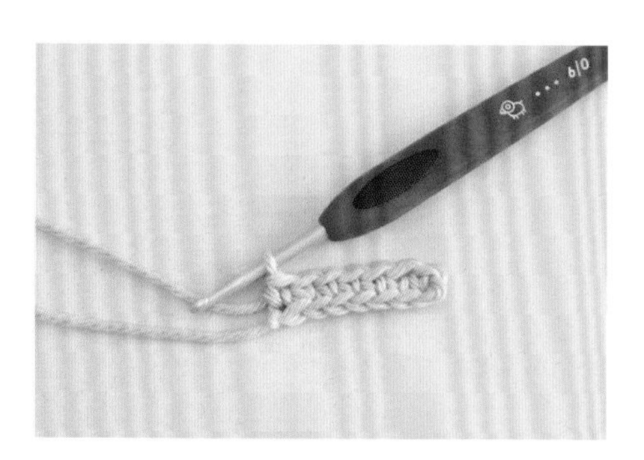

1 圖中為織完第1段部分。

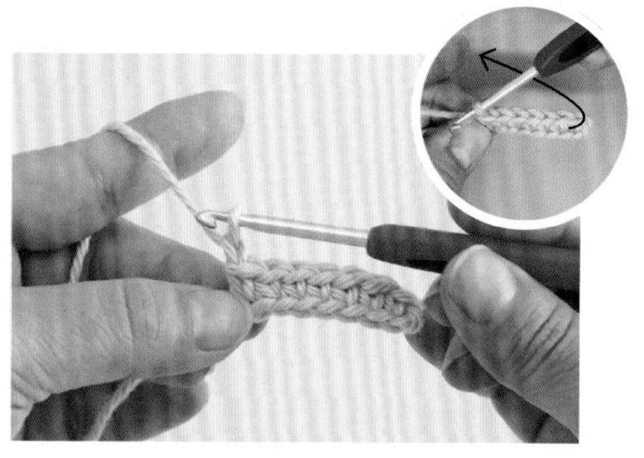

2 鉤1針鎖針為立針。如右上圖所示，將織片朝逆時針方向旋轉180度。

3 旋轉後的織片，可以見到立針位在右側。

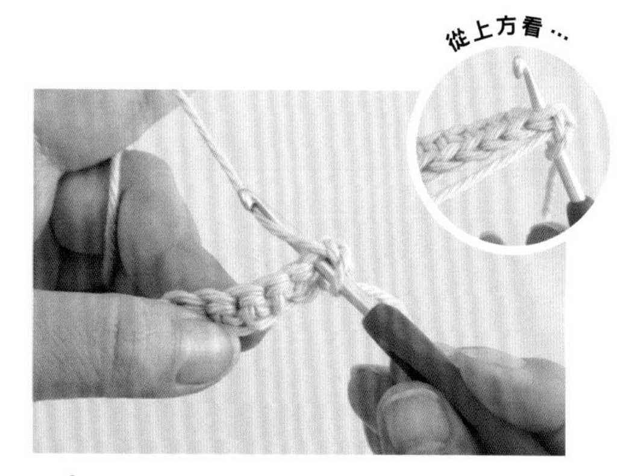

4 以鉤針挑起頭部鎖針的全目，鉤織短針（P.40）。

5 正在鉤織第2段最後1針。

6 鉤完第2段。重複上述步驟繼續鉤織。

中長針 T

中長針是比短針高1段的針法。
以2針鎖針為立針，這裡要注意立針也算作1針。

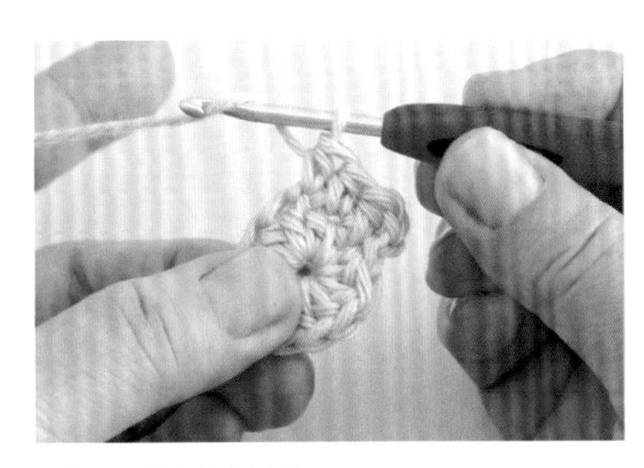

1 將線掛在鉤針上。

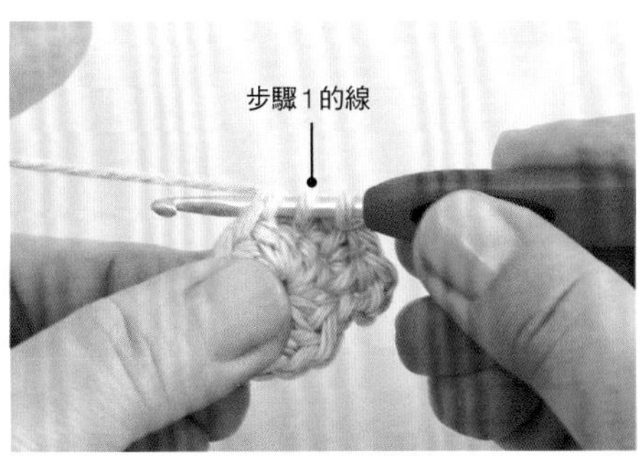

2 將鉤針連同步驟1的掛線穿入頭部鎖針。

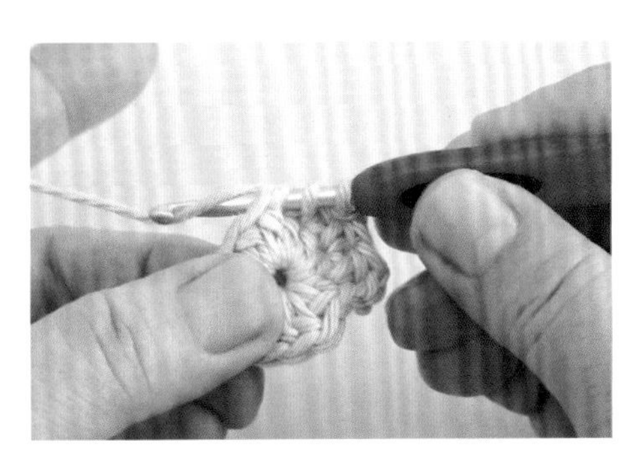

3 將線掛在鉤針上。

4 將步驟3的線拉出。此時鉤針上掛著3個線圈。

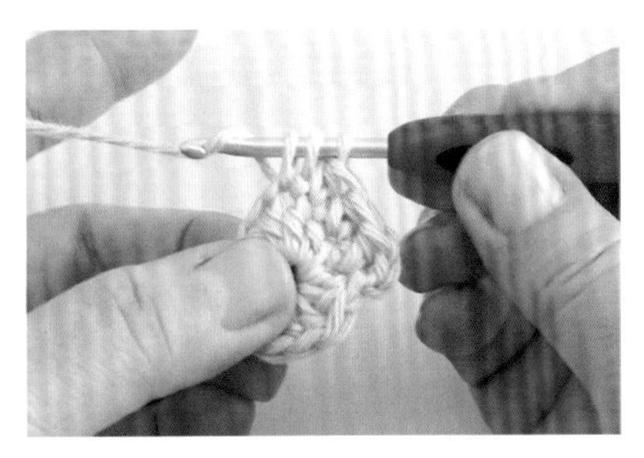

5 再次將線掛在鉤針上。

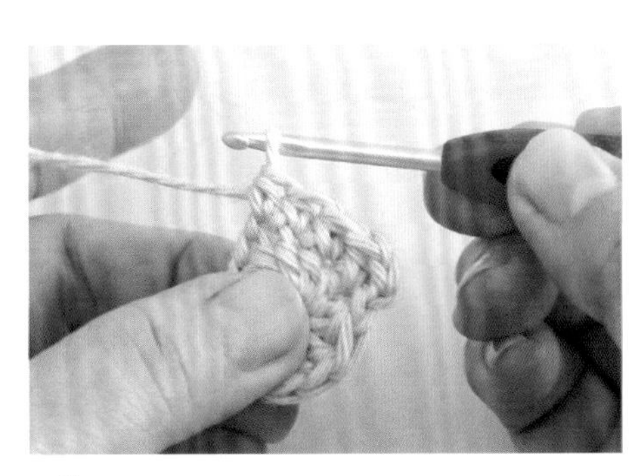

6 一口氣將線從掛在鉤針上的3個線圈中引拔拉出。這就是中長針。

立針的基本

立針可說是鉤織玩偶必定會出現的針法，
也就是每一段開頭所鉤的鎖針。

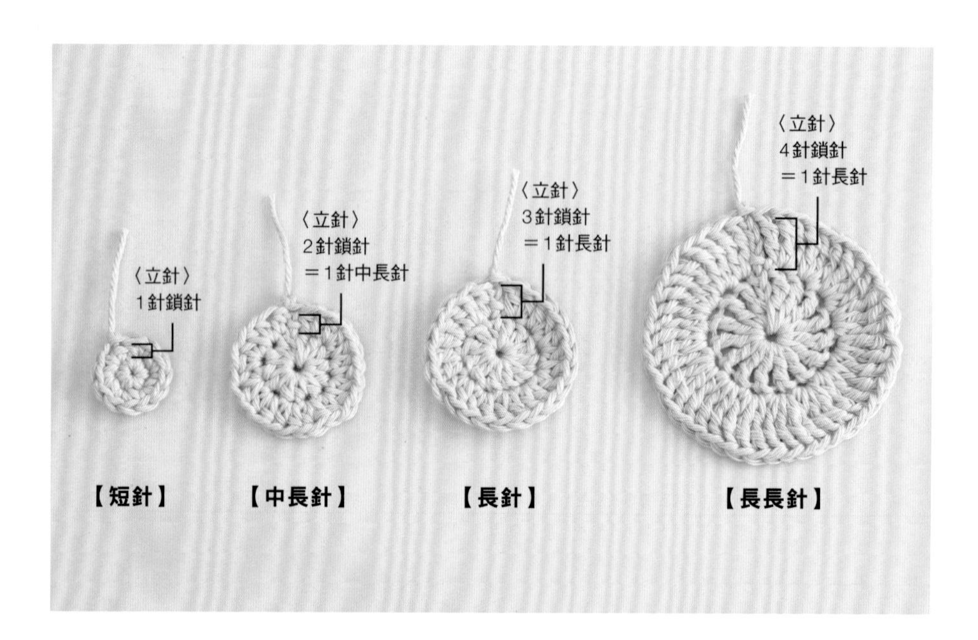

織目的高度會隨著針法不同而改變。鉤完起針後開始鉤織之前，必須配合使用的針法鉤織所需高度的「立針」。如果每一段的開頭沒有鉤「立針」就直接編織，便無法織出本來的高度，織片的形狀也會變塌。
「立針」須視針法不同改變鎖針的針數，不過要留意除了短針的針數以外，立針也算作1針。

沒有鉤立針的螺旋狀輪編

鉤織輪編時，若是編織圖上沒有標示立針的記號，一直織下去最後就會變成螺旋狀織片。如果難以辨識每一段的界線時，不妨使用段數計環作記號。

中長針的立針

下面以中長針為例，說明立針的針法。

1 織完上一段後，接著鉤2針鎖針為立針。這個立針算作中長針的1針。

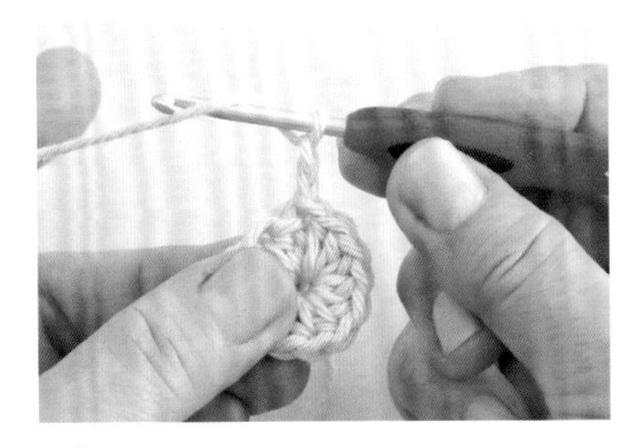

2 接下來就來鉤中長針。先將線掛在鉤針上。

3 將鉤針穿入下一針的頭部鎖針，拉出線來。

4 掛在鉤針上的線圈變成3個。

5 再次將線掛在鉤針上，然後從3個線圈中將線引拔拉出。

6 完成1針中長針。加上立針共計2針。

長針

長針是先鉤3針鎖針作為立針，再行鉤織。
由於比中長針多1針鎖針，織目的高度自然也隨之變高。

1 織完上一段後，鉤3針鎖針為立針。這個立針算作長針的1針。

2 將線掛在鉤針上。

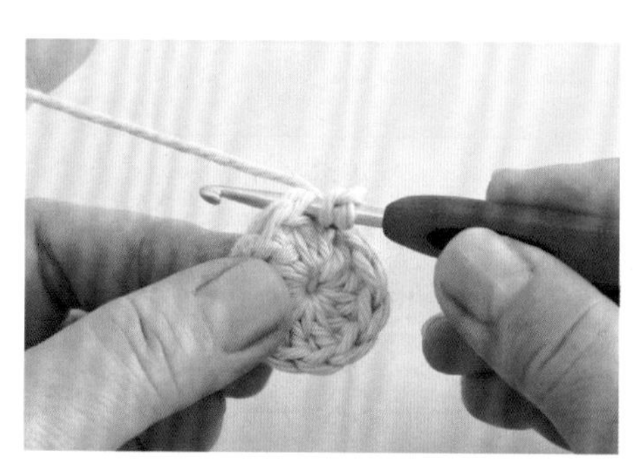

3 將鉤針穿入下一針的頭部鎖針。

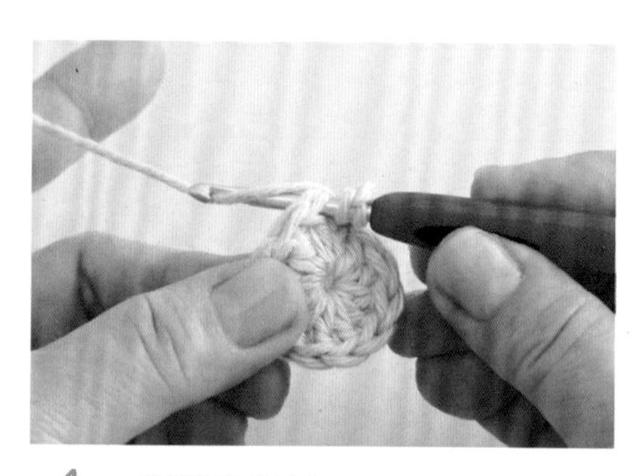

4 將線掛在鉤針上。

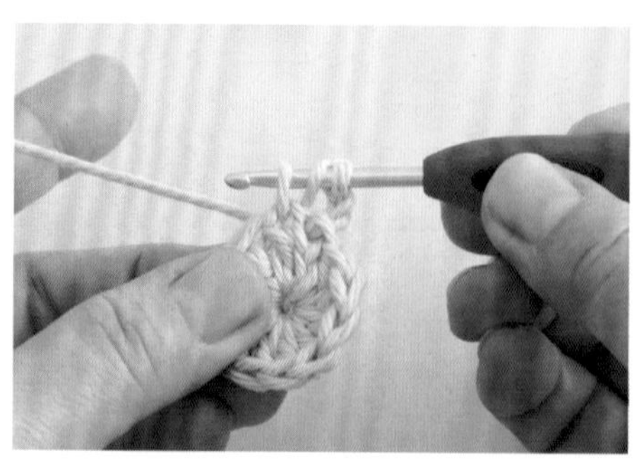

5 圖中為拉出步驟4的線之後的模樣，掛在鉤針上的線圈變成3個。

6 再次將線掛在鉤針上。

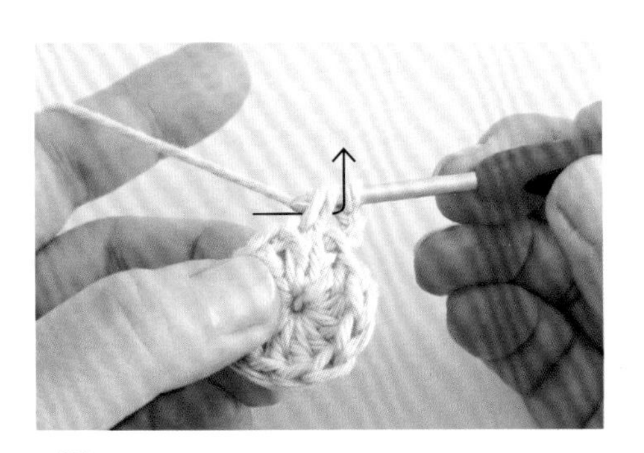

7　以針尖從掛在鉤針上第2及第3個線圈中將線拉出。

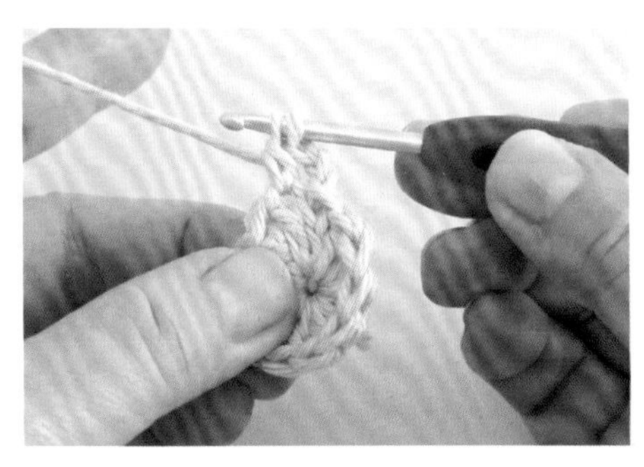

8　掛在鉤針上的線圈變成2個。

9　再次將線掛在鉤針上。

10　直接將線從2個線圈中引拔拉出。這樣就完成長針。

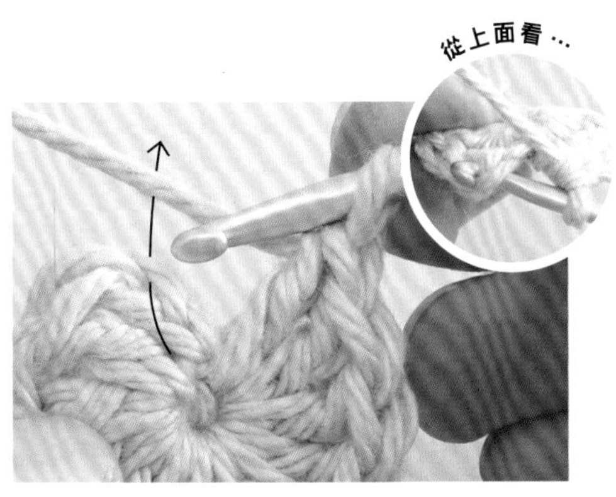

11　將鉤針穿入立針的第3個鎖針，鉤引拔針（P.50）作為每一段的收尾。

12　鉤完引拔針後就鉤完1段。

長長針 

長長針是先鉤4針鎖針為立針，再行鉤織。
織目高度比長針還高。

1 織完上一段後，接著鉤4針鎖針為立針。

2 將線掛在鉤針上繞2圈。

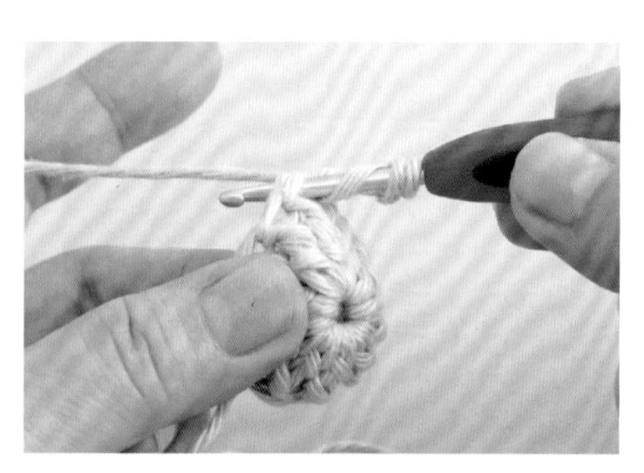

3 將鉤針穿入下一針的頭部鎖針。

4 將線掛在鉤針上。

5 將線拉出，掛在鉤針上的線圈變成4個。

6 再次將線掛在鉤針上。

7 以針尖從2個線圈中將線引拔拉出，掛在鉤針上的線圈變成3個。

8 再次將線掛在鉤針上。

【POINT】

由於一段很長，不容易引拔線條。建議鉤織時要壓住鉤好織目的針腳。

9 以針尖從2個線圈中將線引拔拉出，掛在鉤針上的線圈變成2個。

10 再次將線掛在鉤針上。

11 將線從掛在鉤針上的2個線圈中引拔拉出。

12 完成長長針。

引拔針

引拔針是將掛在鉤針上的線一口氣引拔拉出，
大多用於輪編的每一段結尾，以及織片最後的收尾。

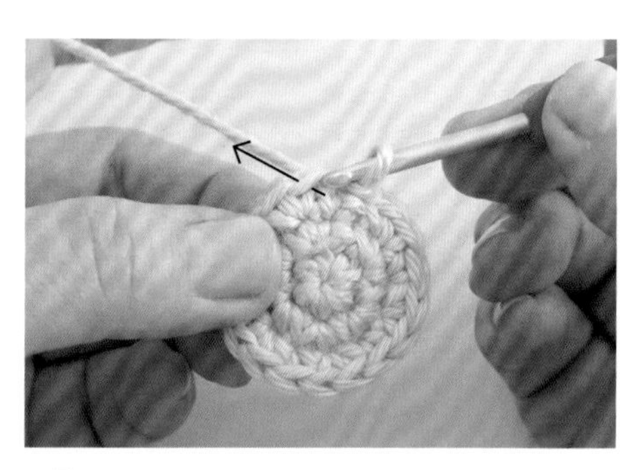

1 每一段最後收尾的引拔針都是在第1針目鉤織。

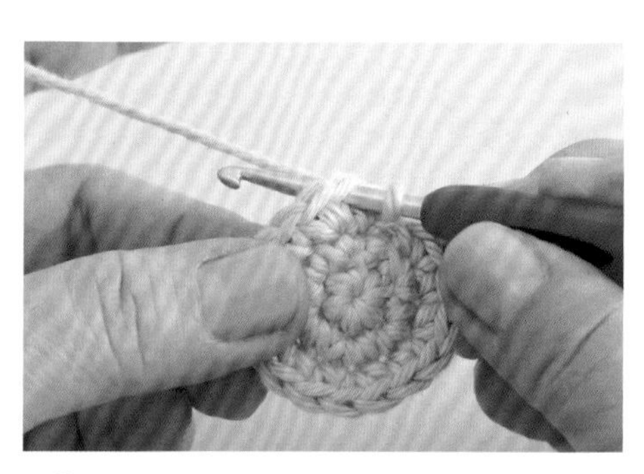

2 以鉤針挑起頭部鎖針的全目。

3 將線掛在鉤針上。

4 一口氣從掛在鉤針上的線圈中將線引拔拉出。

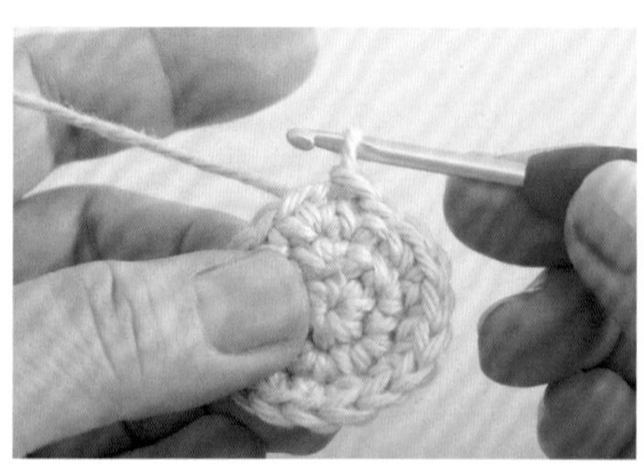

5 完成引拔針。

變形短針

針腳扭轉的短針，正面看起來呈X字型。

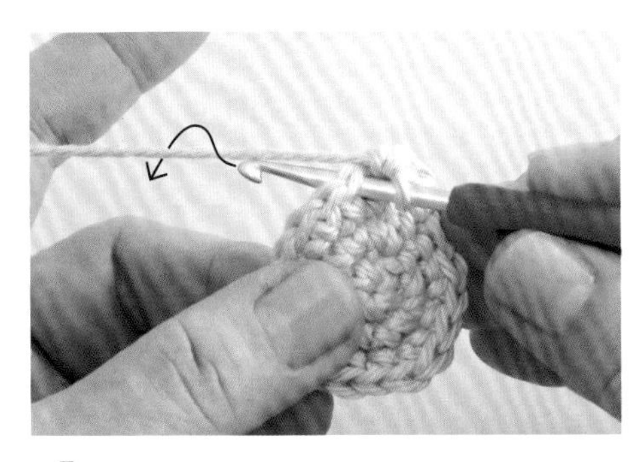

1 以鉤針挑起頭部鎖針的全目。

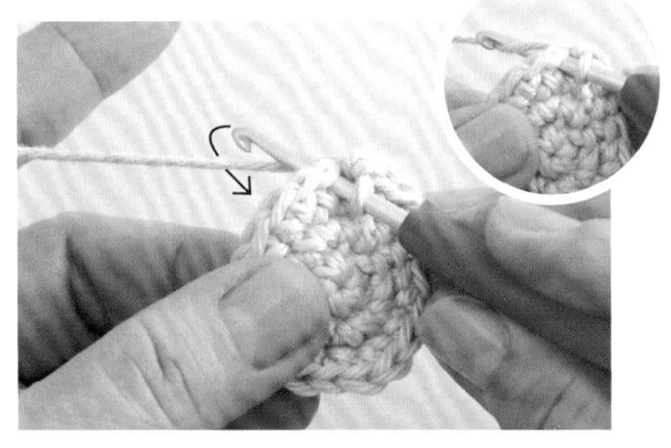

2 將線掛在鉤針上。掛線時，與一般短針（P.40）的掛線方向相反，要從線的上方掛線。NG圖中為一般短針的掛線方式。

3 將線拉出後，鉤針上的線圈就變成2個。

4 再次將線掛在鉤針上。這裡按照一般短針的掛線方向來掛線。

5 從掛在鉤針上的2個線圈中將線引拔拉出。

6 完成1針變形短針。

逆短針  

通常都是由右往左鉤織短針，
逆短針則是相反，由左往右鉤織短針。
一般運用在不需要接線、直接收尾時的收邊之用。

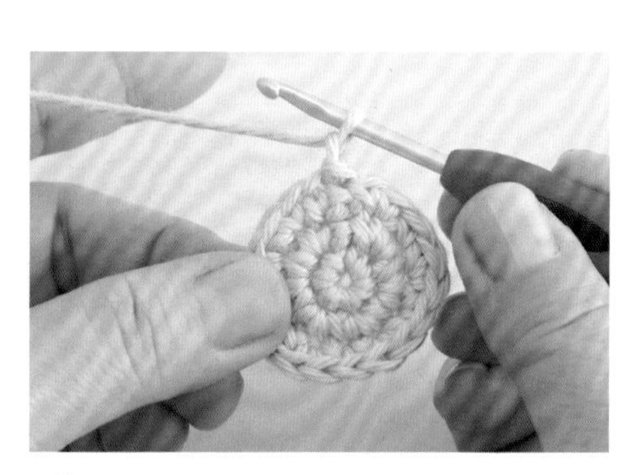

1 鉤1針鎖針為立針。

2 將鉤針穿入步驟1右側上一段的頭部鎖針。

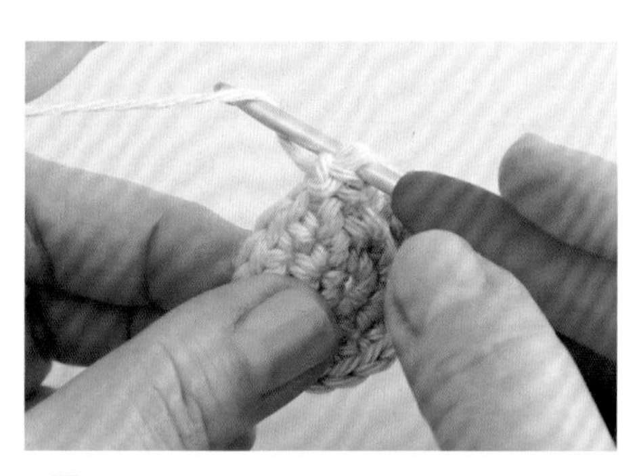

3 將線掛在鉤針上。

4 拉出步驟3的線。

5 再次將線掛在鉤針上。

6 從掛在鉤針上的2個線圈中將線引拔拉出。以同樣的方式往右繼續鉤織。

裡短針  

這種針法能讓平編織片呈現正面織目。
鉤織時，以與一般短針（P.40）針法完全顛倒的方式進行。
不只要從織片背面穿入鉤針，掛線方式也完全相反。

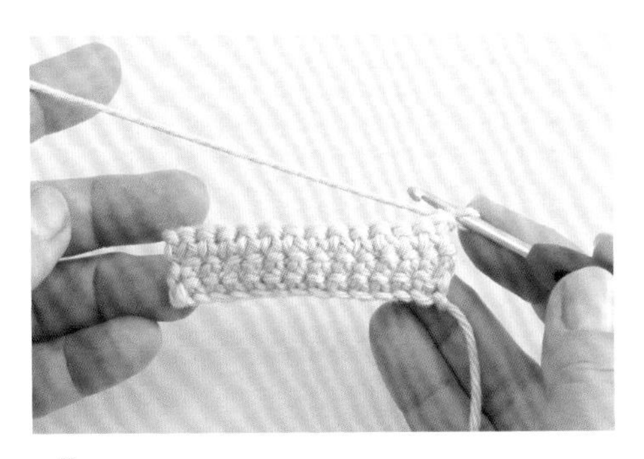

1 鉤1針鎖針為立針。

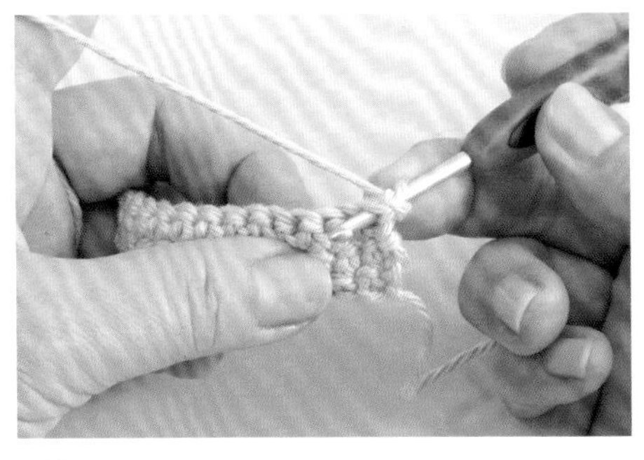

2 以與短針針法完全顛倒的方式鉤織。從織片背面將鉤針穿入頭部鎖針。

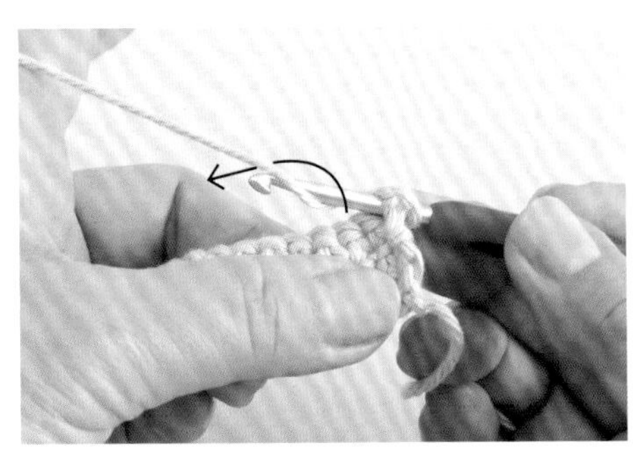

3 接著將線掛在鉤針上。掛線時，從鉤針的上方將線掛在鉤針上。

4 往織片背面方向拉出線。

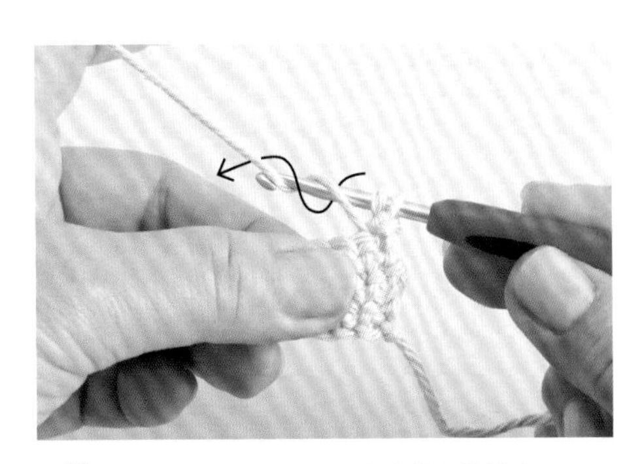

5 接著從鉤針的下方將線掛在鉤針上。

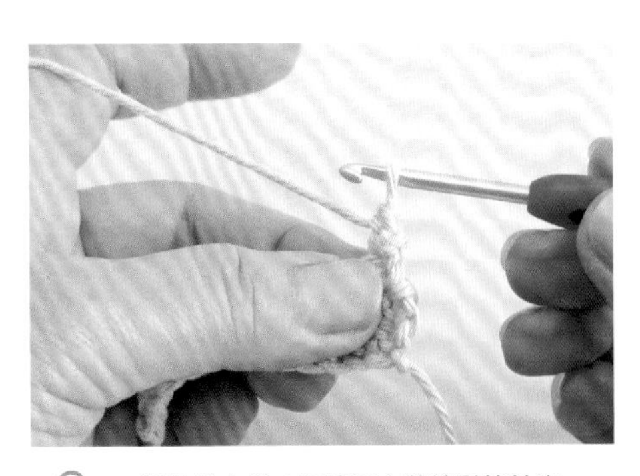

6 從鉤針上的2個線圈中將線引拔拉出。

筋編    

以鉤針挑起上一段頭部鎖針內側的半目，
能夠使織片的正面呈現橫條紋圖案。

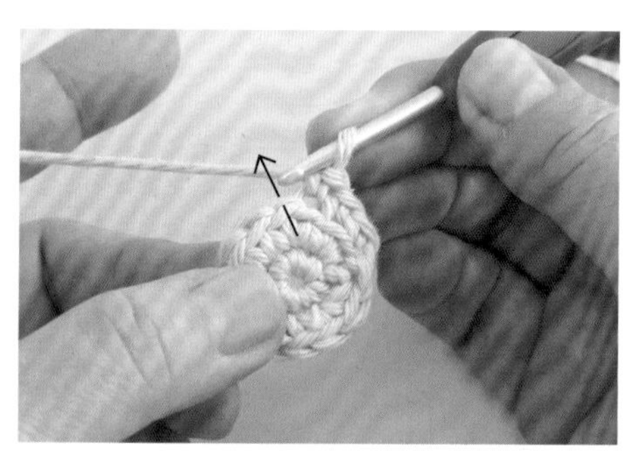

1 以鉤針挑起上一段頭部鎖針的後半目（內側的半目）。

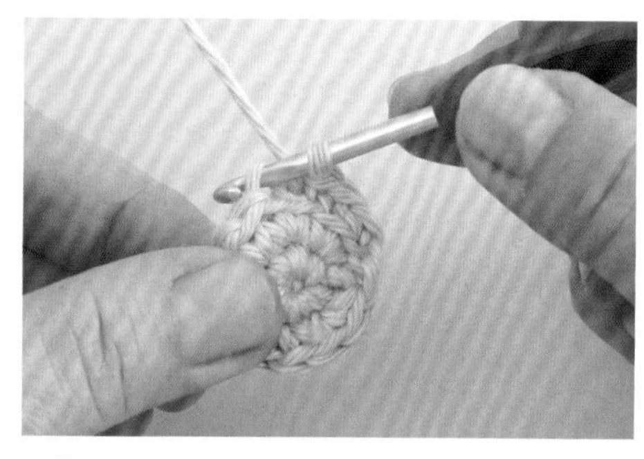

2 圖中為以鉤針挑起後半目的模樣。

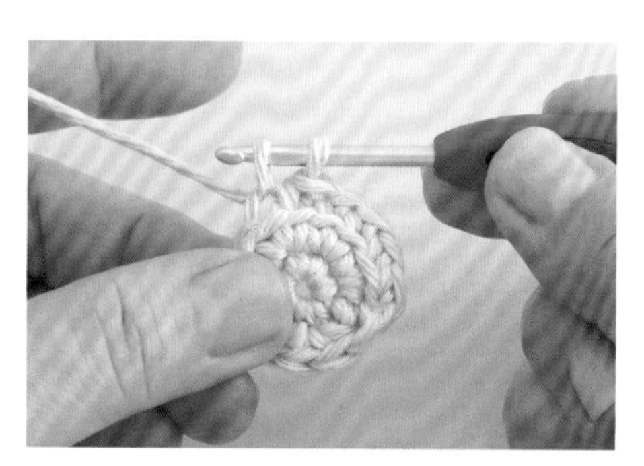

3 接著鉤織短針（P.40）。將線掛在鉤針上，然後拉出。

4 再次將線掛在鉤針上。

5 從掛在鉤針上的2個線圈中一口氣將線引拔拉出。

6 完成1針短針筋編。

背面段筋編

相對於挑起頭部鎖針後半目的筋編，
背面段筋編則是挑起頭部鎖針前半目來鉤織，
可使織片往前蜷曲。

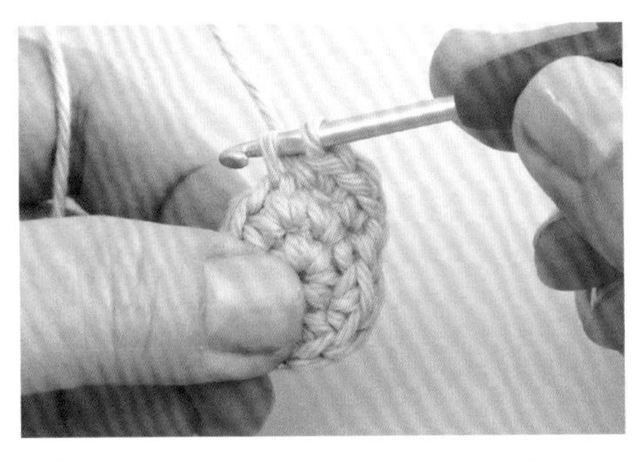

1　以鉤針挑起上一段頭部鎖針的前半目。

【NG】

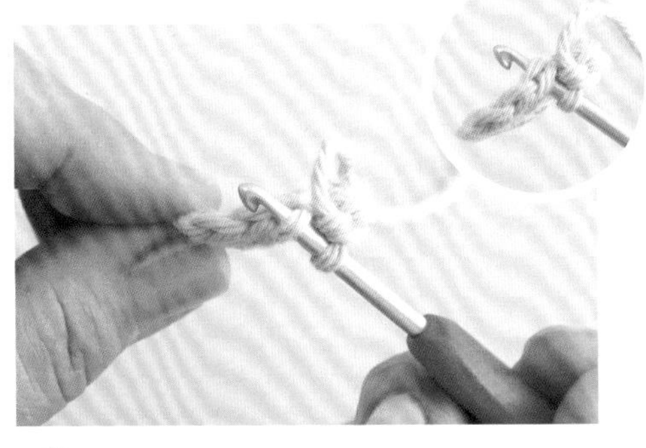

2　從上方看圖1。NG圖是照一般針法挑起頭部鎖針的全目。

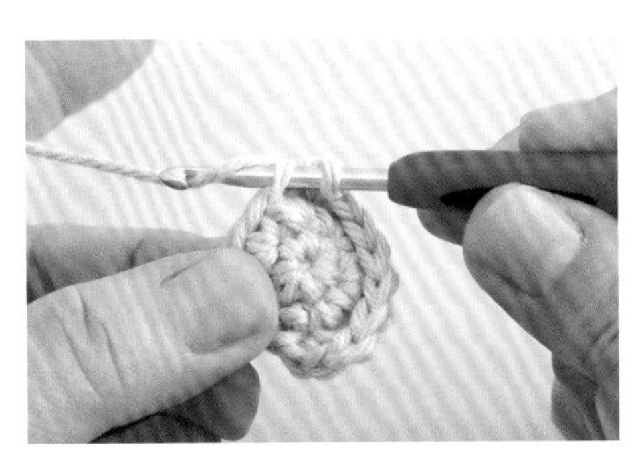

3　鉤織短針（P.40）。先將線掛在鉤針上。

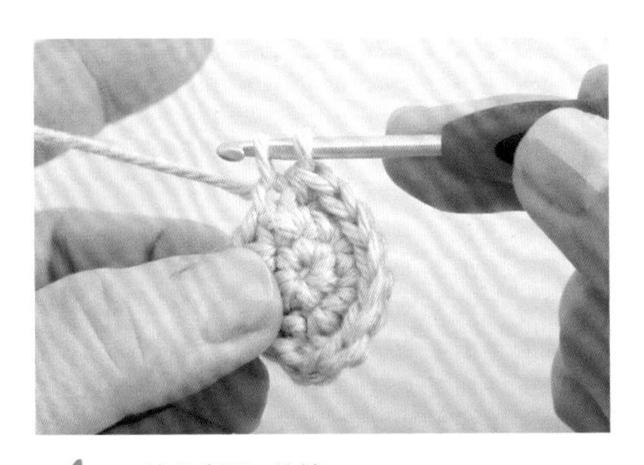

4　拉出步驟3的線。

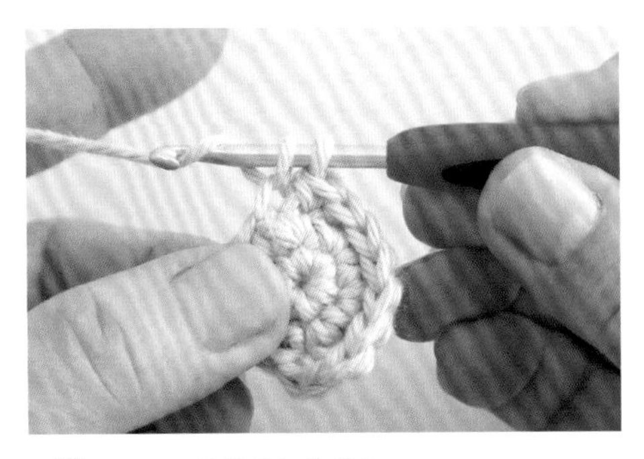

5　再次將線掛在鉤針上。

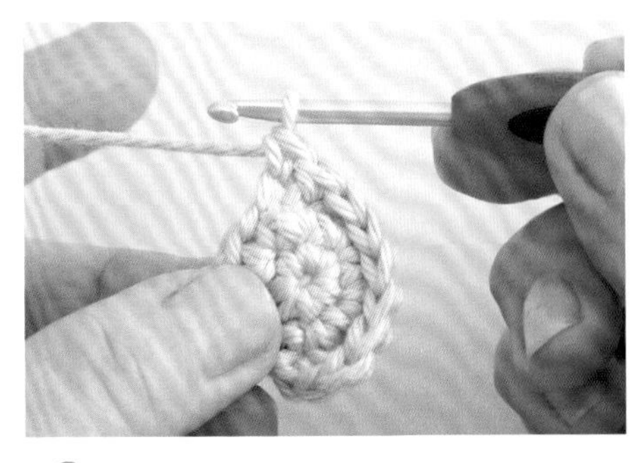

6　從掛在鉤針上的2個線圈中將線引拔拉出，完成背面段筋編。

表引針

這種針法可織出直條紋圖案。
下面以中長針（P.43）為例說明，
短針（P.40）與長針（P.46）也是一樣的鉤法。

1 將線掛在鉤針上。

2 依照步驟1的箭號方向，以鉤針從正面挑起上一段針目的針腳。

3 接著掛線。

4 拉出步驟3所掛的線。

5 再次將線掛在鉤針上。

6 從掛在鉤針上的線圈中一口氣將線引拔拉出。只要隔一針鉤1針表引中長針，就能織出如本頁上方的範本圖案。

裡引針

從織片背面挑起上一段針目的針腳鉤織，就能拉抬上一段針目，形成立體圖案。下面以中長針（P.43）為例，短針（P.40）及長針（P.46）也是一樣的鉤法。

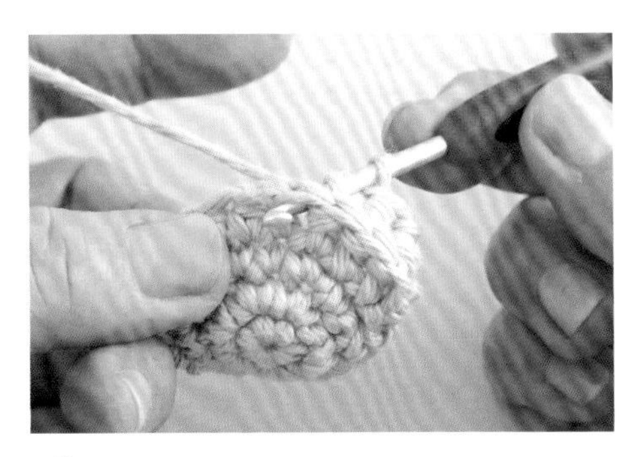

1 將線掛在鉤針上，穿入織片背面，挑起上一段針目的針腳。

2 圖中為以鉤針挑起上一段針目的針腳。

3 接著掛線。

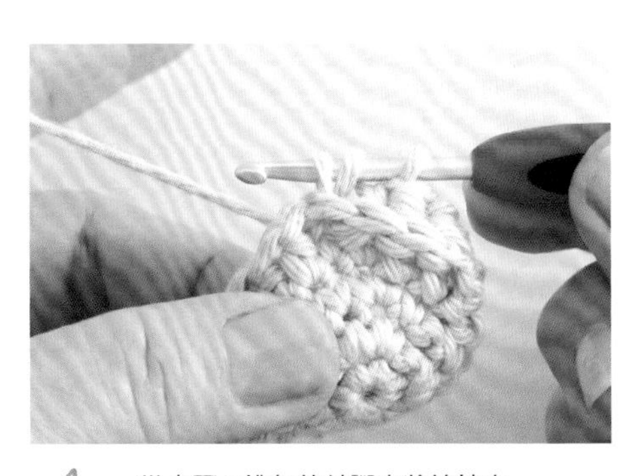

4 從步驟2挑起的針腳中將線拉出。

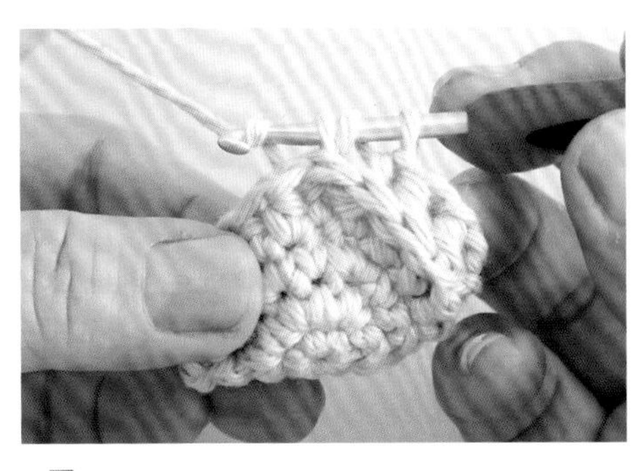

5 再次將線掛在鉤針上。

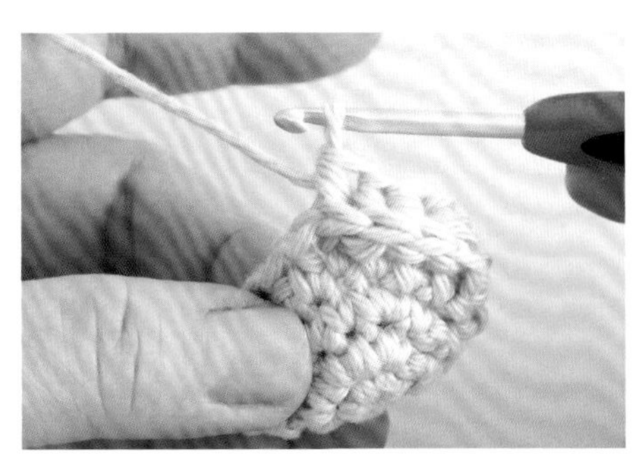

6 從掛在鉤針上的線圈中一口氣將線引拔拉出。

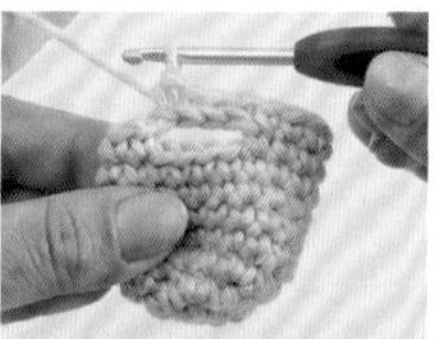

扣眼織法

適用於想在織片上開個洞，像是開扣眼等。製作手腳零件時也經常會用到這種針法。

1 照一般鉤法鉤到欲開扣眼（開洞）的部分為止。這裡鉤的是短針（P.40）。

2 鉤欲開扣眼寬度長的鎖針（P.35）。這裡是鉤4針鎖針。

3 跳過4針鎖針，將鉤針穿入第5針的頭部鎖針。

4 圖中為穿入鉤針的模樣。

5 接著鉤織短針。

▶ 如何挑起鎖針（挑束鉤織）

6 在鉤完扣眼織法的下一段，如同包夾鎖針般穿入鉤針。

7 將線掛在鉤針上，鉤織短針。

8 鉤完1針短針。

▶ 如何挑起鎖針的裡山

9 在扣眼鉤4針短針。

10 在織完扣眼織法的下一段（接在步驟5之後），以鉤針挑起鎖針的裡山。

11 將線掛在鉤針上，鉤織短針。

12 扣眼的4針都是挑起裡山來鉤織。這種針法可看到鎖針的針目。

結粒針

適用於緣飾。
下面以3針鎖針結粒針來加以說明。

1 先鉤3針鎖針（P.35）。

2 將鉤針穿入鎖針起針處的短針的頭部鎖針內。

3 鉤針穿入短針頭部鎖針之間，順便挑起左側的針腳。

4 將線掛在鉤針上，引拔拉出。

5 完成1針結粒針。

【POINT】

以左手捏住織片，將線引拔拉出。

隨著鎖針針數不同，凸出的結粒形狀也會跟著改變！

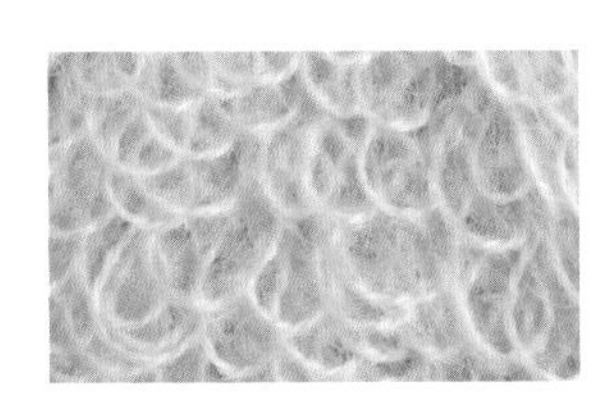

環編  

這種針法是以左手手指壓住線，
如此就能在織片背面織出環狀的裝飾線。

1 依照鉤織短針（P.40）的要領，首先穿入鉤針。

從背面來看…

2 以左手中指將掛在左手的線往下壓，如此就能決定環狀的長度。接著以壓住線的中指拿織片。

3 就這樣將線掛在鉤針上。

4 將步驟3的掛線引拔拉出。

5 再次將線掛在鉤針上。

6 從掛在鉤針上的線圈中將線一口氣引拔拉出。這樣就能在織片的背面做出環狀裝飾線。

消段緣編

這種針法可用來美化織片兩端的縱線，
或是運用在鉤織滾邊。

1 將鉤針穿入最後一段邊端的針目，將線掛在鉤針上。

2 將掛線拉出，進行接線。
※若編織結束的線夠長，可不接線直接鉤織

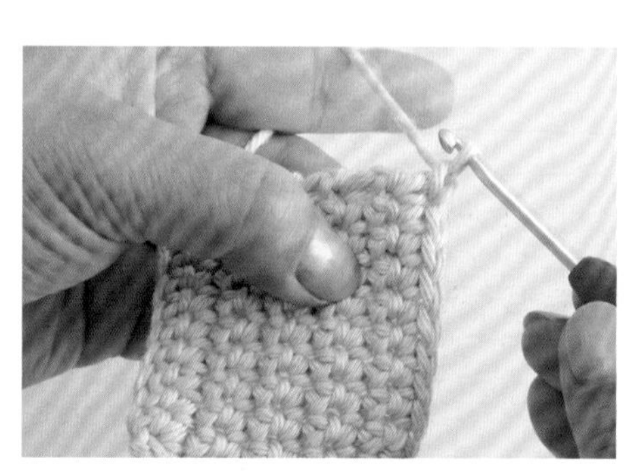

3 鉤1針鎖針作為立針。

4 在步驟3的同一針目內鉤織1針短針（P.40）。

5 下一針目接著從第1段下方第2針的內側挑針。

6 如同包覆邊端的針目般，將鉤針穿入段與段之間進行挑針。

編織突起

適用於想在織片上鉤織突出部分時，
可應用在鉤織尾巴、角或頭髮等。

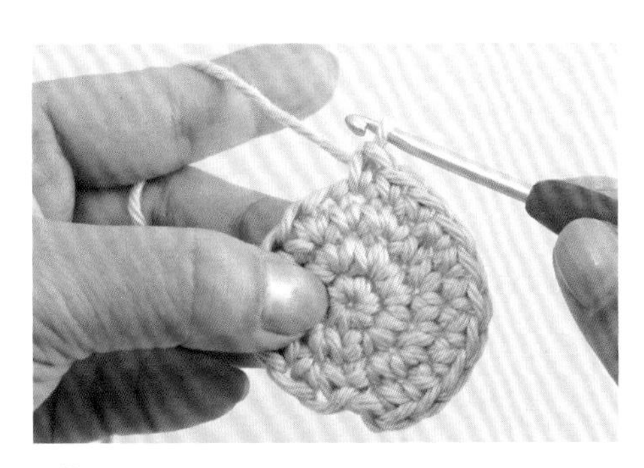

1　鉤到欲鉤織突起部分的位置。

2　鉤織突起部分所需長度的鎖針（P.35）。

3　挑起裡山鉤織針目。

4　鉤織所需高度的針目（這裡採用短針）。

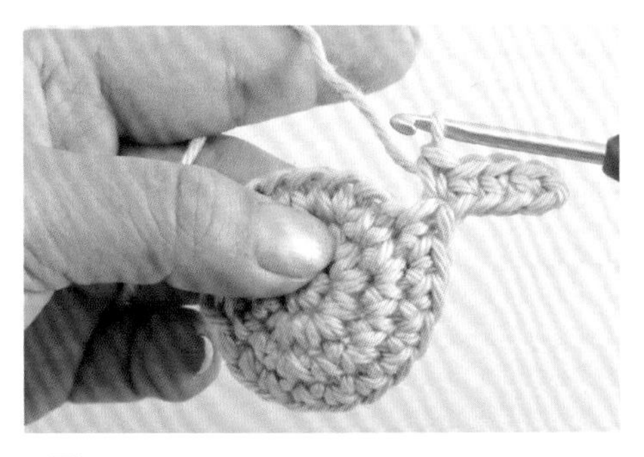

5　一邊從裡山挑針，一邊鉤織到鎖針根部為止。

6　鉤織到根部後，繼續鉤織下去。

加針      

又稱增針，藉由在同一針目內鉤織複數針，使單段針數比上一段多的方法。
下面以短針（P.40）為例說明，中長針（P.43）及長針（P.46）也是一樣的鉤法。

1 將鉤針穿入與上一針相同的地方。

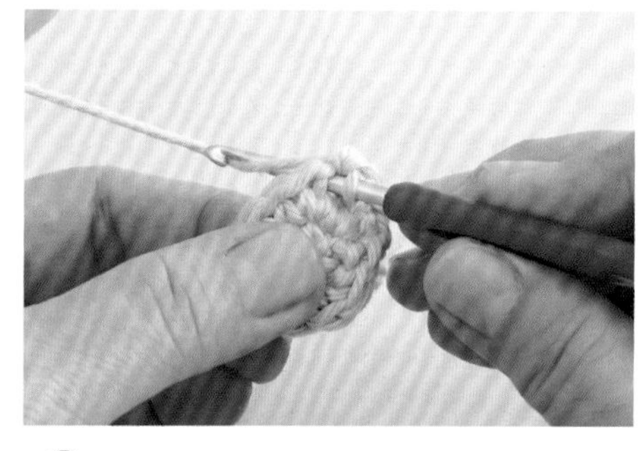

2 鉤織短針，將線掛在鉤針上。

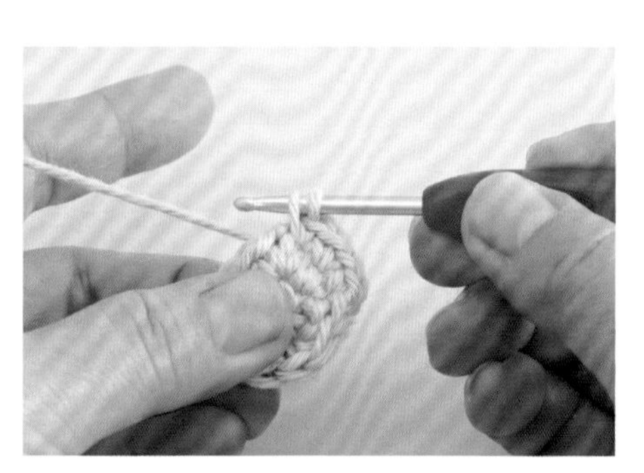

3 將線拉出。

4 再次將線掛在鉤針上，再從掛在鉤針上的2個線圈中將線引拔拉出。這樣就完成2短針加針。

加針針數的差異

在上一段的同一針目內，鉤織2針短針。

在上一段的同一針目內，鉤織3針短針（第2針為粉紅色，第3針為紫色）。

減針   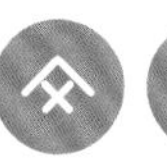 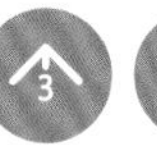  

又稱併針，藉由2針併1針、3針併1針的方式進行鉤織。

1 與短針一樣，先將鉤針穿入（下面將說明如何將這一針與下一針併為1針，藉此減少針數）。

2 將線掛在鉤針上。

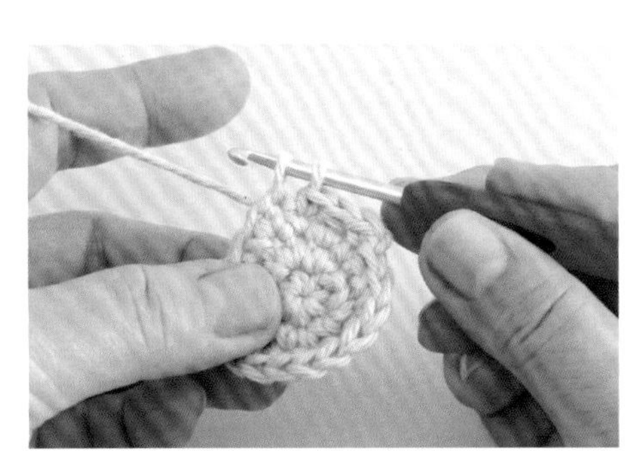

3 將步驟2的線拉出。圖中為鉤織短針途中的模樣。

4 接著將鉤針穿入下一針目。

5 穿入鉤針的模樣。

6 將線掛在鉤針上，然後拉出。

減針

7　掛在鉤針上的線圈變成3個。

8　再次將線掛在鉤針上。

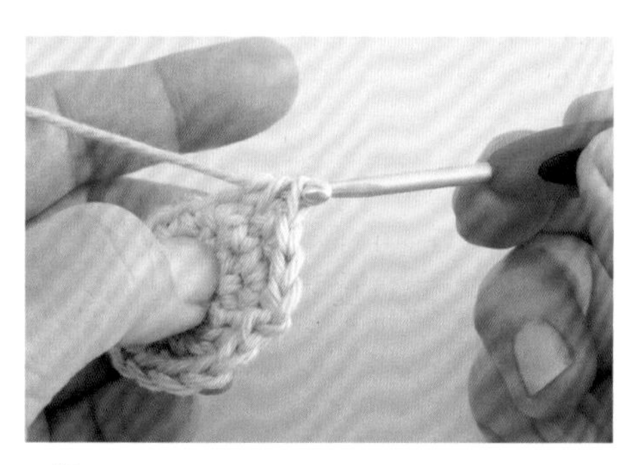

9　從掛在鉤針上的3個線圈中將線引拔拉出。

10　完成2短針併針。

減針記號　以下分別是短針、中長針及長針的減針記號。

【2短針併針】
P.65-66介紹的針法。

【3短針併針】
最後從掛在鉤針上3個未完成的短針中一口氣將線引拔拉出。

【2中長針併針】
最後從掛在鉤針上2個未完成的中長針中一口氣將線引拔拉出。

【3中長針併針】
最後從掛在鉤針上3個未完成的中長針中一口氣將線引拔拉出。

【2長針併針】
最後從掛在鉤針上2個未完成的長針中一口氣將線引拔拉出。

【3長針併針】
最後從掛在鉤針上3個未完成的長針中一口氣將線引拔拉出。

隔一針減針

藉由隔一針，或是跳過上一段的針目進行減針。
適用於線較粗或是減針較明顯的情況。

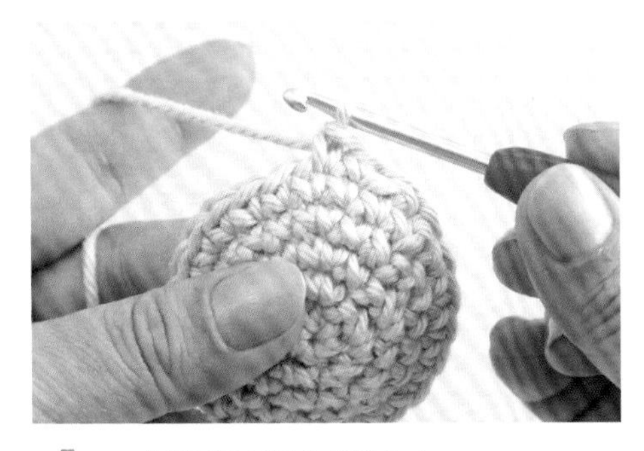

1　鉤織到欲減針的部分為止。

2　跳過第1針，將鉤針穿入第2針的頭部鎖針。

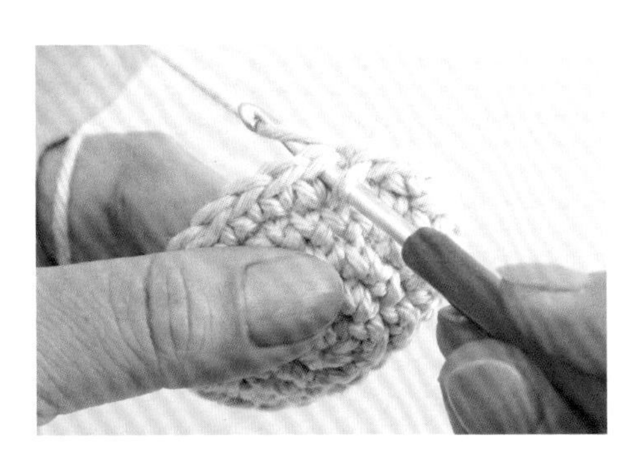

3　將線掛在鉤針上。

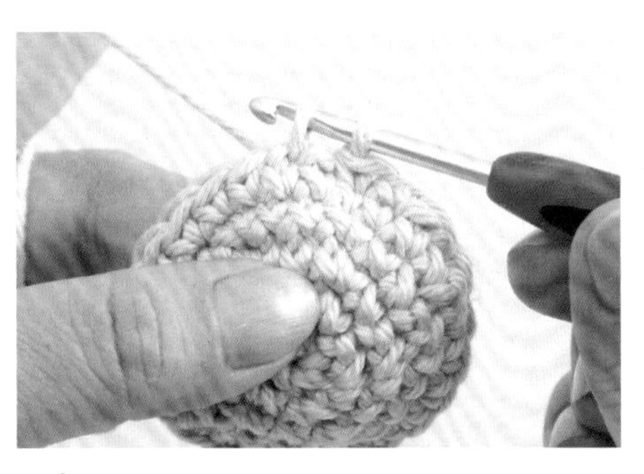

4　拉出步驟3所掛的線。

5　再次將線掛在鉤針上，然後一口氣引拔拉出，完成1針短針。

6　依照同樣步驟繼續鉤織隔一針減針，就能鉤出上圖的成品。

加針與減針方法的差異

藉由加減針，就能夠織出圓形的織片。下方左圖為分散進行加針或減針的織片，右圖則是在各段的同一處進行加針或減針的織片。
在同一處進行加針或減針後，該部分就會形成角度，使織片變成多邊形。不妨根據想鉤織的織片形狀來考慮加針與減針的位置。

【加針】

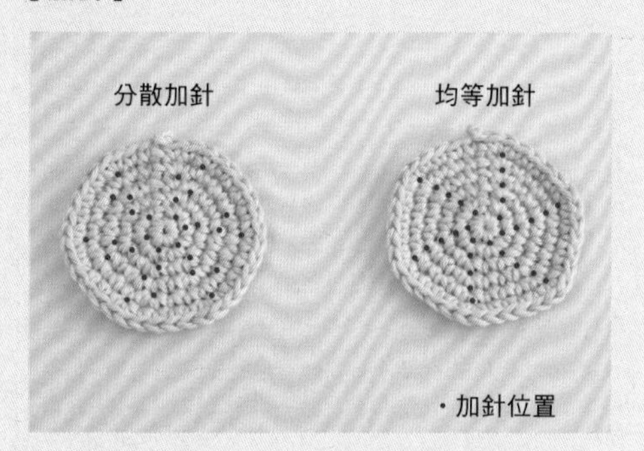

【減針】

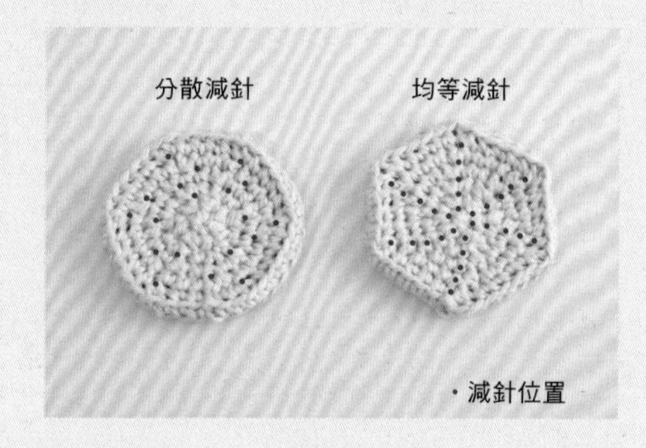

左撇子的編織原則

本書所附的照片、插圖以及編織圖，大多是以右撇子為前提。左撇子的人則改以右手掛線，左手拿鉤針，由左往右進行鉤織，因此編織圖的畫法也必須與右撇子完全相反。如果覺得不容易理解，不妨將編織圖左右顛倒影印。

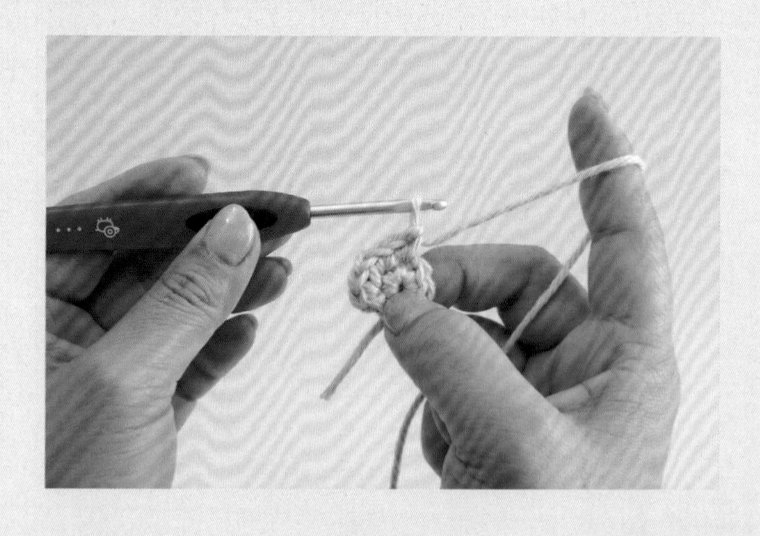

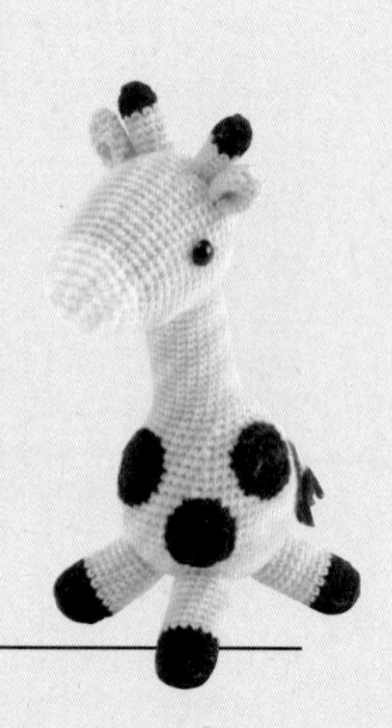

鉤織玩偶集錦

—

II

圓滾滾的可愛赤鬼，不僅手指及腳趾都仔細地織出來，就連虎皮褲、銳角和卷髮也都下了不少功夫！

※範例作品僅供參考

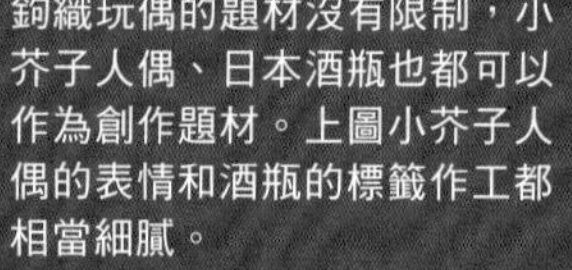

鉤織玩偶的題材沒有限制，小芥子人偶、日本酒瓶也都可以作為創作題材。上圖小芥子人偶的表情和酒瓶的標籤作工都相當細膩。

睡著的胡蘿蔔先生。表面長了小疙瘩，有點髒，葉子也捲曲起來。

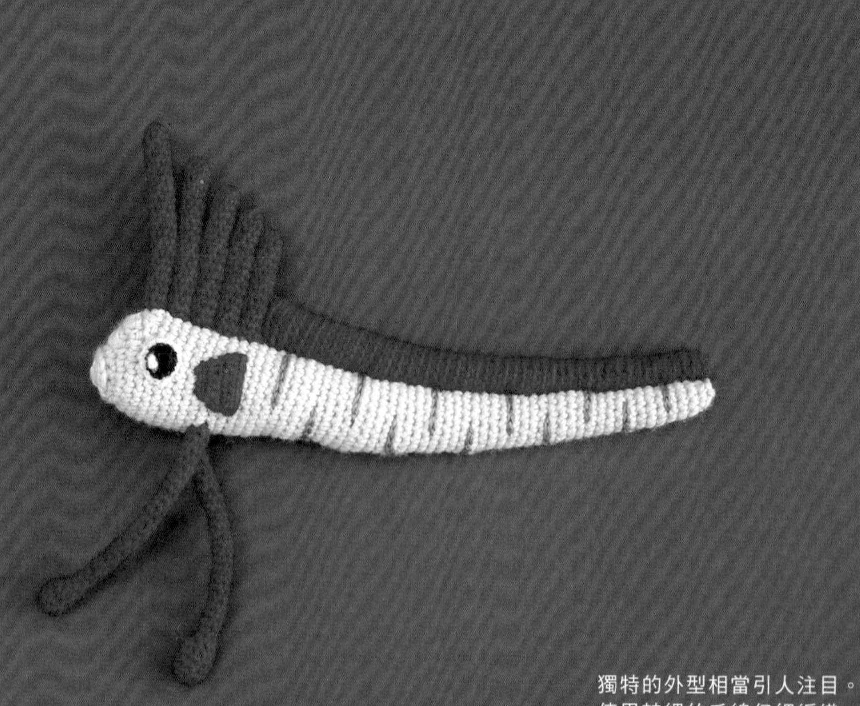

獨特的外型相當引人注目。使用較細的毛線仔細編織，重現細長的身軀。

浣熊整體使用馬海毛線織成，
呈現柔和溫暖的氣氛。另外使
用混色線展現表情。

使用銀色線織成的身體，姿勢也相當稀奇古怪！臉部使用毛氈、毛球、刺繡及眼鼻配件製成，彷彿下一刻就會跳起舞來。

雖然只使用黑白兩色，不過身體比例及臉部表情卻相當獨特。外表令人忍不住發笑，隨身攜帶肯定能使生活充滿趣味。

STEP 3

編織技巧 II

本篇彙整了眾多進階針法，
諸如替織片增添變化、換色等等，
不僅賦予鉤織玩偶個性展現，
也能增添製作時的趣味。

Techniques book
of
Amigurumi

織完一段換色

以下介紹分段換色（線）的方法。像是鉤織條紋圖案時，稍後還會用到同一色線，就讓該色線休息，不需要斷線。

1 在上一段的最後一針換色。短針鉤到一半（拉出掛線）就停手。

2 左手掛上新的色線。線端預留約10cm。

【POINT】

〈背面〉

如果沒有連同藍線一起壓住，線圈就會鬆掉，不易鉤織。

3 在織片背面同時壓住原來的線（藍）與新的色線（粉紅）。

4 將粉紅色線掛在鉤針上。

5 從掛在鉤針上的2個線圈中將粉紅色線引拔拉出。

6 每段收尾的引拔針換成粉紅色。如果不再使用原來的色線（藍），便預留10cm長以備線材處理，接著剪掉色線。

途中換色

以下介紹鉤織途中換色的方法。
若稍後還要使用同一色線時，就將該色線擱置在旁。

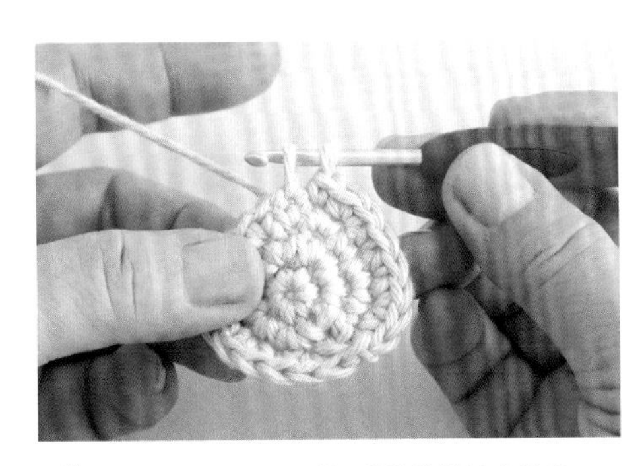

1 在換色的前一針短針的鉤織途中換色。

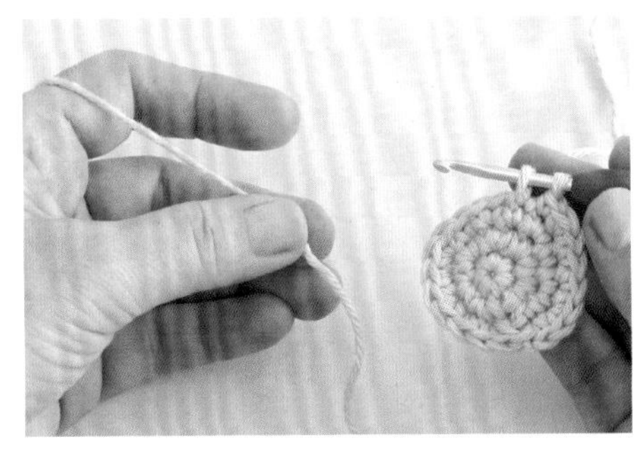

2 左手掛上新的色線，線端預留約10cm。

【POINT】

〈背面〉

一定要壓緊，以免掛在鉤針上的藍線鬆掉。

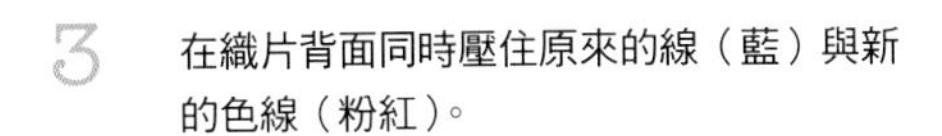

3 在織片背面同時壓住原來的線（藍）與新的色線（粉紅）。

4 將粉紅線掛在鉤針上。

5 從掛在鉤針上的2個線圈中將粉紅線引拔拉出。

6 完成換色。

織入圖案

以下介紹途中換色織入圖案的方法。
不論是每隔一針頻繁換色，還是每隔十針換色，
方法都一樣。

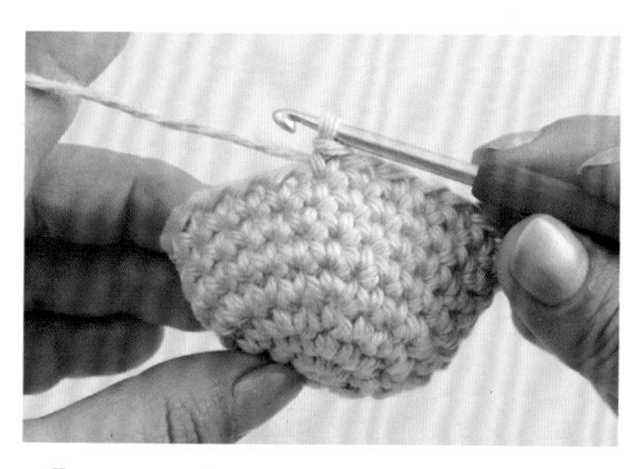

1 鉤織到即將換色的前兩針。

2 將鉤針穿入換色的前一針，然後掛線。

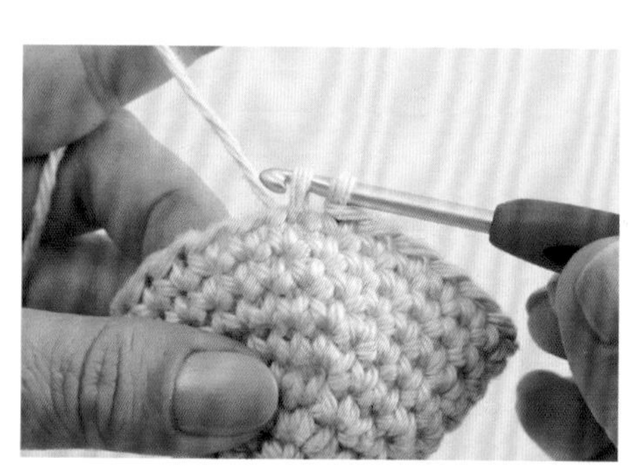

3 拉出步驟2的掛線（圖中為短針鉤到一半的狀態）。

4 將新的色線（粉紅）掛在左手上，貼近織片背面。

5 在織片背面同時壓住原來的線與新的色線，將線掛在鉤針上，繼續鉤織短針。

6 鉤完短針後即完成換色。藍線擱置一旁，不必剪斷。

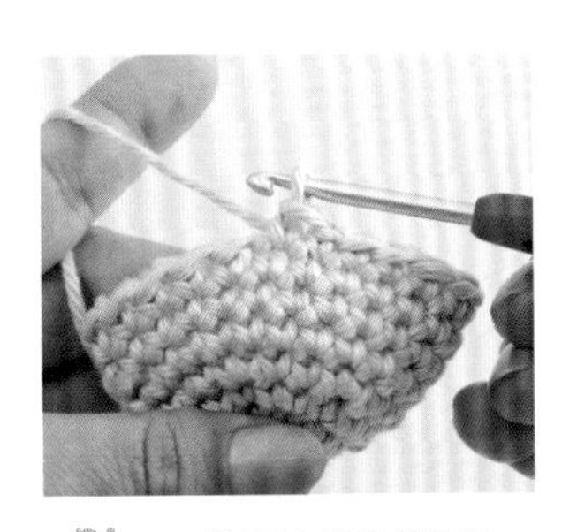

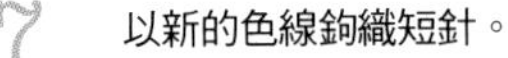

7 以新的色線鉤織短針。

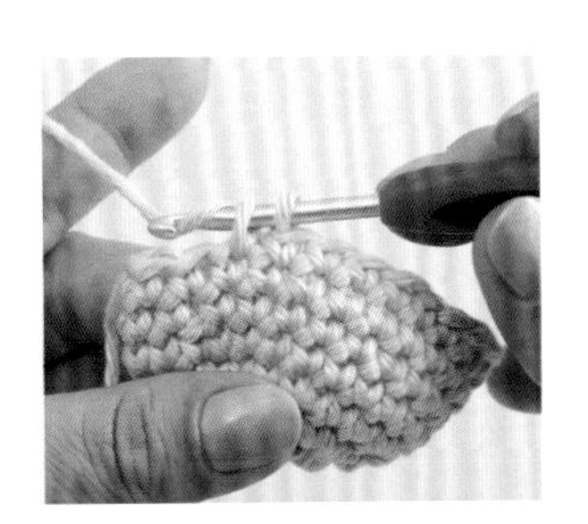

8 鉤織所需針數的短針。

9 接著將休息的藍線掛在左手上，依照步驟5、6換回藍線。

織入圖案的背面處理

以P.76-77的織入圖案為例，從藍線換成粉紅線時，將藍線擺放在織片背面休息，待換回藍線時就能使用。這麼一來，織片背面就會如同下方組圖A，休息的線呈橫躺狀態。若需要頻繁換色，只要照上述步驟處理就沒問題。但如果背面的渡線太長，或是想製作雜貨時，便可以採用組圖B的方法，連同原來的線一起包夾鉤織，就能使織片背面顯得清爽。

〈正〉

〈反〉

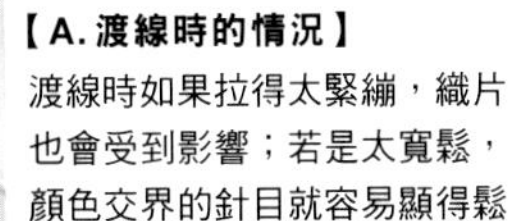

【A.渡線時的情況】
渡線時如果拉得太緊繃，織片也會受到影響；若是太寬鬆，顏色交界的針目就容易顯得鬆垮，須多加注意。

〈正〉〈反〉

【B.線包夾鉤織時的情況】
視線的種類不同而定，有時從織片正面的隙縫也會看到包夾鉤織的色線。

跳織

以下介紹僅鉤織部分織片，藉此織出手腳等零件的方法。

1 先鉤織身體，鉤到一半開始鉤織腳。這裡先鉤織單腳所需的針數。

2 接著旋轉織片，使鉤針的方向由外朝內。

3 使身體的半邊針目休息，在第1針鉤引拔針（P.50）。

4 如此鉤織下去即可完成單腳。接著在另一腳挑針（P.79）鉤織輪編。

挑針

所謂的挑針，是指在沒有線的部分接線編織。

接線

1 將鉤針穿入欲進行鉤織的位置。就本範例而言，即是將鉤針穿入身體中央（跳織的下一個針目）開始鉤織。

2 將左手的線掛在鉤針上。

3 拉出步驟2所掛的線。一定要在織片背面壓緊掛線，以免掛在鉤針上的線圈鬆掉。

進行鉤織

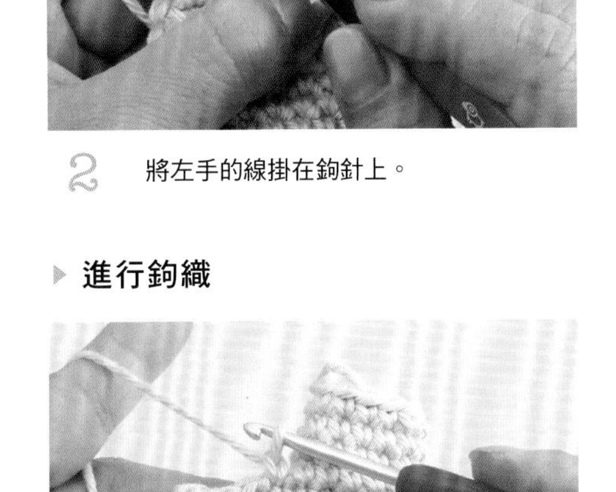

4 鉤1針鎖針為立針（P.35）。

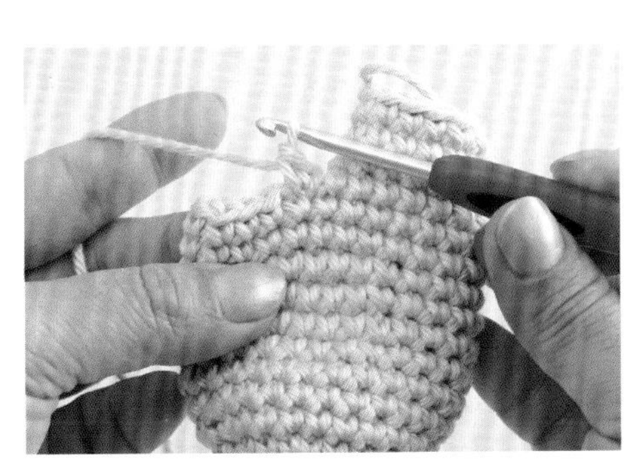

5 在接線的頭部鎖針（與步驟1同一針）內鉤織短針（P.40）。

6 如此繼續鉤織（粉紅色部分為挑針後鉤織輪編的部分）。

開口

將加針（P.64）鉤織的零件與平坦的圓形零件組合成開口。

※編織圖詳見P.232

1 先鉤織A部（藍），接著在加入開口這段鉤1針立針後，鉤織1/4圈短針（P.40）。

2 然後與織好的圓形織片C部（粉紅）拼接（P.90）在一塊，繼續鉤織半圈短針。

3 接著鉤織A部剩下的部分。

4 鉤完1段。

5 鉤1針立針後，一直鉤織到與C部開始拼接的地方。

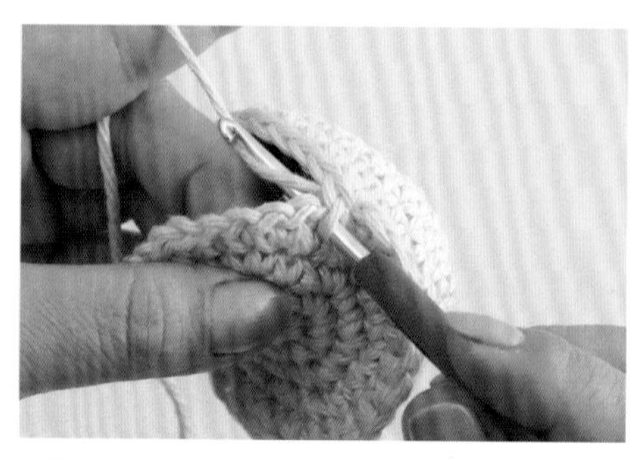

6 接下來只鉤織C部。

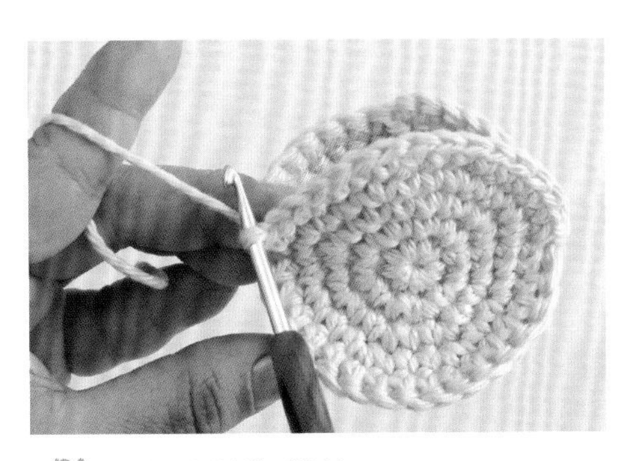

7 就這樣鉤織到邊端。

8 拼接完成後，將鉤針穿入下一個針目進行鉤織。

9 將C部對折，一圈圈地鉤織B部。

10 就這樣一邊減針、一邊鉤織，開口就完成了。

這裡使用3種色線，
幫助讀者一目瞭然！

加針與減針組成玉針

上一段加針（P.64）、下一段減針（P.65），
藉由這樣的方式，就能織出立體的織片。
只要調整織目，就能應用在耳朵、鼻子等零件上。

1 鉤織短針（P.40）到玉針的前一針。

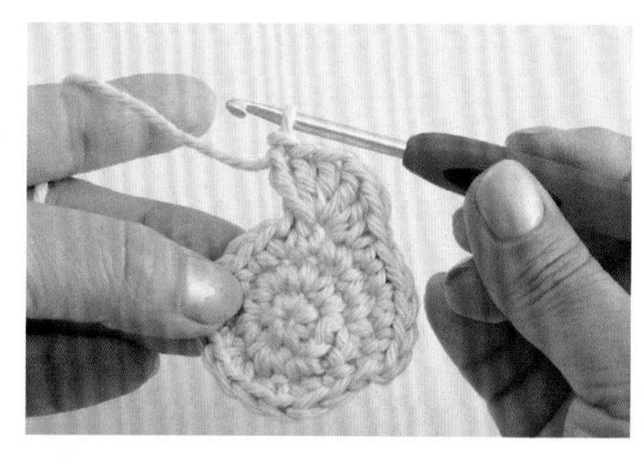

2 在上一段的針目內鉤織5針長針（P.46）。

3 繼續鉤織短針（步驟2的另一邊也以同樣方式進行）。下一段的鉤法也是一樣，在步驟2之前先鉤織短針。

4 接下來進行長針的減針。先將線掛在鉤針上。

5 連同掛線穿入鉤針後，再次掛線。

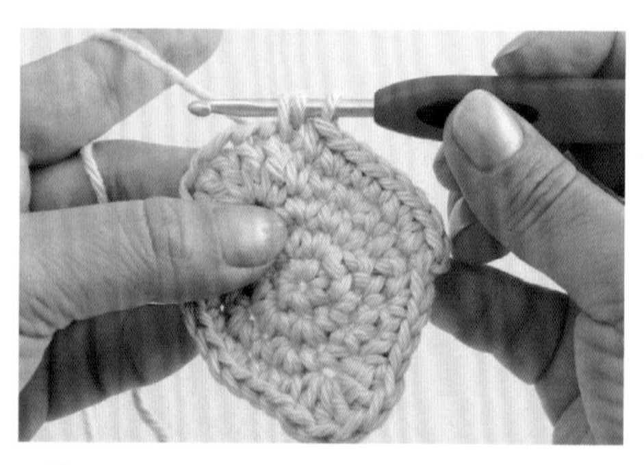

6 拉出步驟5的掛線。掛在鉤針上的線圈變成3個。

7　再次將線掛在鉤針上，然後從前2個線圈中將線引拔拉出。這樣就完成1針未完成的長針。

8　再鉤1針未完成的長針。接著將線掛在鉤針上。

9　連同掛線穿入鉤針後，再次掛線。

10　拉出步驟9的掛線後，再次將線掛在鉤針上。

11　從鉤針前端的2個線圈中將線引拔拉出，掛在鉤針上的線圈就變成3個。這樣就完成了2針未完成的長針。

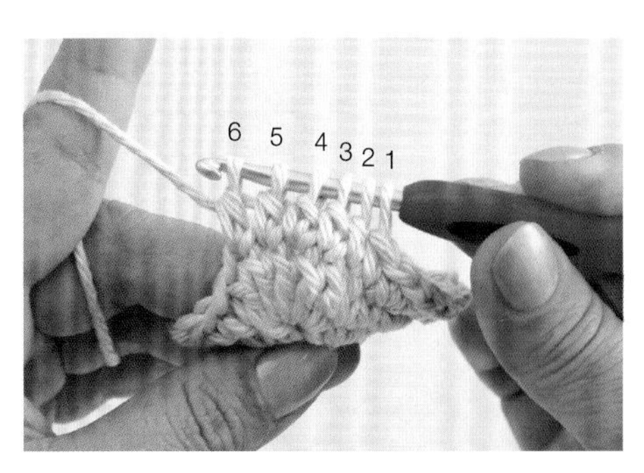

12　依照相同步驟，一共鉤織5針未完成的長針。此時鉤針上掛有6個線圈。

加針與減針組成玉針

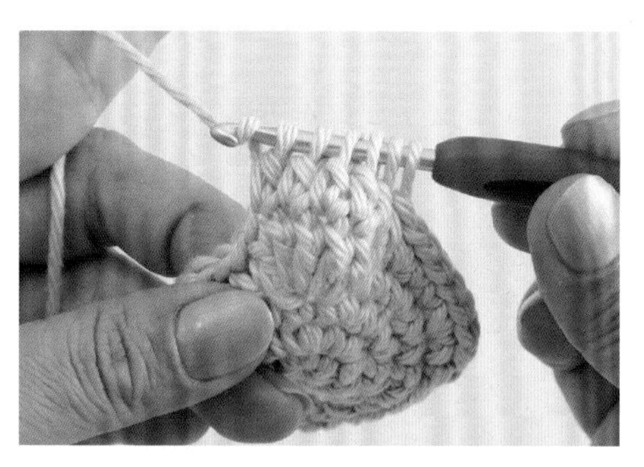

13 將線掛在鉤針上。

14 從6個線圈中一口氣將線引拔拉出。

15 繼續鉤織短針。在左右兩側相同的位置鉤織玉針，這樣就完成頭部兩側的耳朵。

圖中為第1段加針的部分。

第2段減針的部分。

以減針製作腳

製作腳的方法有好幾種，
以下介紹以減針（P.65）製作腳的方法。

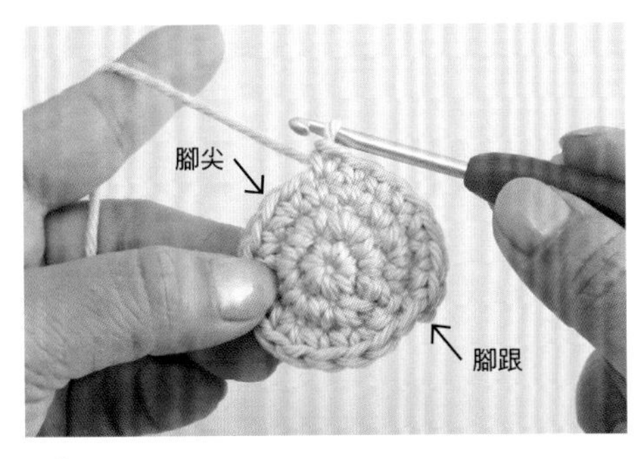

1　一邊加針、一邊鉤織短針（P.40），從這段起開始減針。以立針部分作為腳跟。

2　在腳尖部分進行減針。

3　左側為腳尖部分。

4　一邊減針一邊鉤織，直到鉤出滿意的形狀為止。

5　結束減針後，接著鉤織短針做出腳踝。

以靴子織法製作腳

先鉤織橢圓形底部，途中以跳織方式鉤出腳踝，
接著再繼續鉤織就能完成腳型。
鞋子與長靴也是採用一樣的鉤法。

1 從鎖針起針，開始鉤織橢圓形織片（P.38）。

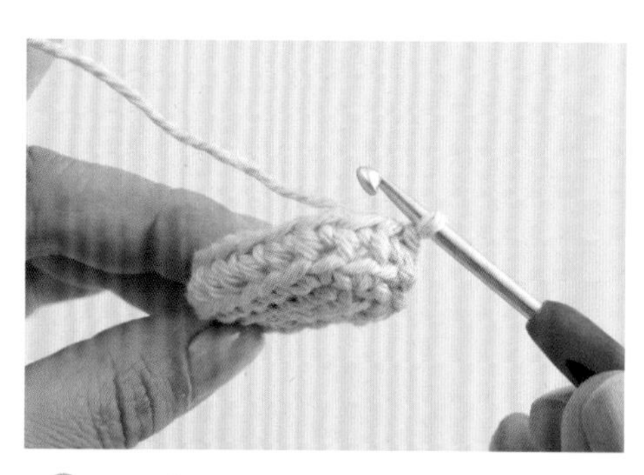

2 以筋編（P.54）鉤織第1段。

3 鉤織時，只有腳尖部分進行減針（P.65）。

4 織完腳背後，接著以跳織方式鉤織腳踝。

5 一圈圈地鉤織，完成腳踝。

6 接著接線，將腳背縫合起來。

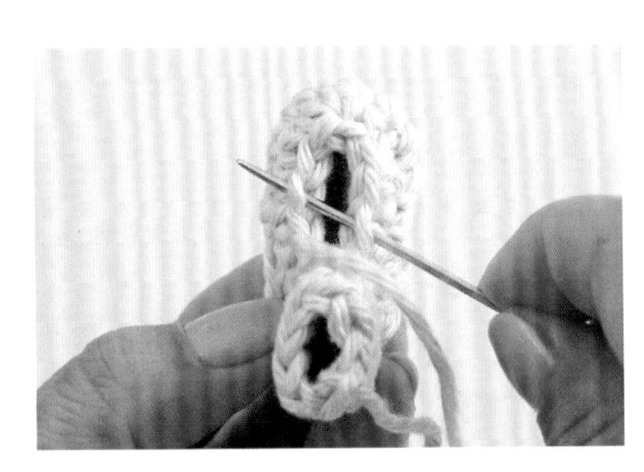

7 然後以毛線縫針挑起頭部鎖針的前半目，進行縫合。

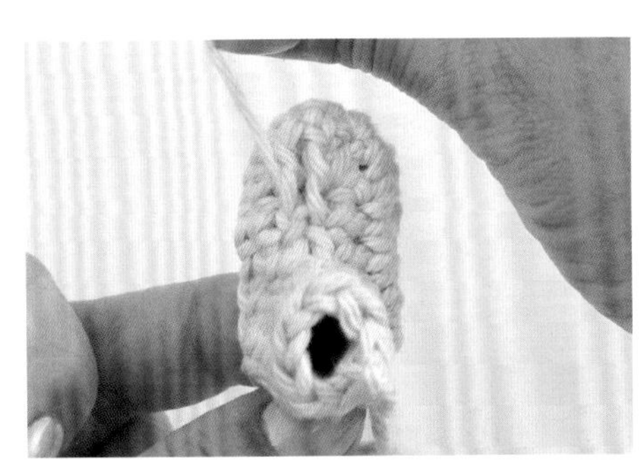

8 拉緊線加以縫合。

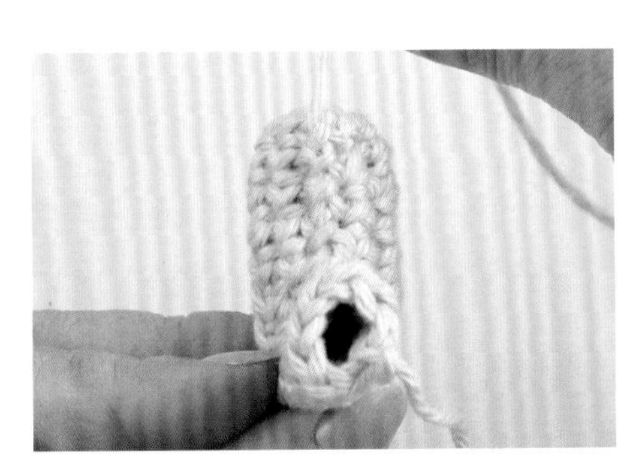

9 腳背縫合完成。最後在織片內側處理縫線便大功告成。

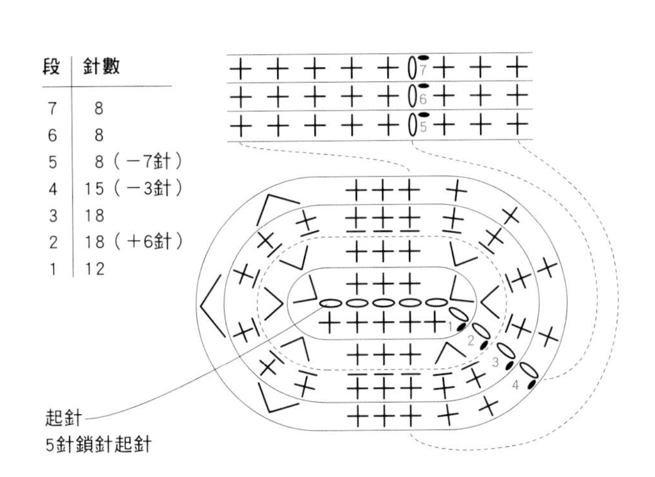

段	針數
7	8
6	8
5	8（－7針）
4	15（－3針）
3	18
2	18（＋6針）
1	12

以靴子織法編織，
腳的形狀會比
其他方法更清晰！

以扣眼織法製作腳

以下介紹如同將織片捏彎般製作腳踝的方法。

※編織圖詳見P. 232

1 從腳尖開始鉤織，一直鉤到腳踝部分。

2 以扣眼織法鉤織腳踝部分。

3 接著鉤3段。扣眼部分則挑裡山鉤織。

4 接線後，將扣眼部分縫合起來。

5 使用毛線縫針，挑起左右兩側頭部鎖針的全目。

6 一直挑到最後一針，然後拉緊縫合。

編織手指

使用結粒針（P. 60），便能夠做出小巧的手指。
這種針法適用於製作小型鉤織玩偶的手指。

※編織圖詳見P. 225

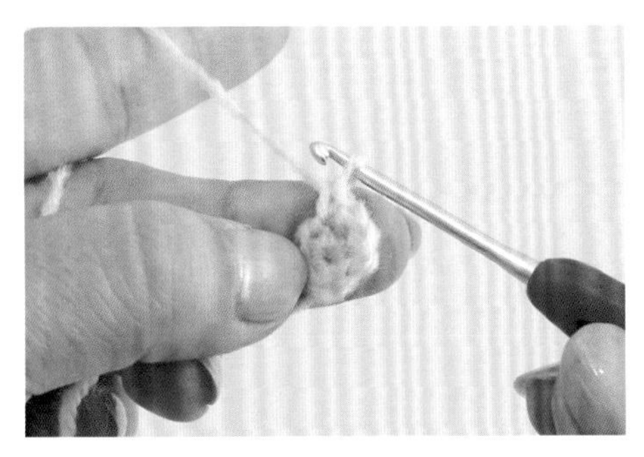

1 鉤完輪狀起針（P.29）後鉤織第1段，從第2段途中開始鉤織手指。

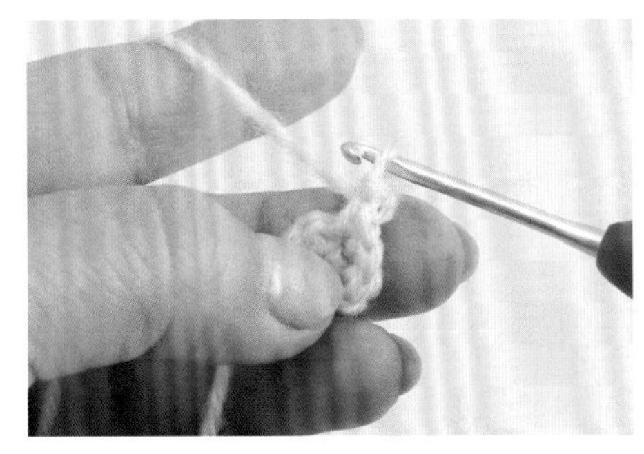

2 接著鉤織結粒針。先鉤1針鎖針（P.35），再回到第1針鉤引拔針（P.50）。

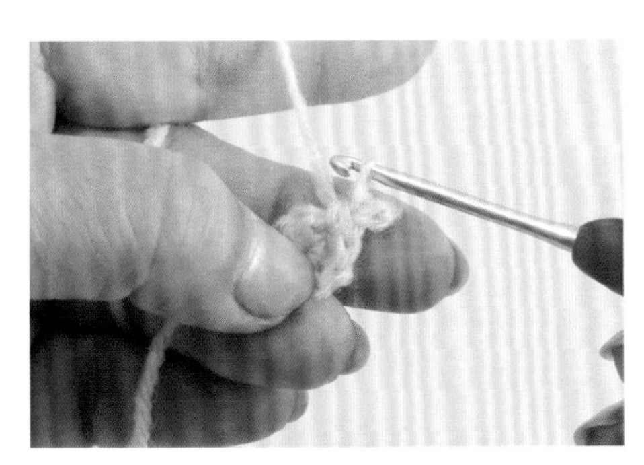

3 如同切開步驟1的結粒針基底的頭部鎖針，穿入鉤針，接著鉤引拔針。完成1根手指。

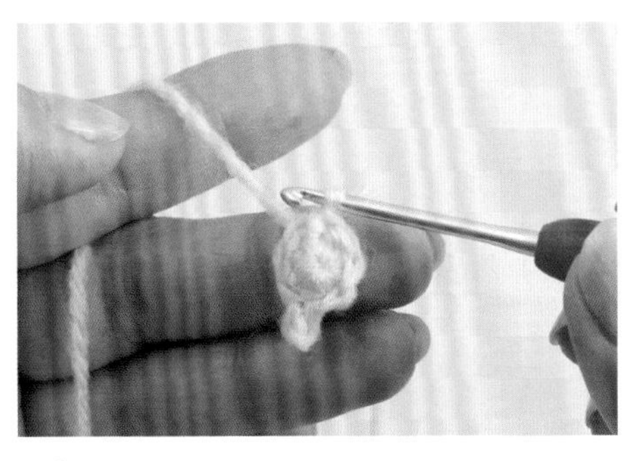

4 剩下的針目便鉤短針，最後以引拔針收尾，完成這一段。

5 一直鉤織到手掌部分。

拼接織片

下面介紹不用縫針縫合，而是以鉤織方式縫合兩個零件的方法。適用於想突顯縫合部分或是接著鉤織緣飾時。

※為了讓讀者更容易理解，縫線使用黃色線。
如果邊緣與基底為同一顏色時，則使用基底的線鉤織，不必斷線。

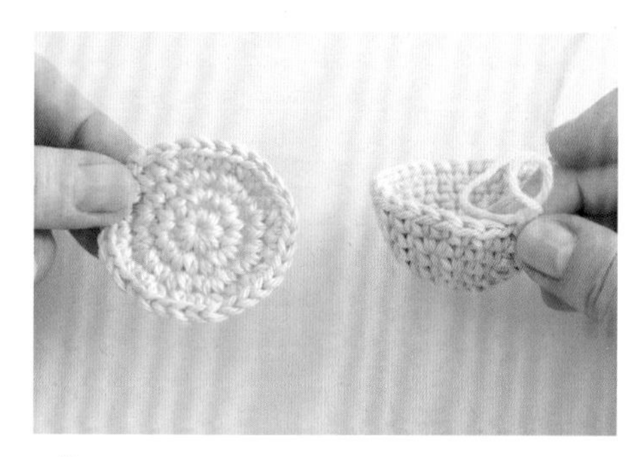

1 將粉紅色蓋子蓋在藍色基底上。

2 先在基底接線（P.79），鉤1針鎖針為立針（P.34）後，將鉤針穿入第1針目。

3 將蓋子對準基底的立針位置，使鉤針從蓋子的內側穿出。

4 將線掛在鉤針上。

5 拉出步驟4的掛線。

6 再次將線掛在鉤針上並引拔拉出，完成1針短針（P.40）。以同樣方法將2片零件合在一塊進行鉤織。

重疊綴縫

這種針法適用於製作薄型零件時。

※為了讓讀者更容易理解，改用其他色線作為縫線。

1 這裡將圓形織片對折後進行縫合。首先將鉤織結束的線穿過毛線縫針後，從邊端拉出正面。

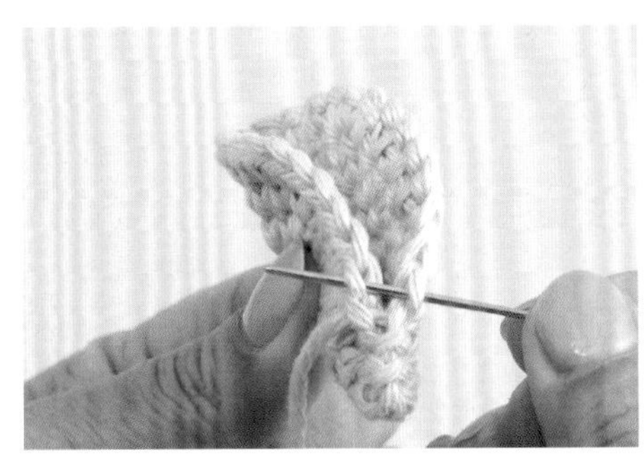

2 以縫針挑起左右兩側頭部鎖針的前半目。

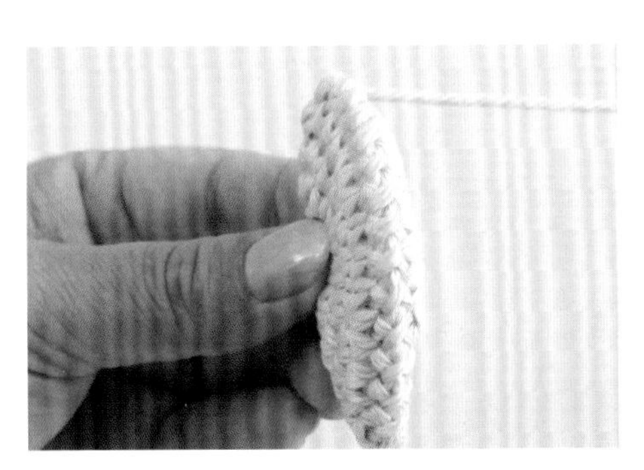

3 以同樣方式進行挑針，縫合到最後。

挑起2片零件頭部鎖針的
前半目加以縫合，
就能使縫合部分變得輕薄！

流蘇

以下介紹在織片邊端加上毛線束的方法，
適用於製作頭髮及尾巴等部位。

1 選定想要加上流蘇的針目，從織片背面由內往外穿入鉤針。

2 將剪好的線對折，以鉤針勾住彎折的線圈部分。

3 將線圈拉出來。

4 拿開鉤針，以食指和大拇指穿入線圈中。

5 捏住2條線端，穿過線圈。

6 拉緊線端，使線圈縮小。

7 以同樣方式加上所需數量的流蘇。

8 添加完成後，再一起修剪成適當長度。

如何寫編織圖

鉤織玩偶是以織成圓滾狀為原則，因此編織圖幾乎都是同心圓織法，而書寫順序則是從中心向外。

❶中心的「輪」是指輪狀起針。為了與鎖針的輪狀起針做出區別，如果起針需要拉緊線圈，一定要在中心寫上「輪」。

❷從中心算起，第1段位於第1條和第2條段數線之間，首先寫上立針的鎖針，再以織圖記號寫上第1段織幾針。以逆時針方向書寫，均等填入記號。從第2段起依照對應位置，填入織圖記號，以便明白在下一段的哪一針鉤織。

❸立針的鎖針右上方有個小小的黑色橫長圓點，這是引拔針的記號。如果有鉤立針編織，記得每一段的最後一定要寫上鉤引拔針收尾。

❹沒有加減針的段數，若超過2段可以刪節號來省略。在這種情況下，為了讓人明白段數，一定要標上數字。

❺製作大型作品時，有時同心圓織圖不易閱讀，所以也會寫成展開圖。

❻段數針數表要在括號內註明每一段針數與上一段針數的加減針數。其他方面，也會註明採用特殊針法時的特別記號或是換色時的指示。

總而言之，編織圖是鉤織玩偶的設計圖，因此書寫時要以「每個人都能看懂」為前提。

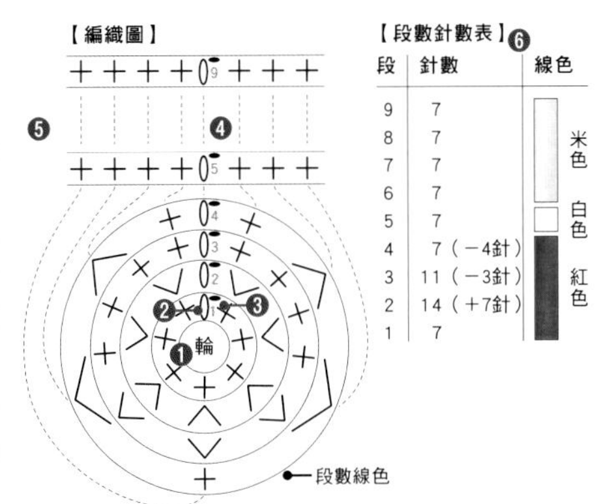

【段數針數表】❻

段	針數	線色
9	7	米色
8	7	米色
7	7	米色
6	7	米色
5	7	白色
4	7（－4針）	紅色
3	11（－3針）	紅色
2	14（＋7針）	紅色
1	7	紅色

以結粒針鉤織褶邊

這種針法適用於織片收尾時的緣飾。

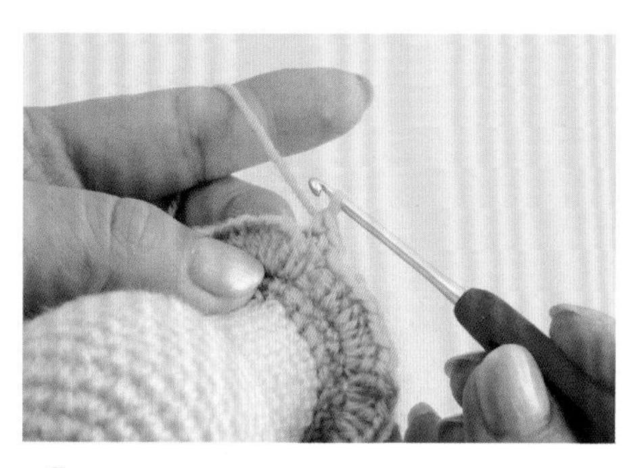

1　現在要鉤織3針一組花樣的褶邊。先鉤2針短針（P.40）。

2　接著鉤鎖針（P.35）。這裡鉤2針鎖針。

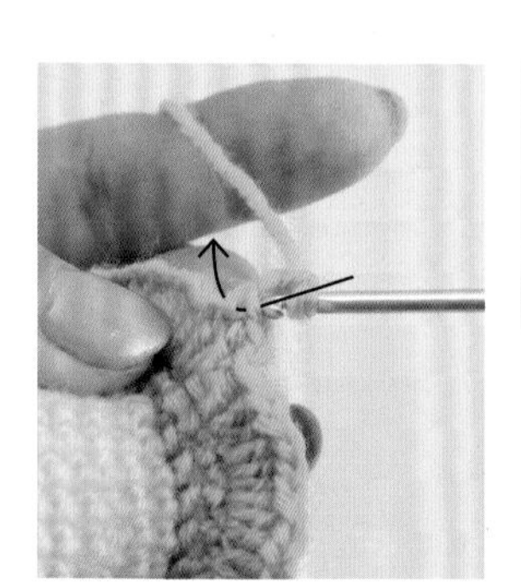

【POINT】

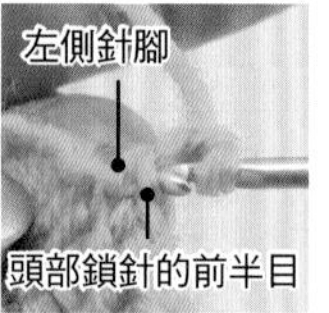

要注意穿入鉤針的位置。

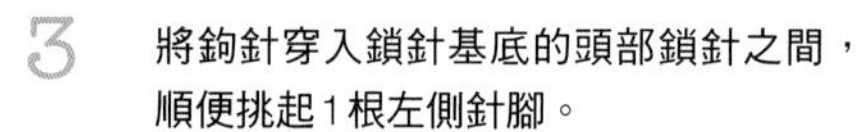

3　將鉤針穿入鎖針基底的頭部鎖針之間，順便挑起1根左側針腳。

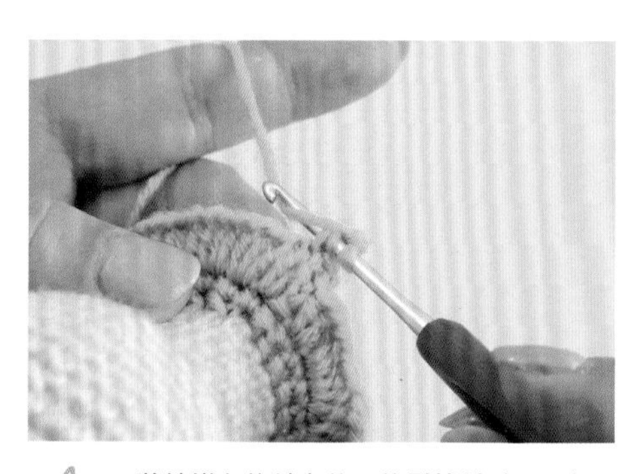

4　將線掛在鉤針上後，鉤引拔針（P.50）。

5　結粒針（P.60）完成。每鉤2針短針就照同樣方式鉤結粒針。

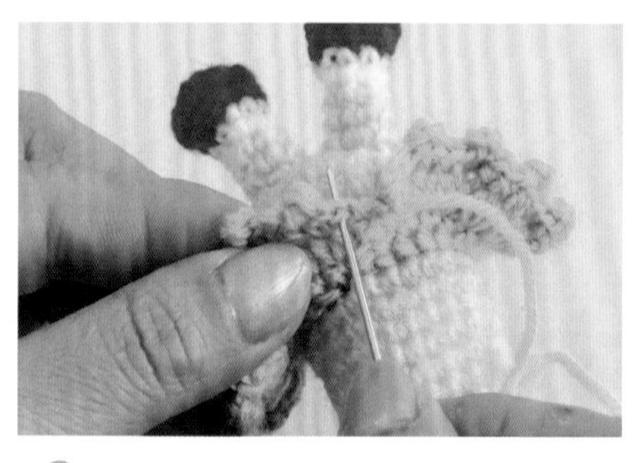

6　最後以鏈條接合（P.142）收尾。

挑尖角

以下介紹如何將織片挑出角度。
這裡以先鉤織圓形底部，再鉤織圓筒為例加以說明。

※為了讓讀者更容易理解，立起部分改用其他色線。

1 織好底部後，挑起頭部鎖針的後半目鉤筋編（P.54）。

2 鉤織筋編。

3 如圖所示，可以看出立起部分的角度相當明顯。

4 完成挑出角度、底部與側面分明的織片。

編織凹槽

以下介紹如何在織片途中鉤織凹槽部分。
以先鉤織凹槽部分作為示範。
這種針法適用於鉤織出與挑尖角完全相反的織片。
※為了讓讀者更容易理解，凹槽部分改用其他色線。

1 從凹槽底部開始鉤織。以織片正面作為凹槽內側的底部。

2 立起部分以背面段筋編（P.55）鉤織。這樣就會織出往內折的立起部分。

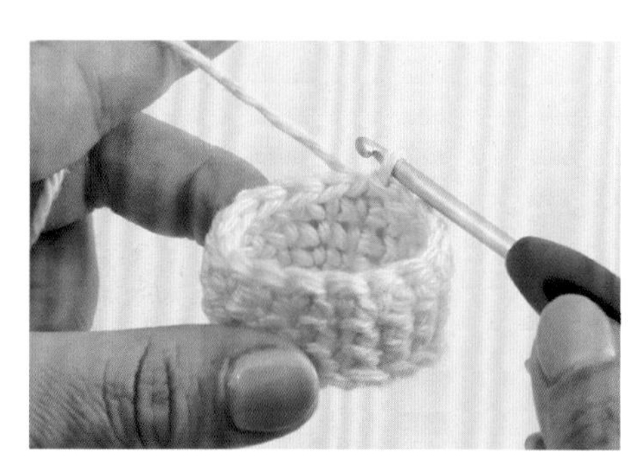

3 凹槽部分完成。

4 接著鉤平底部分。第1段一邊加針，一邊挑頭部鎖針的後半目鉤織筋編（P.54），使織片往外折。

5 從第2段開始，一邊加針一邊鉤織。

6 從側面看完成的凹槽部分。

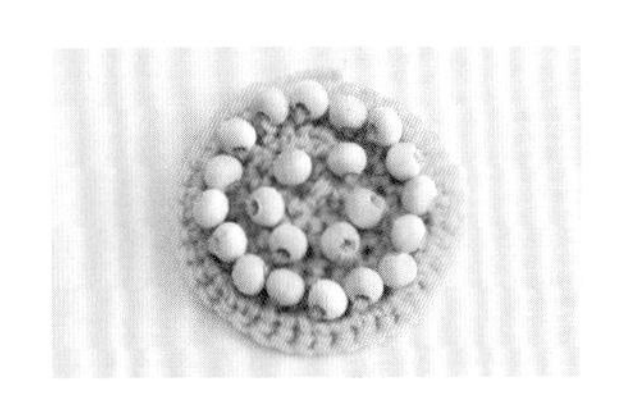

織入串珠

以下介紹如何在織片途中織入串珠。
這種針法適用於毛線縫針可穿過的各種串珠。

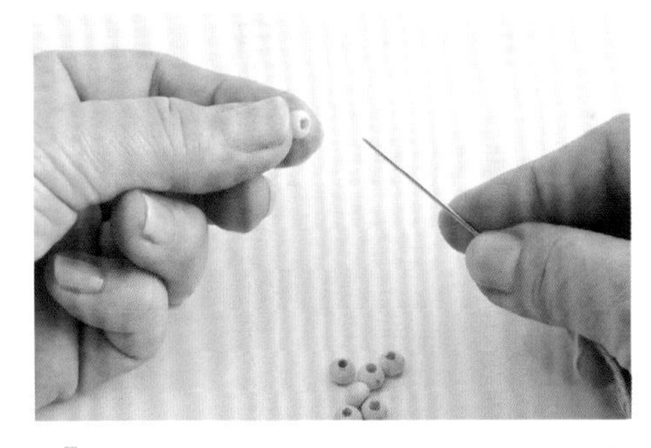

1 準備可穿過串珠的毛線縫針，將線穿過毛線縫針。

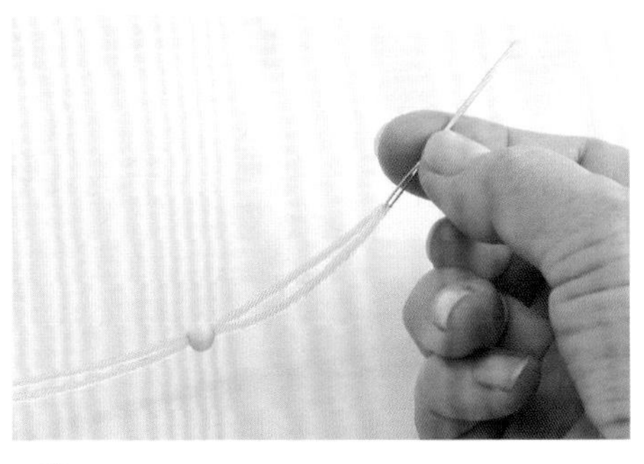

2 接著將串珠穿入毛線。

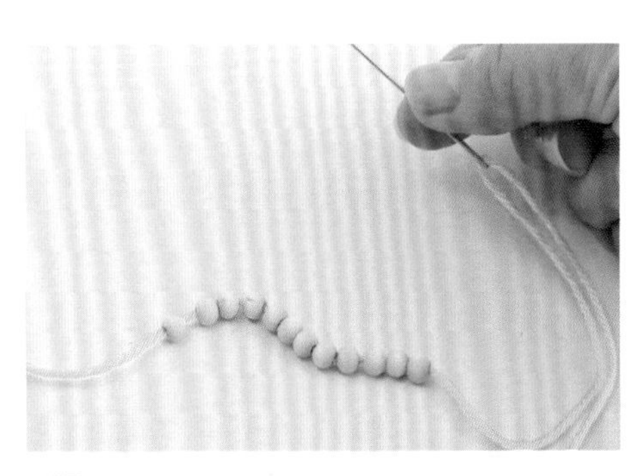

3 穿入所需數量的串珠。

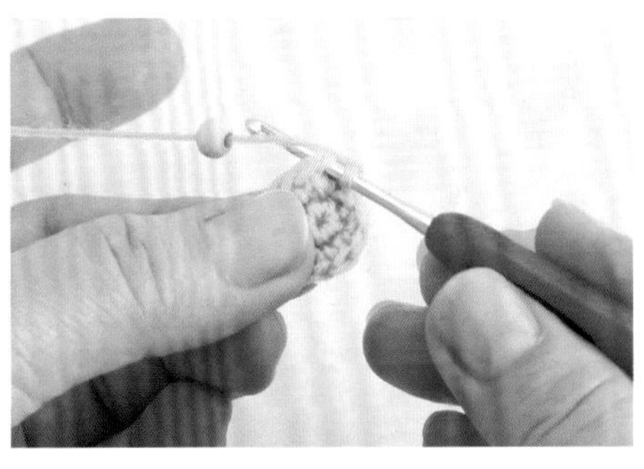

4 鉤輪狀起針，鉤織到放入串珠部分時，將串珠移到織片附近，再將線掛在鉤針上（這裡鉤短針）。

5 將步驟4掛在鉤針上的線拉出。

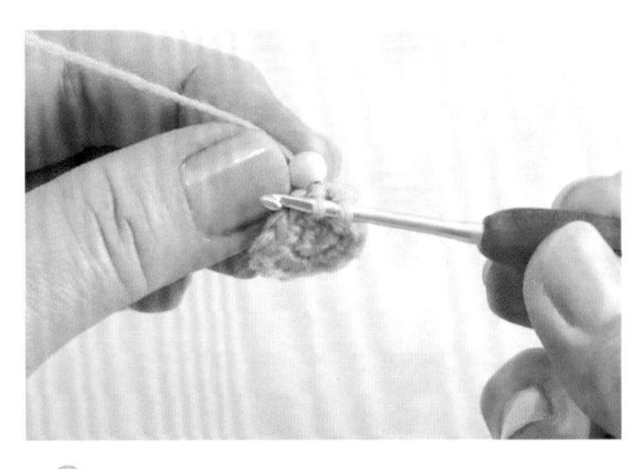

6 這時移動串珠，使串珠緊靠織片。

織入串珠

7　以左手中指壓住串珠，同時將串珠左側的線掛在鉤針上。

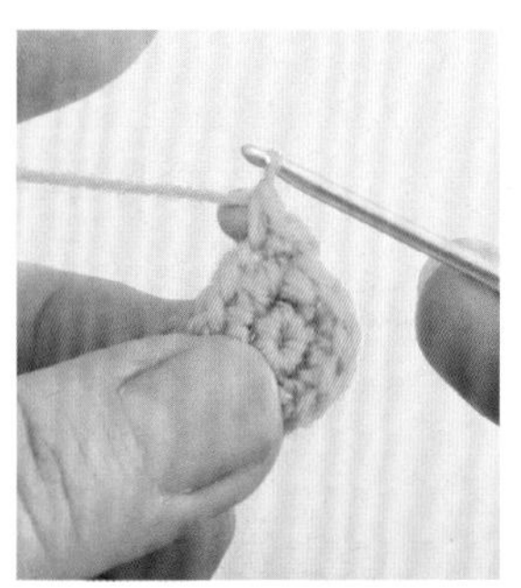

〈背面〉

串珠貼近織片背面。

8　接著將掛線引拔拉出，便完成織入串珠的1針短針。

〈背面〉

串珠均等織入每段織片。

9　以同樣方式織完1段。

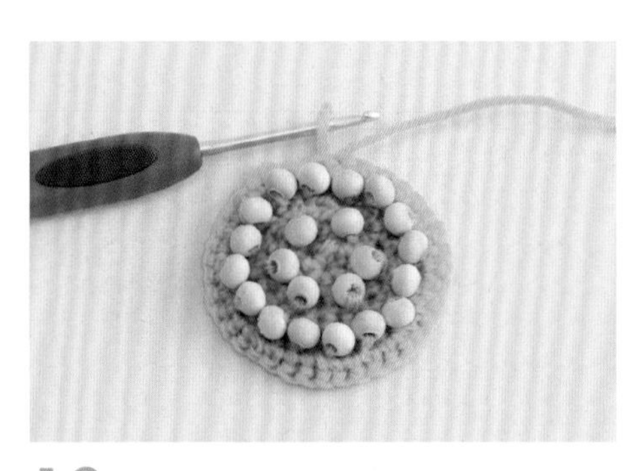

10　圖中為鉤織數段後織入串珠的模樣。

善用細線＆小串珠，織出細膩成品

使用蕾絲線等細線織入小串珠，就能織出更加細膩的織片。不妨將不同色線與各種顏色、大小、形狀的串珠加以組合，拓展出更加豐富的織片表現。如果一開始就穿入所需數量的串珠，途中發現串珠數量不夠時，就得先斷線處理線材，接上新線後才能繼續鉤織。因此得再三留意，盡可能避免誤算串珠的數量。

編織繩子（線繩）

下面介紹3種使用鎖針與短針鉤織而成的繩子（線繩）。
這3種方法都是採用結構緊實、具有強度的線繩，可用於製作雜貨上。

▶ 引拔針編法

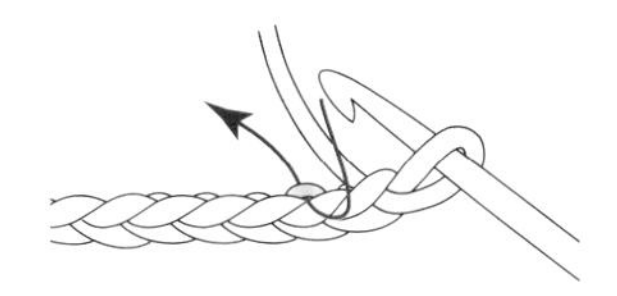

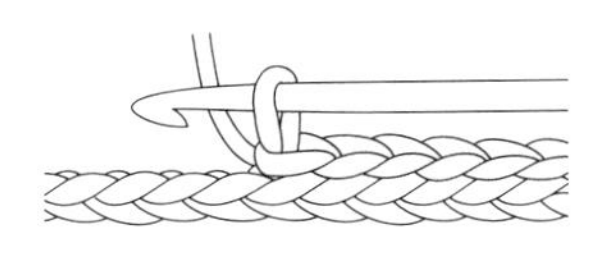

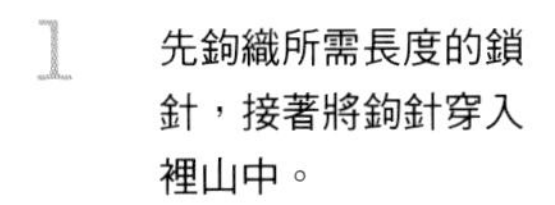

1　先鉤織所需長度的鎖針，接著將鉤針穿入裡山中。

2　將線掛在鉤針上後引拔拉出。

3　重複步驟1～2，以鉤針挑裡山，再引拔拉出。

▶ 織繩編法

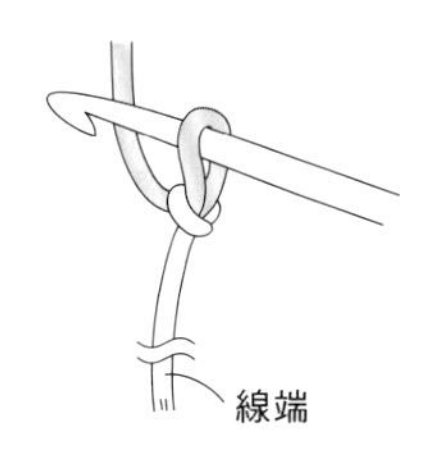

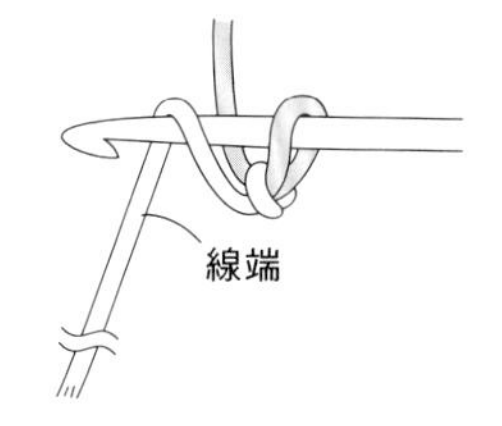

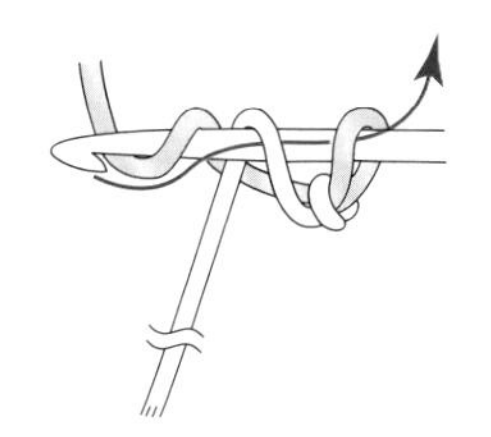

1　線端預留想做繩長約3倍左右的長度後，鉤織鎖針起針。

2　如插圖所示，將靠近線端的線由前掛在鉤針上。

3　直接將線掛在鉤針上，再一口氣引拔拉出。

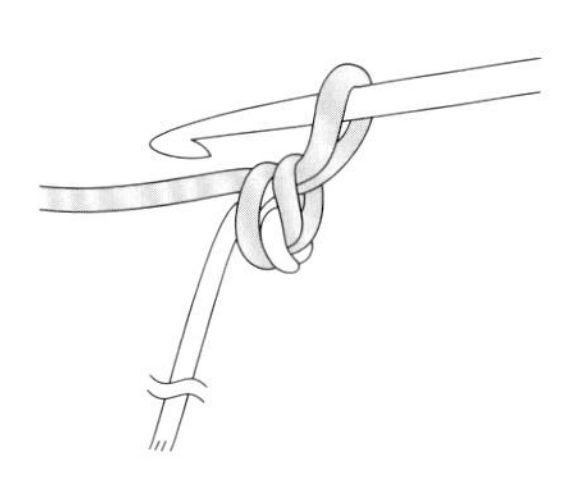

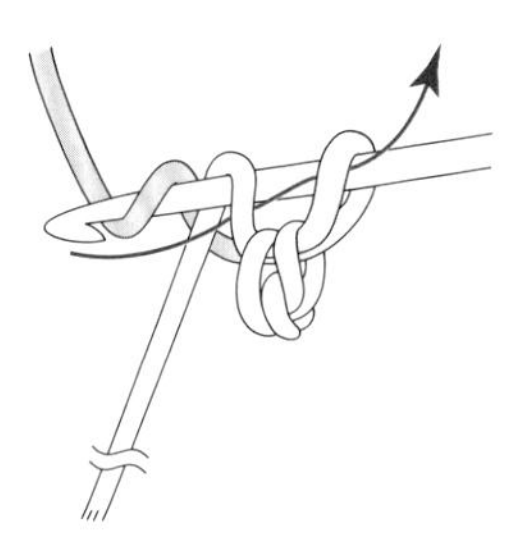

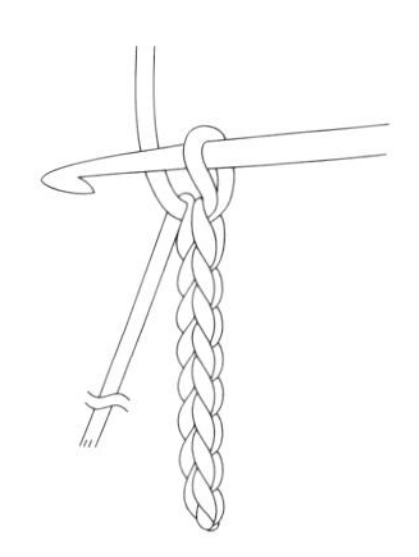

4　完成1針。

5　按照步驟2～3，將靠線端的線掛在鉤針上，接著將線掛在鉤針上，引拔拉出。

6　重複同樣的步驟，完成織繩。

編織繩子（線繩）

▶ 蝦編編法

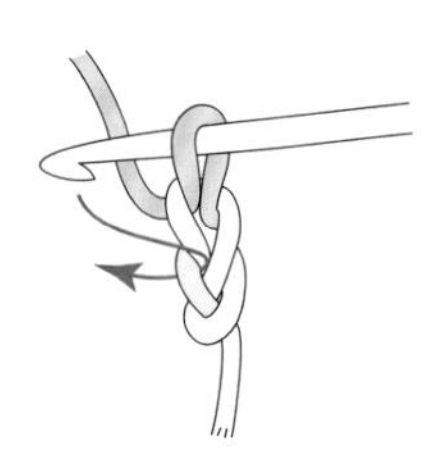

1 先鉤鎖針起針，再鉤1針鎖針。然後依照箭號指示穿入鉤針，掛線後拉出。

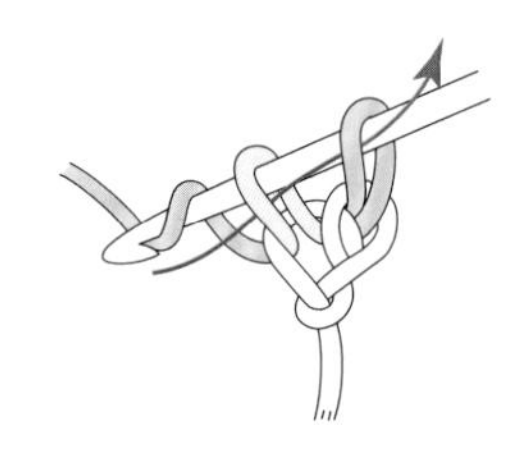

2 再次將線掛在鉤針上並引拔拉出（短針）。

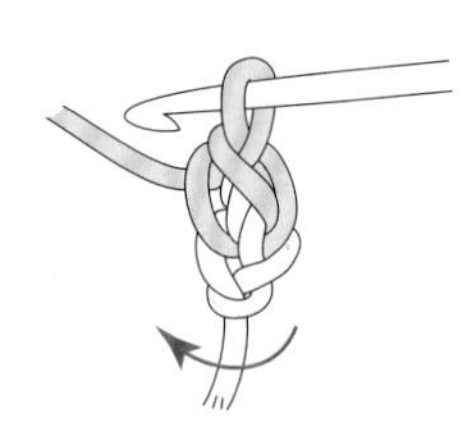

3 依照箭號方向旋轉織片，使背面朝外。

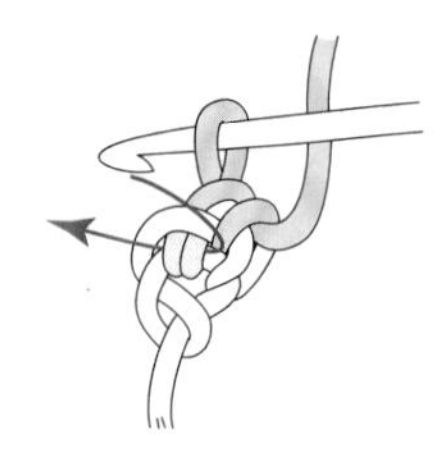

4 依照箭號方向在織片背面穿入鉤針，挑起全目。

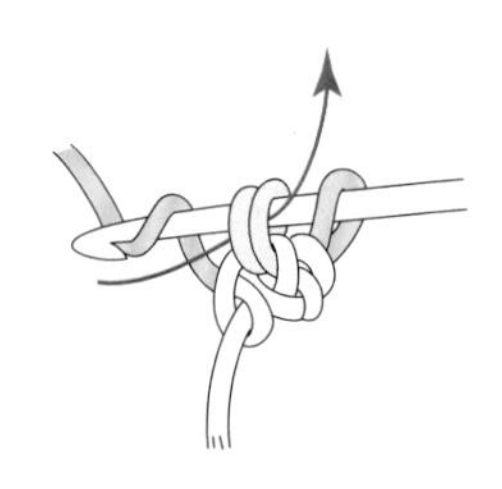

5 將線掛在鉤針上，依箭號方向將線拉出。

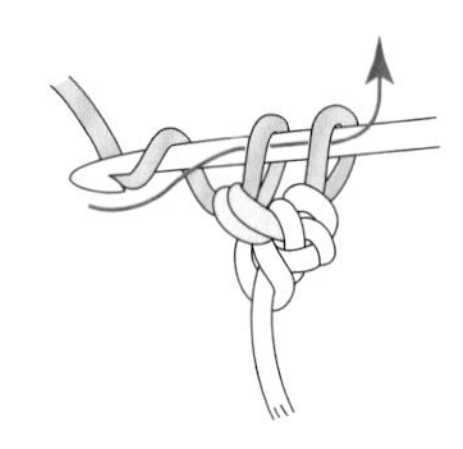

6 再次將線掛在鉤針上並引拔拉出（短針）。

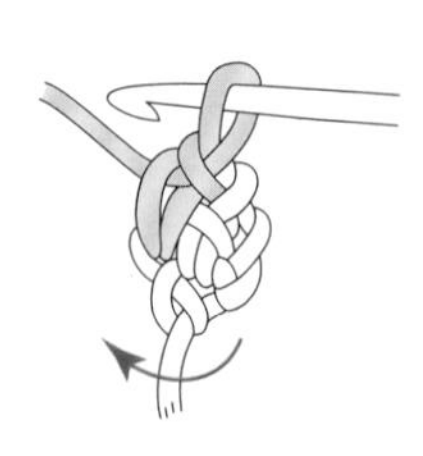

7 依照箭號方向旋轉織片，使背面朝外。

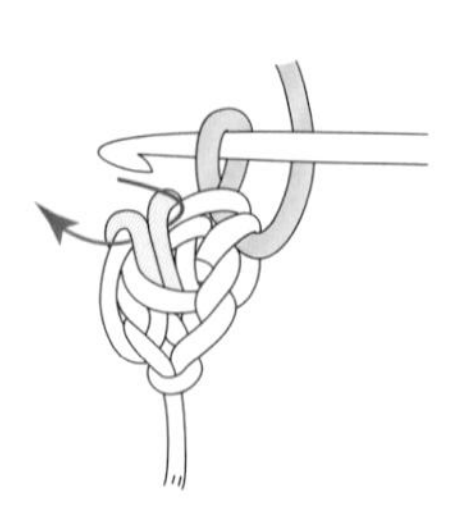

8 依照箭號方向穿入鉤針，按照步驟5～6鉤織短針。

9 重複上述旋轉織片、鉤織的步驟來鉤織。

從基礎到應用

織片花樣款式集

從使用基本針法到結合多種針法組成的花樣編，
本篇總共收錄了23種織片樣本。
各位製作原創鉤織玩偶時，不妨多加參考，尋覓靈感。

※織片的樣本是使用HAMANAKA（編織棉線）

1 短針

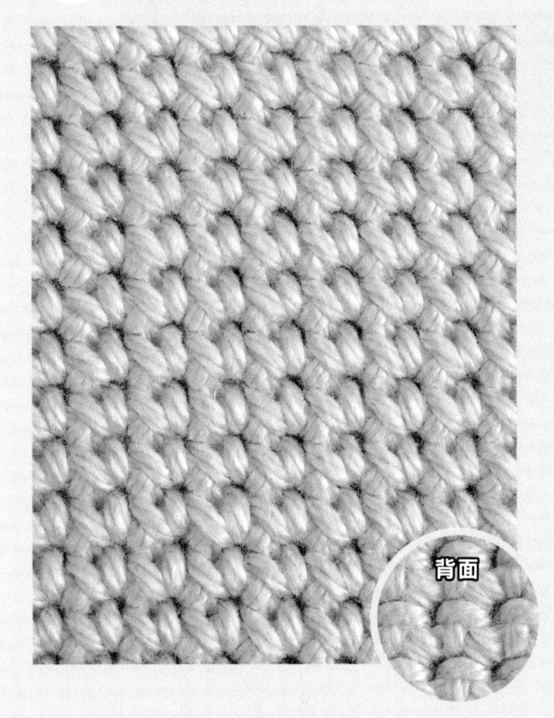

製作鉤織玩偶時最常使用的針法，也是鉤針編織的基本針法。織目緊實，可織成緊密的織片。立針為鎖針1針。

使用針法
→ P. 40〈短針〉

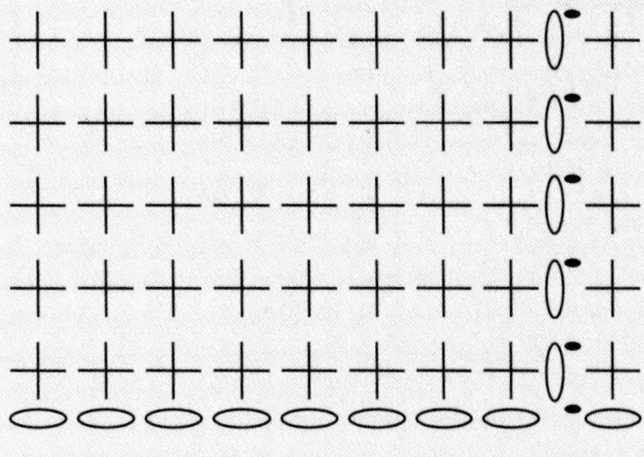

② 中長針

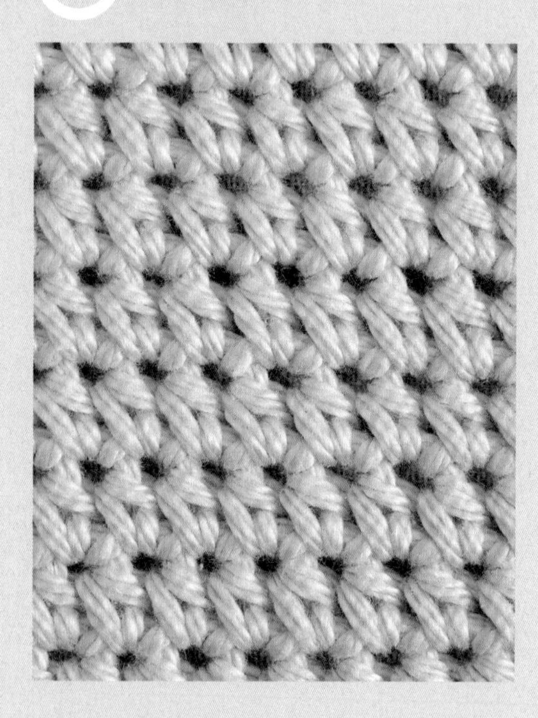

比短針多掛一次線後再引拔拉出的針法。容易展現線的表情，織出蓬鬆柔軟的織片。
立針為鎖針2針。

使用針法
→ P. 43〈中長針〉

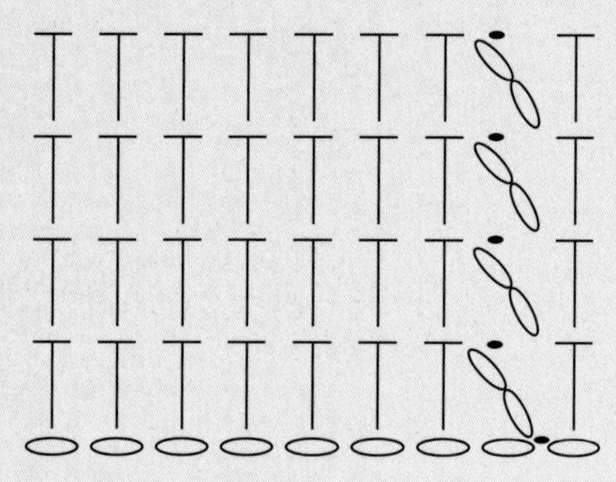

③ 長針

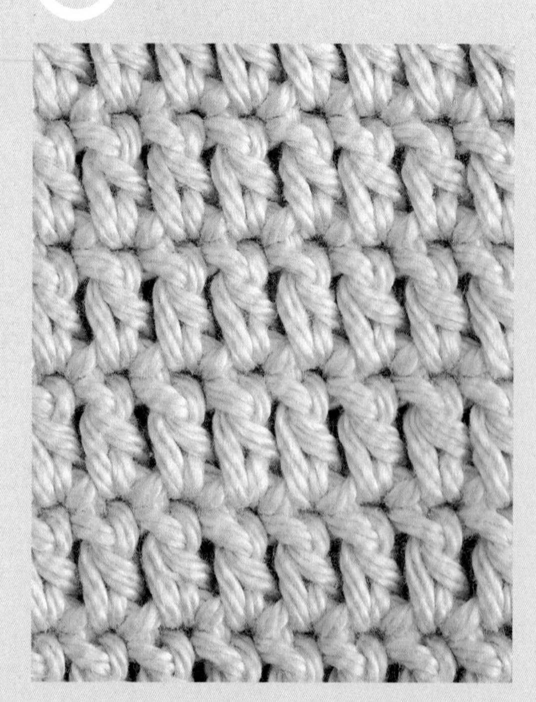

每段高度為短針的3倍高的針法。
立針為鎖針3針。

使用針法
→ P. 46〈長針〉

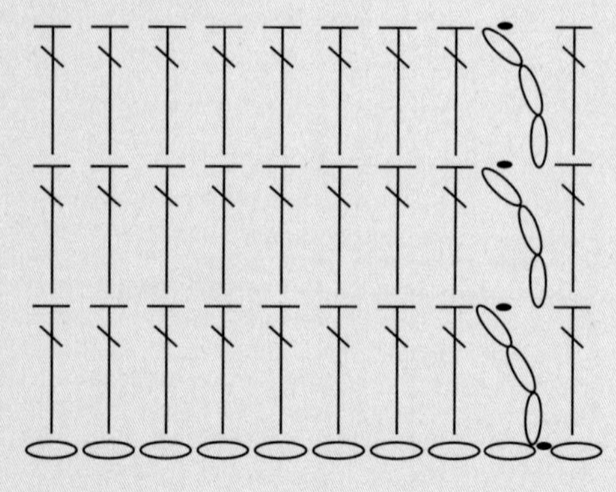

4 短針的筋編

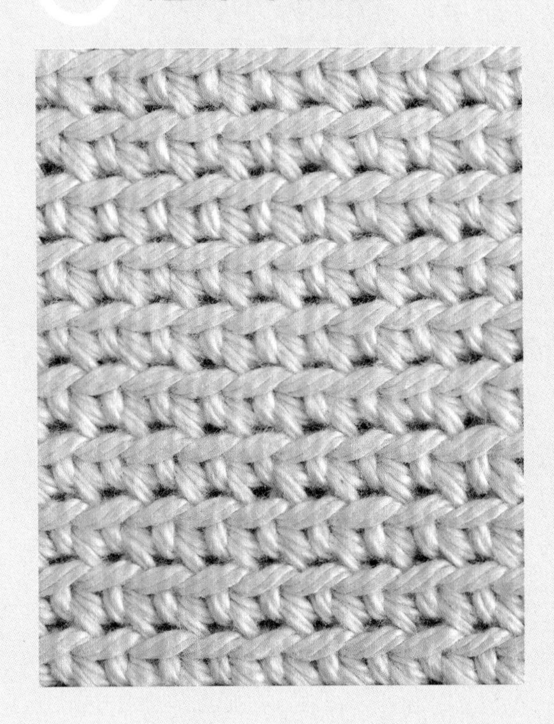

只挑頭部鎖針的後半目來鉤織短針，就會浮現橫條紋紋路的針法。也適用於想將織片挑出直角時。

使用針法
→ P. 54〈筋編〉

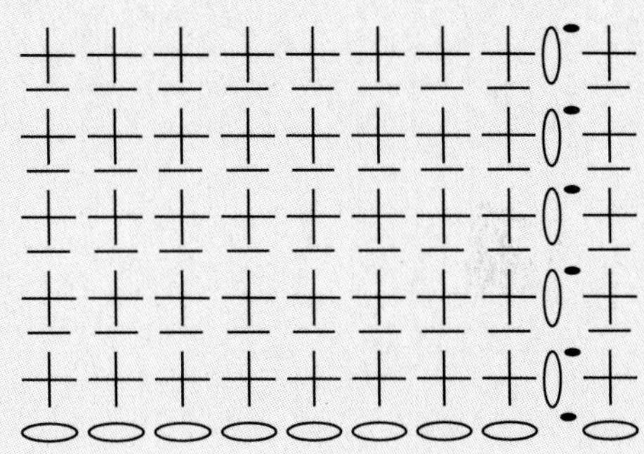

5 表引長針

以鉤針挑上一段長針針腳，拉抬掛在鉤針上的線鉤織而成的針法。織目看起來就像凸出的縱向紋路。這裡是每兩針鉤1針引上針。

使用針法
→ P. 46〈長針〉、P. 56〈表引針〉

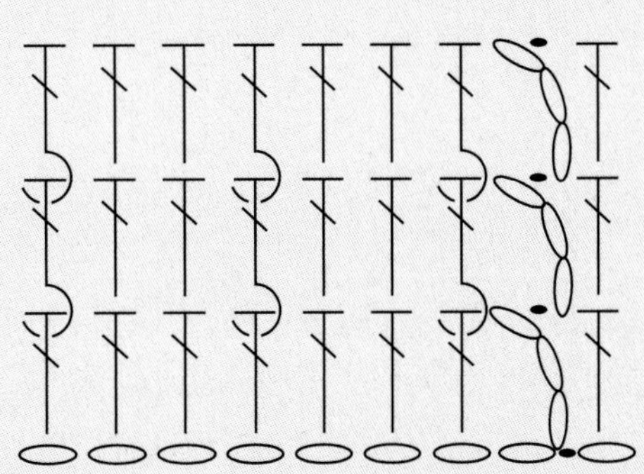

⑥ 裡引長針

以鉤針從背面挑上一段長針針腳，拉抬掛在鉤針上的線鉤織而成。鉤裡引針的部分看起來呈凹陷狀。這裡是每兩針鉤1針裡引針。

使用針法

→ P. 46〈長針〉、P. 57〈裡引針〉

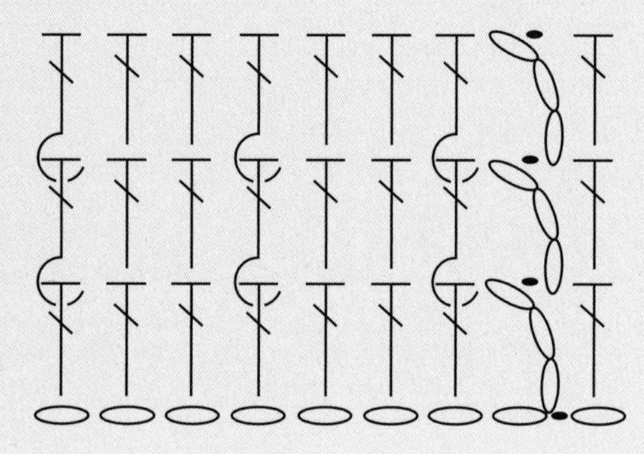

⑦ 米編

以鎖針與短針交替鉤織，第2段以後順序與第1段交替，重複鎖針、挑上一段鎖針鉤織短針的步驟。可織出比短針還柔軟的織片。

使用針法

→ P. 34〈鎖針〉、P. 40〈短針〉

8 米編（換色）

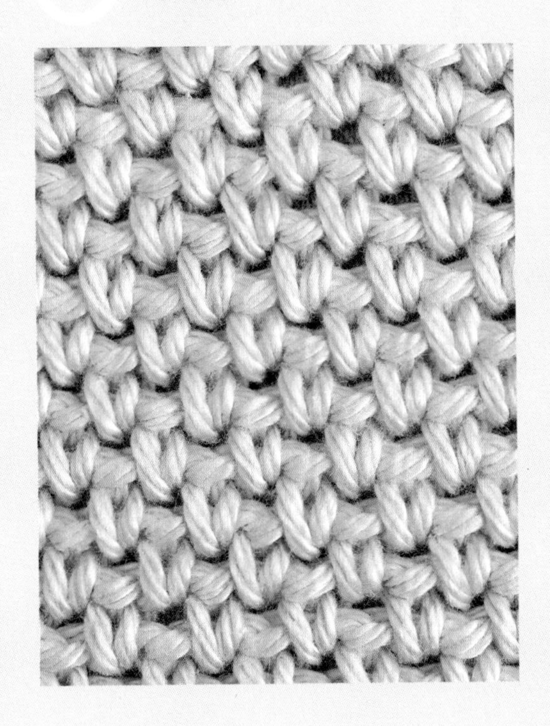

針法與7的米編一樣，只是改成每段換色，共使用3種顏色鉤織。考慮到與上一段顏色的搭配，就能織出漂亮的織片。

使用針法

→ P.34〈鎖針〉、P.40〈短針〉

9 環編

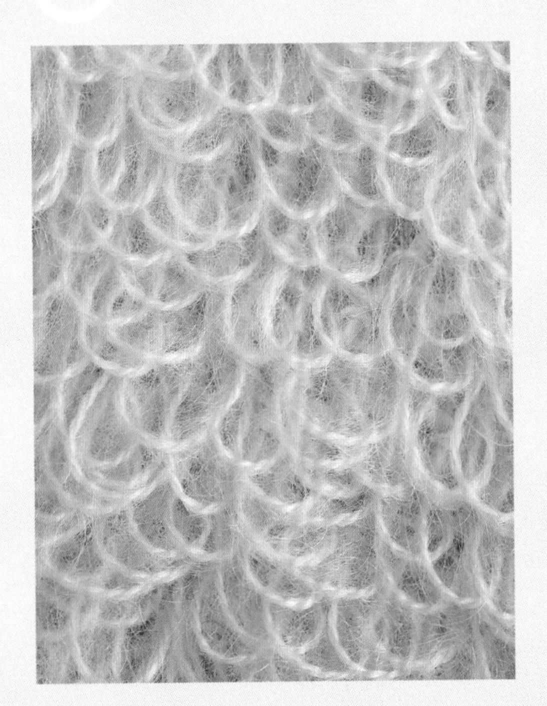

以左手中指壓線，做出適當長度的線圈，一邊鉤織短針，如此就能在織片背面做出線圈。樣本使用的是馬海毛。

使用針法

→ P.61〈環編〉

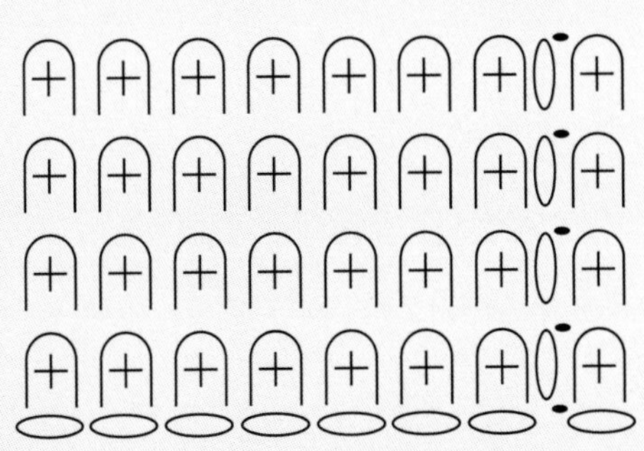

10 鱷魚片織法

可織出形狀就像魚鱗或花瓣圖案的針法。第1段以長針2併針與2針鎖針交替鉤織，第2段則在上一段的長針針腳內鉤10針長針與1針鎖針。

使用針法

→P.34〈鎖針〉、P.46〈長針〉

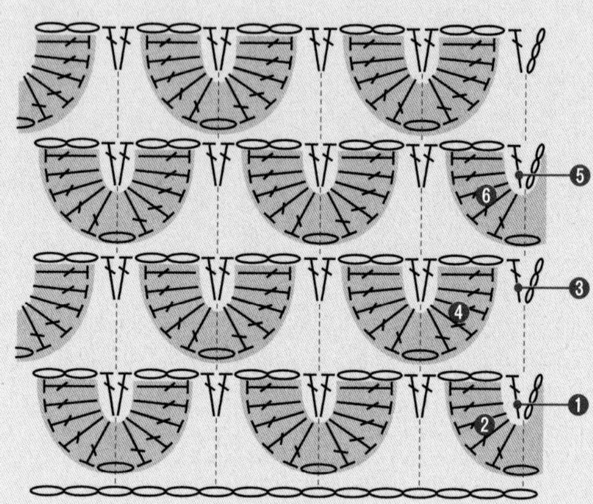

11 鱷魚片織法（換色）

將10的鱷魚片織法改成每2段換色，就能織出具立體感、色彩繽紛且有趣的織片。線的配色換成漸層色調也很漂亮。

使用針法

→P.34〈鎖針〉、P.46〈長針〉

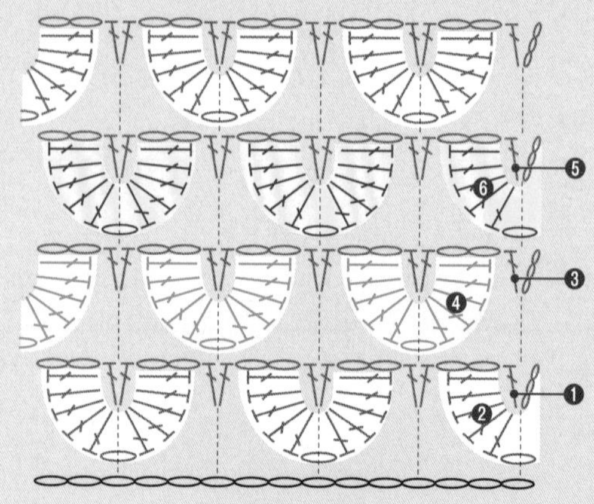

12 泡泡針

在短針之間鉤2針鎖針為立針，再加2針中長針。含中長針的部分就會隆起，形成立體花樣編。

使用針法
→ P. 34〈鎖針〉、P. 40〈短針〉、P. 43〈中長針〉

13 泡泡針（換色）

將12的泡泡針加針部分換成2種顏色。相對於基底織片，換色部分看起來就像水珠圖案。

使用針法
→ P. 34〈鎖針〉、P. 40〈短針〉、P. 43〈中長針〉

14 松編

可織出松葉圖案的針法。先鉤1針短針，接著跳2針，在下一針鉤5針長針，然後再跳2針，如此重複。第2段以後，在上一段的短針內鉤5針長針。

使用針法

→ P. 40〈短針〉、P. 46〈長針〉

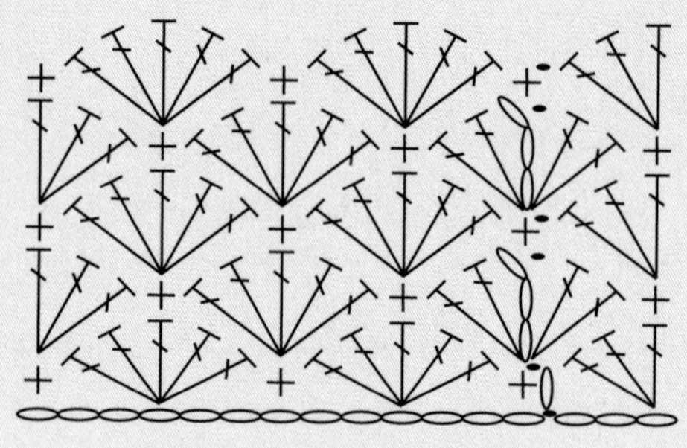

15 松編（換色）

將14的松編改成每段換色，以3種顏色來鉤織。換色後的圖案看似複雜，其實只是將短針及長針組合起來，相當簡單。

使用針法

→ P. 40〈短針〉、P. 46〈長針〉

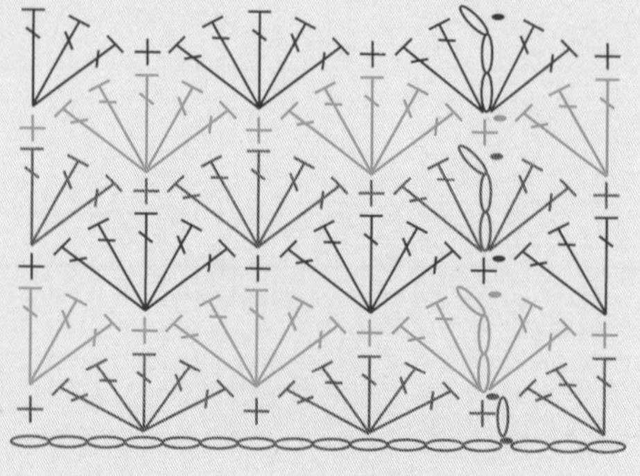

16 內裡刷毛

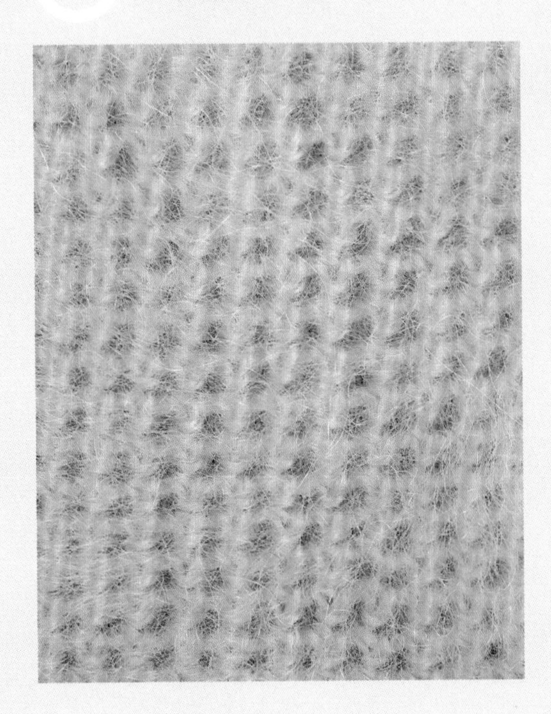

先使用馬海毛鉤織短針，再用針梳刷起毛。同樣都是鉤短針，只要更換編織用線再刷起毛，氣氛就會截然不同。

使用針法
→ P.40〈短針〉

17 織入圖案①

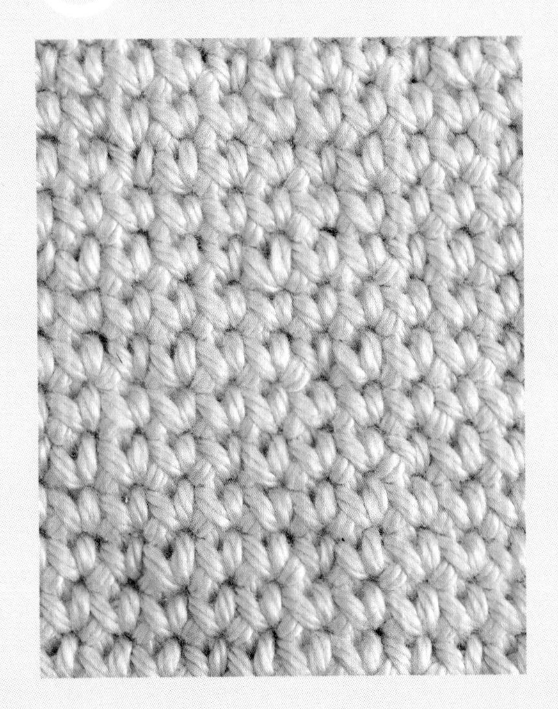

先用底色線鉤3針短針，再鉤1針色線所織成的圖案。這裡是每隔一段交替使用水藍色和粉紅色來鉤織圖案。

使用針法
→ P.40〈短針〉

18 織入圖案②

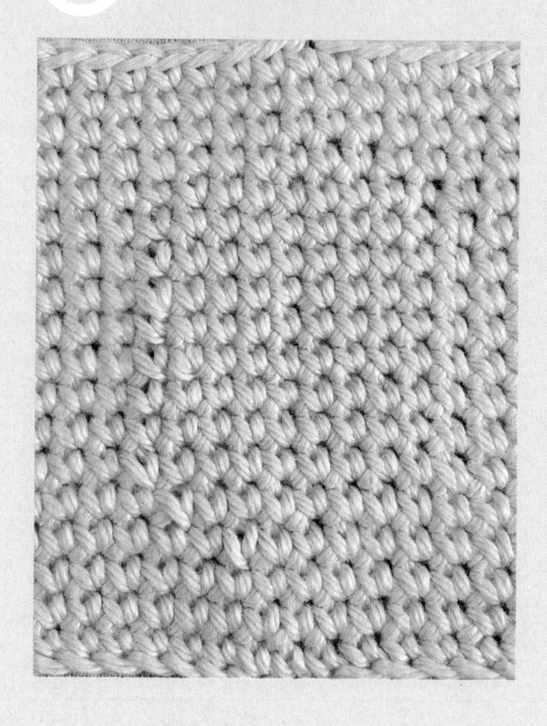

在底色的短針織入一整塊換色部分而成的圖案。只要先想好設計圖案針數，就能織出喜歡的花紋。

使用針法 →P. 40〈短針〉

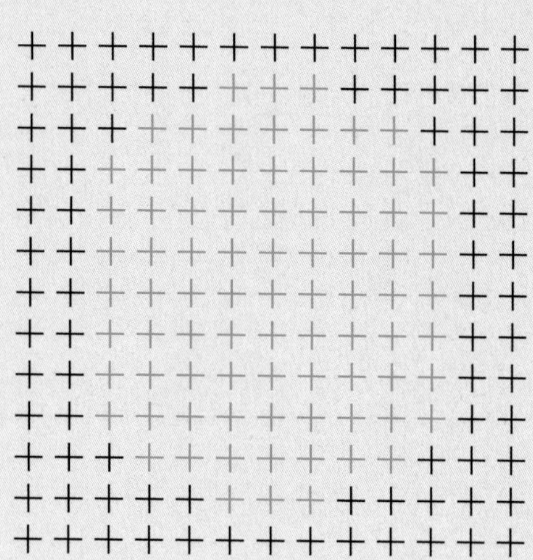

19 加針和減針

在短針當中，先在1針短針內鉤5針長針做加針，之後再做長針5併針完成玉針。從織片正面看呈隆起狀，從背面看呈凹陷狀。

使用針法

→P. 40〈短針〉、P. 46〈長針〉、P. 82〈玉針〉

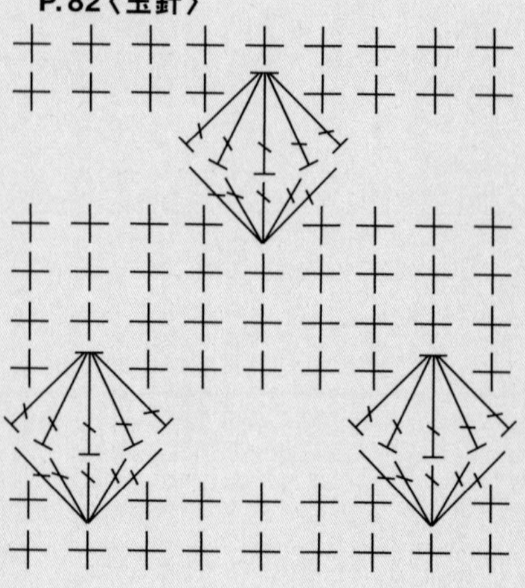

20 格子鬆餅織法

結合長針、織片會浮現縱向紋路的表引針，以及織片呈凹陷狀的裡引針等3種針法，最後所織成的織片。

使用針法

→P. 46〈長針〉、P. 56〈表引針〉、P. 57〈裡引針〉

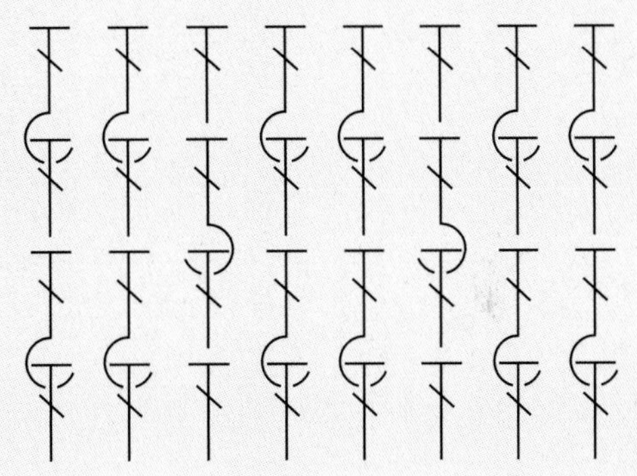

21 長針的編織花樣①

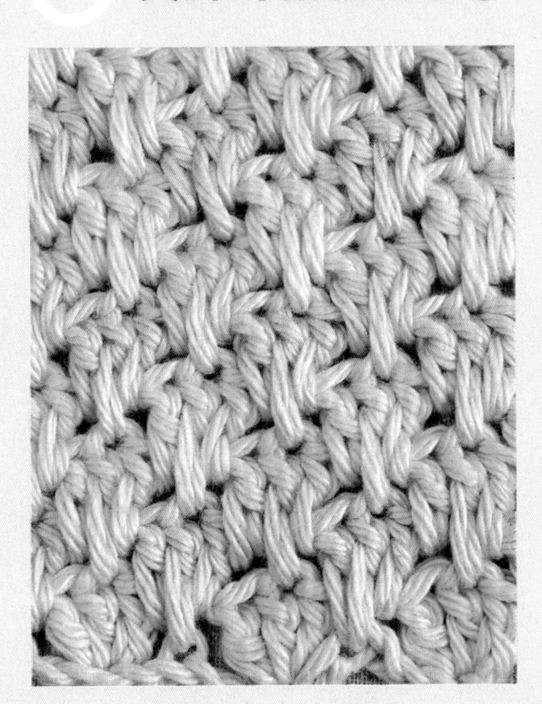

組合3長針加針和鎖針的針法。第2段以後，3針長針中的第2針長針挑起下2段的針目來鉤織。只要每段換色，看起來就會顯得錯綜複雜。

使用針法

→P. 34〈鎖針〉、P. 46〈長針〉

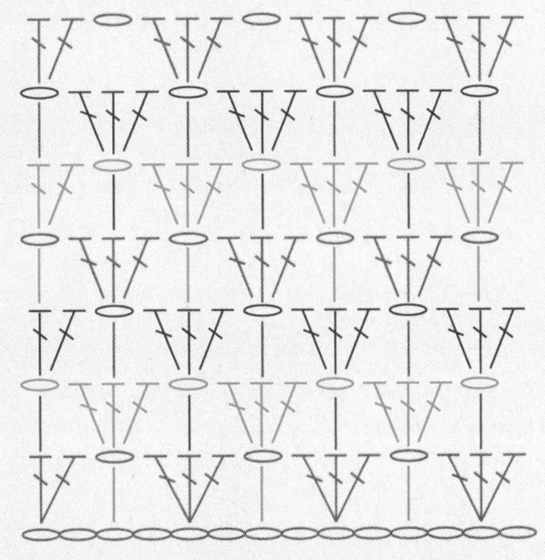

22 長針的編織花樣②

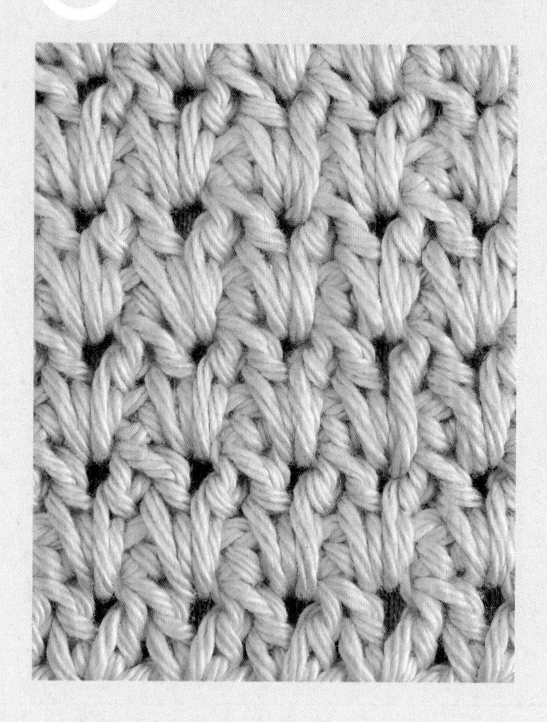

結合長針2併針、鎖針，以及短針而成的針法。2針一組花樣，長針2併針則是挑起下2段的針目來鉤織。每兩段換色，就能構成錯綜複雜的圖案。

使用針法

→ P. 34〈鎖針〉、P. 40〈短針〉、P. 46〈長針〉

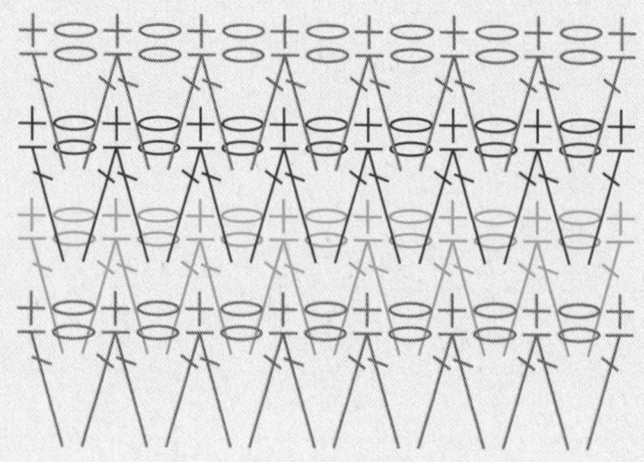

23 裡短針

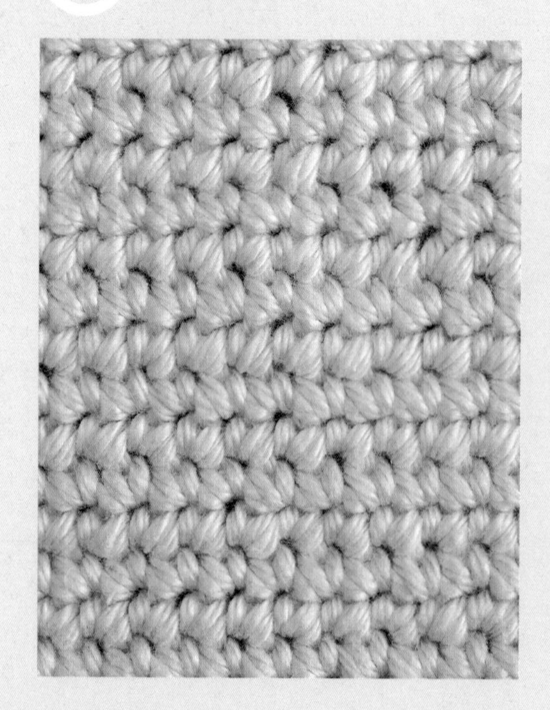

為逆向鉤織短針的針法。從織片內側穿入鉤針，掛線方式也與一般短針相反。可織出與短針一樣織目緊實的織片。

使用針法

→ P. 53〈裡短針〉

STEP 4

組合零件

本篇彙整了
如何將織好的零件連接組合起來，
或是鉤織成立體造型的技巧。

Techniques book
of
Amigurumi

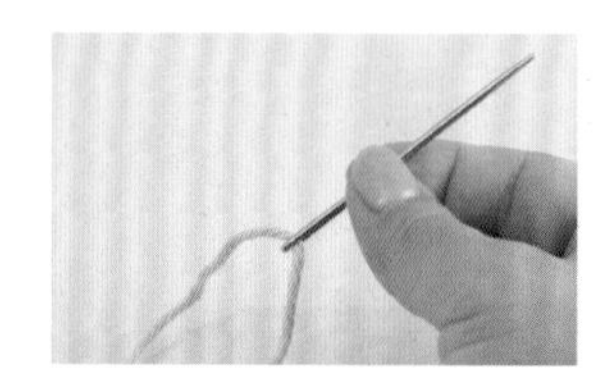

將線穿過毛線縫針

將2個織片接合或縫合時，就會用到毛線縫針。
刺繡時也經常運用到這項技法。

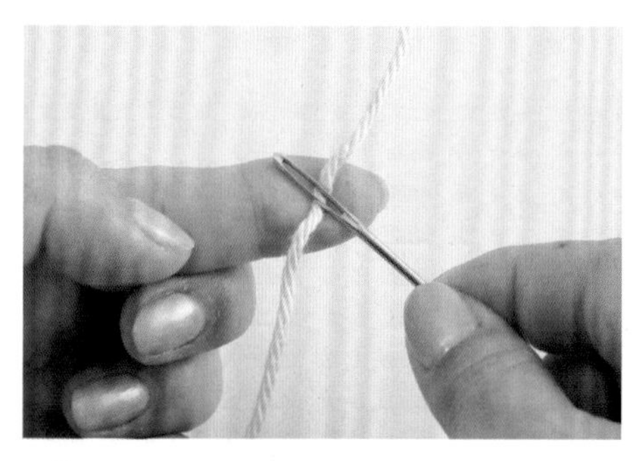

1 先將線放在手指上，再將毛線縫針壓在線上，針孔朝上。

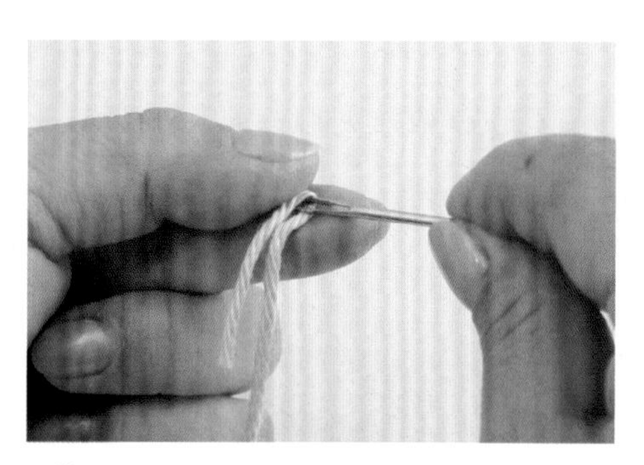

2 將線端沿著毛線縫針對折。

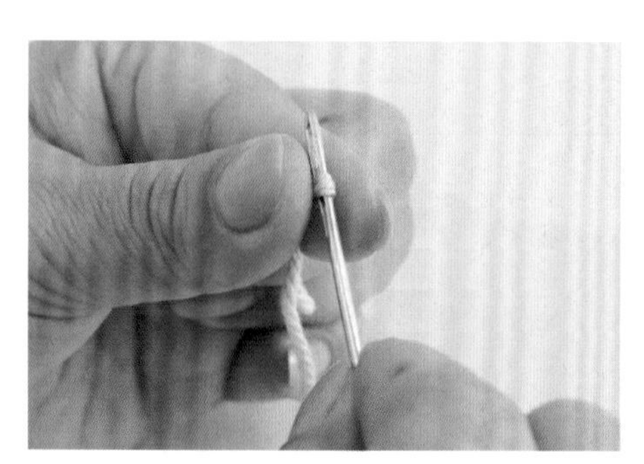

3 以對折的線套住毛線縫針，並以食指及大拇指緊緊捏住線。

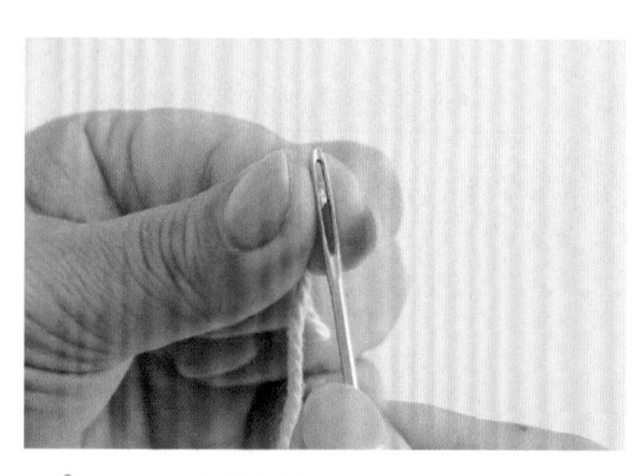

4 在手指緊緊捏住線的狀態下抽出毛線縫針，再將線對折部分壓入針孔。

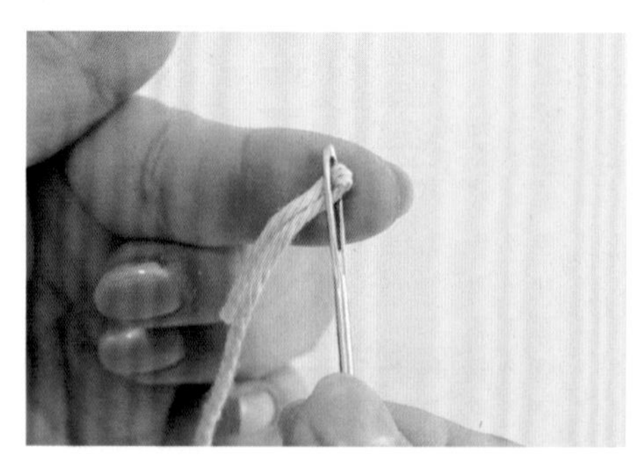

5 線就在對折的狀態下穿過針孔。

6 將線從毛線縫針的針孔拉出。線端留約10㎝長。

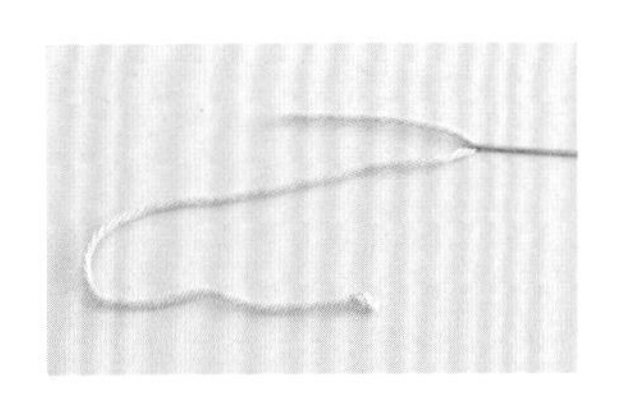

以毛線縫針打結

下面介紹新手也能輕鬆學會的基本打結法。

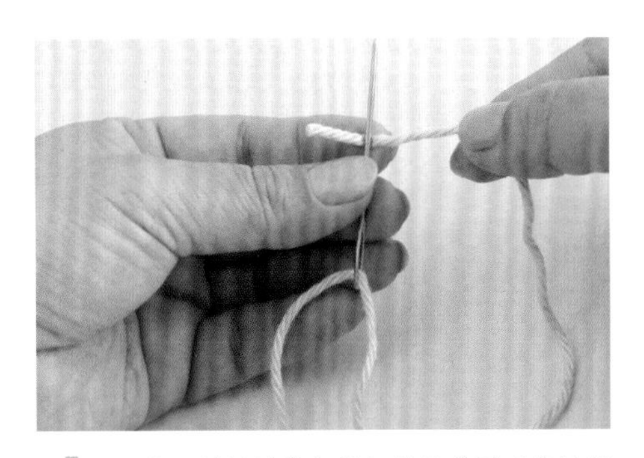

1 將毛線縫針放在欲打結的位置（靠線端側）上。

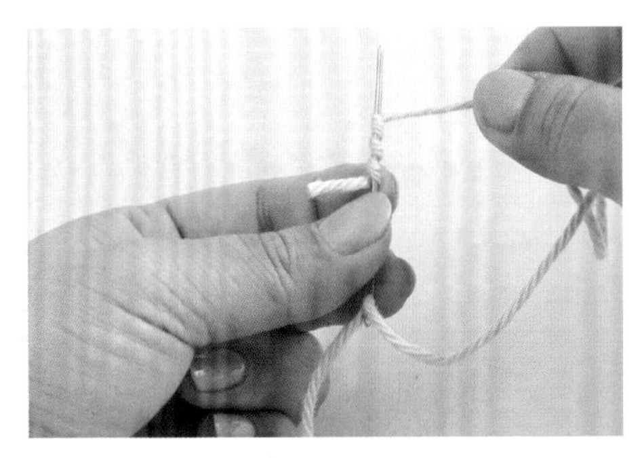

2 線繞毛線縫針約3圈（如果線比較細，可以多繞幾圈）。

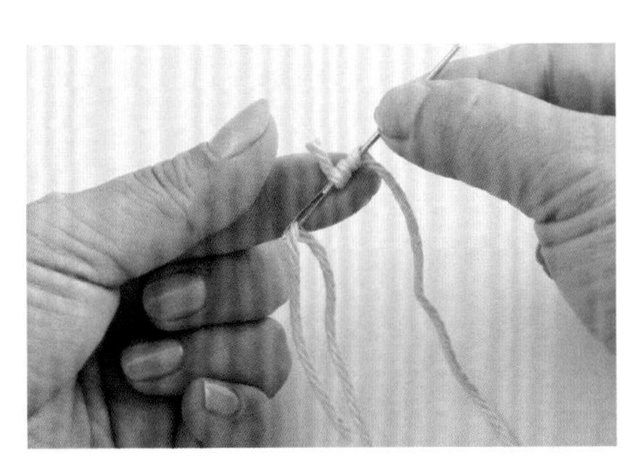

3 以食指及大拇指壓住繞圈部分。

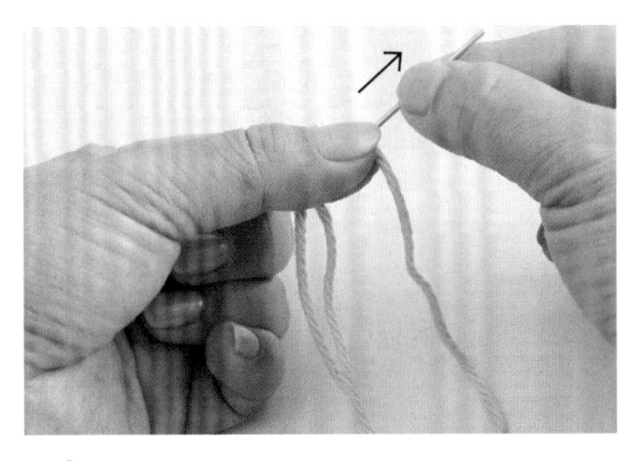

4 以手指壓住，注意別鬆開手指，一邊抽出毛線縫針。

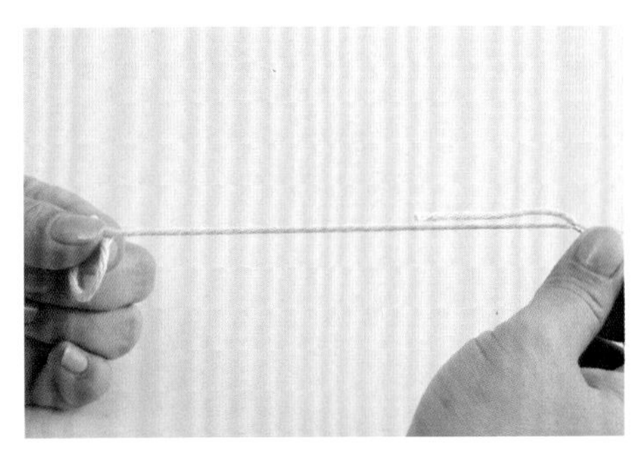

5 以手指壓住打結的部分，持續拉線，將線拉到線端為止。

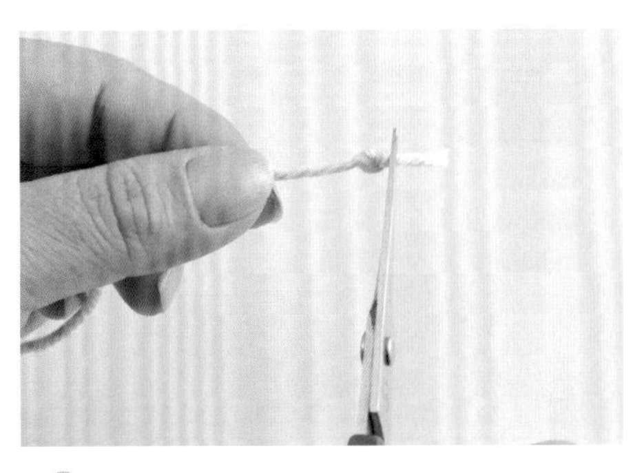

6 打結後將線端剪短。

綴縫、縫合、併縫

織好鉤織玩偶的零件後，就可以開始組合了。
本書依照下列情況，分別使用不同的縫法。

【綴縫】

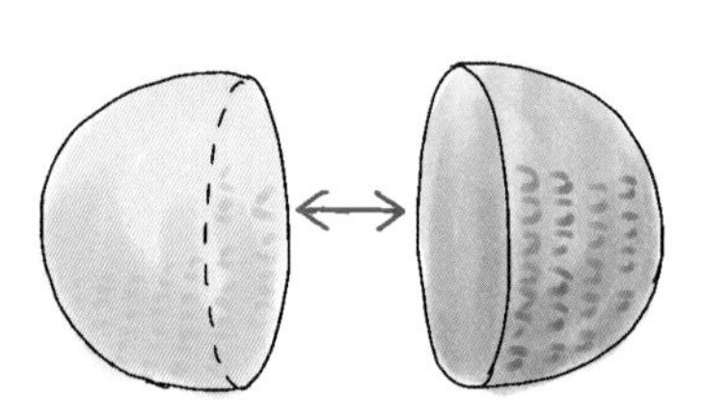

將2個零件織完的針目連接縫合。

【縫合】

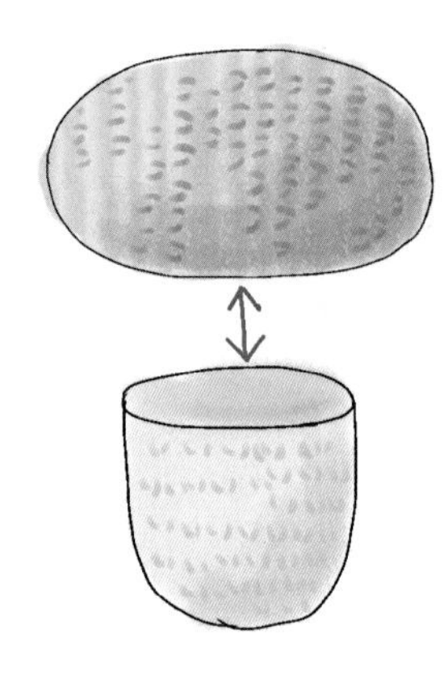

將立體織片的邊端縫合在另一個立體零件上。可分成匚字縫合、卷針縫合、重疊縫合3種縫合法。

【併縫】

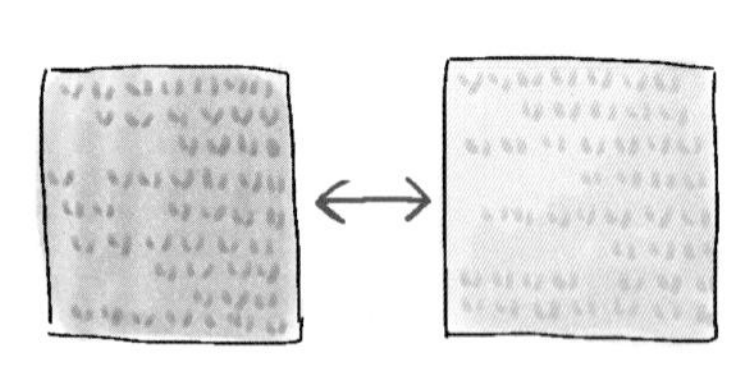

將2片織片的邊端連接縫合。隨著所挑頭部鎖針的針目不同，織片也會出現不一樣的變化。

【卷縫】

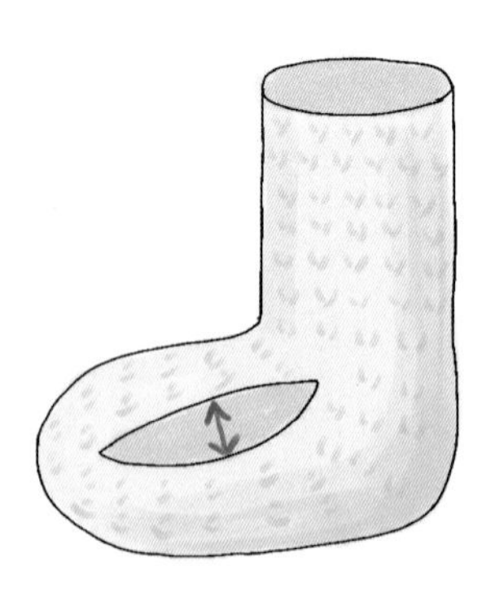

將同一零件的兩端連接縫合。

綴縫

下面介紹如何以線將2個零件綴縫起來。

※為了讓讀者更容易理解，縫線使用別的色線。

1　織好一邊零件（以下稱作紫色）後，將線預留長度後剪掉，穿過毛線縫針。接著由內而外從最後一個針目拉出線。

2　將紫色零件對準另一邊零件（以下稱作粉紅）的立針位置，由外往內從下一個針目穿入毛線縫針。

3　毛線縫針由內往外穿入步驟1紫色零件拉出線的下一個針目，將線拉出。

4　完成1針綴縫。

5　線每穿過1針就要收緊線材，縫合零件。圖中為縫到第4針的模樣。

縫合

下面介紹如何在織片的側面縫上零件。
縫法不同，成品也會有不同，最好因應不同情況選擇最適合的縫法。

▶ ㄈ字縫合

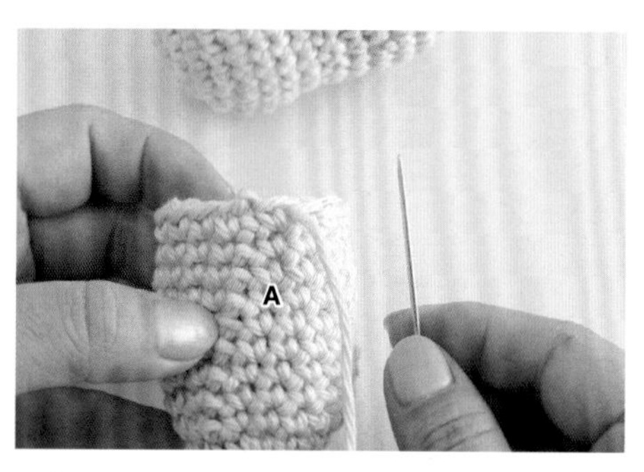

1 將欲縫合的零件A（藍）鉤織結束的線穿過毛線縫針，從第一個針目拉出外面來。

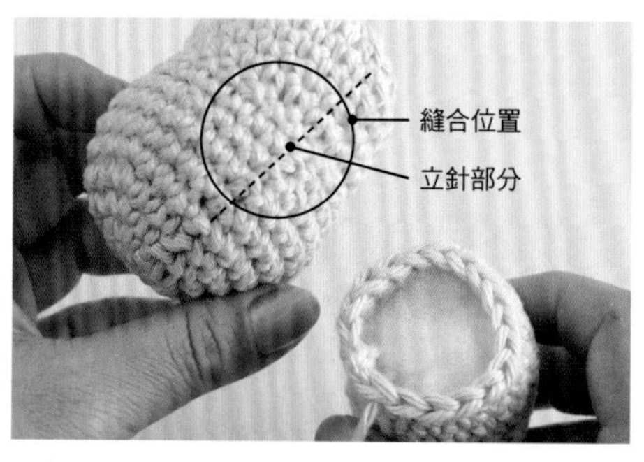

2 確認縫合位置的配置，使立針部分看起來較不明顯。

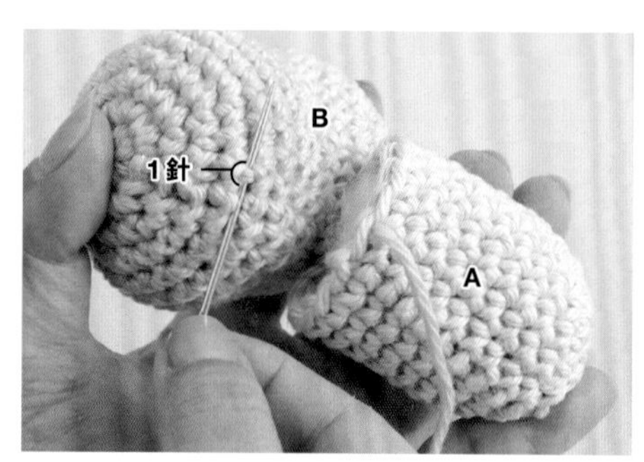

3 以毛線縫針在B（粉紅＆紫）的縫合位置挑起1針。

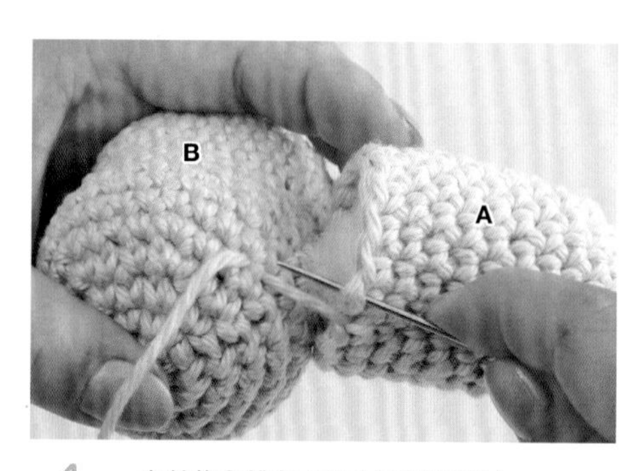

4 由外往內挑起A的1針頭部鎖針。

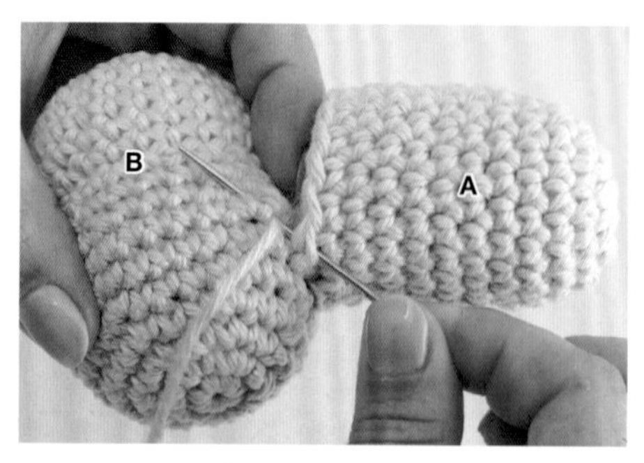

5 將毛線縫針穿回B拉出線的位置，從下一個針目拉出毛線縫針。

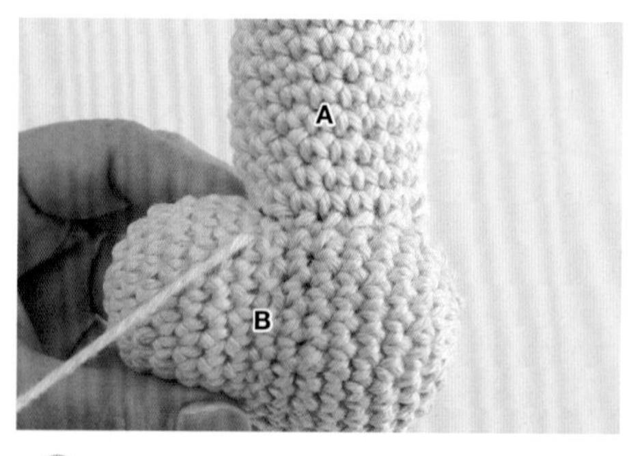

6 重複步驟4～5，縫合到最後。

▶卷針縫合

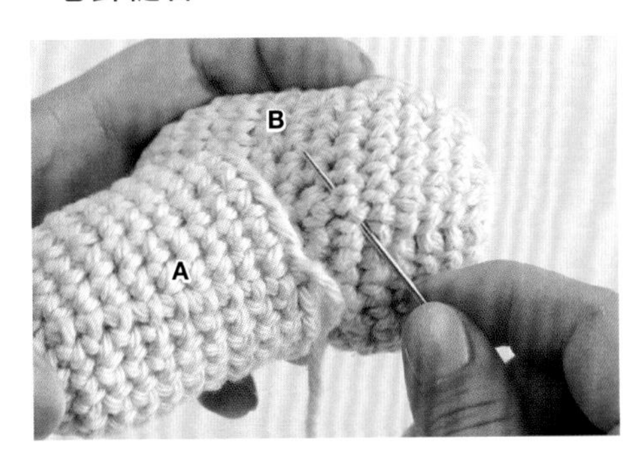

1 將零件A（藍）鉤織結束的線穿過毛線縫針，從第一個針目拉出。在零件B（粉紅&紫）的縫合位置傾斜挑起1針。

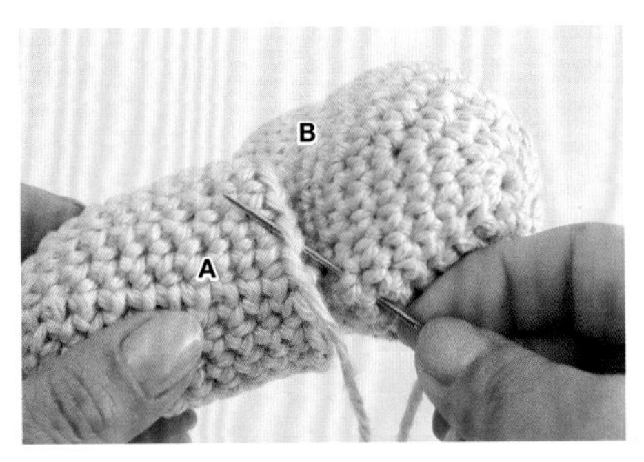

2 接著以毛線縫針由內往外穿過A的下一個針目的頭部鎖針。

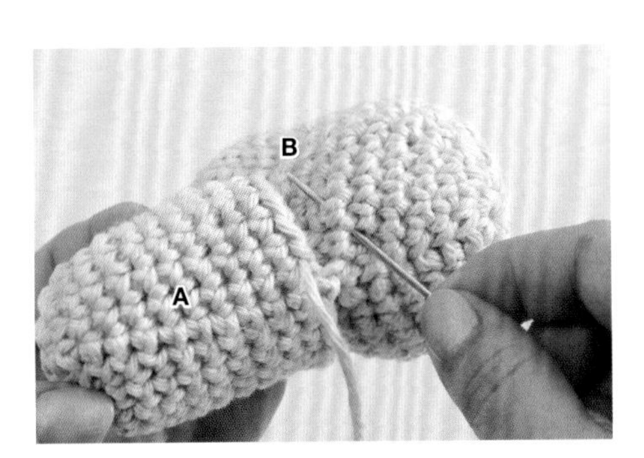

3 接著傾斜挑起B的下一個針目。

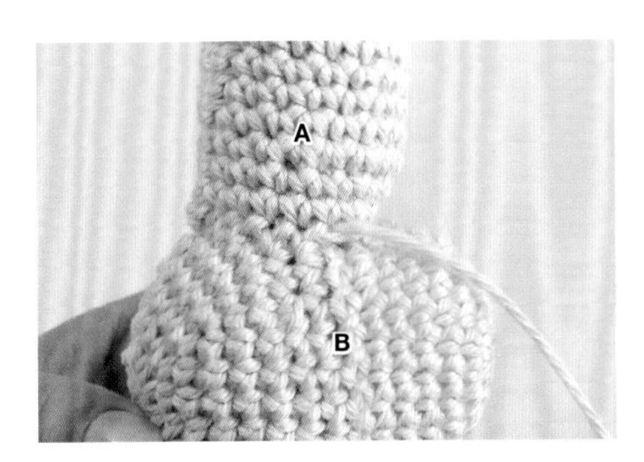

4 重複步驟2〜3，縫合到最後。

每穿過1針，
就要收緊線材，
成品才會漂亮喔！

縫合

重疊縫合

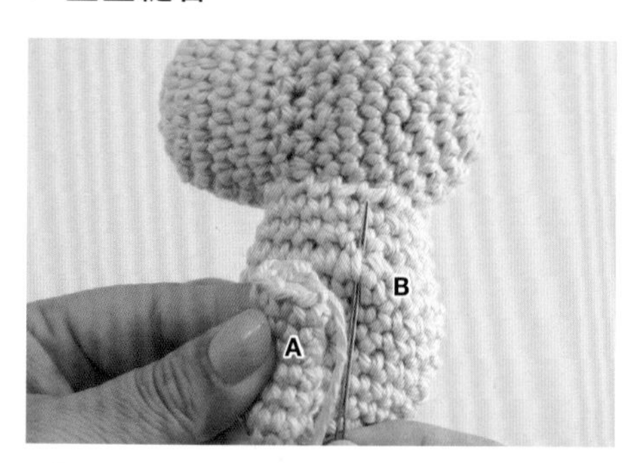

1 壓扁零件A（粉紅）進行縫合。將A鉤織結束的線穿過毛線縫針後拉出，在零件B的縫合位置上挑起1針。

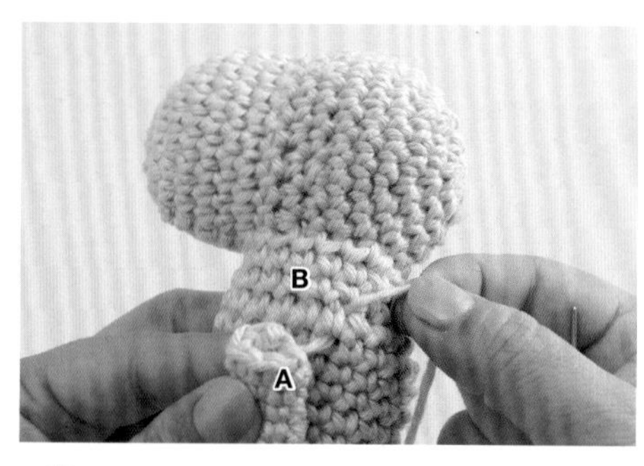

2 圖中為線穿過B的模樣。

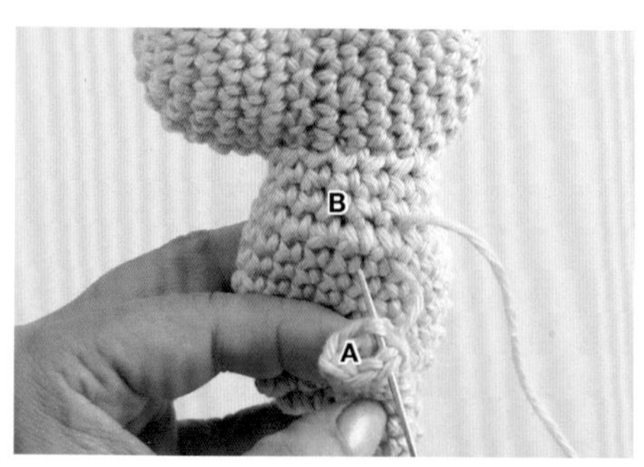

3 將A緊緊壓扁，以毛線縫針一次挑起兩側的頭部鎖針。

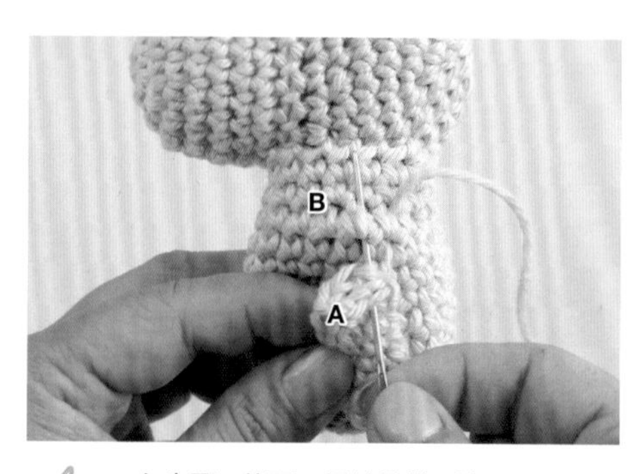

4 在步驟1的下一個針目挑1針。

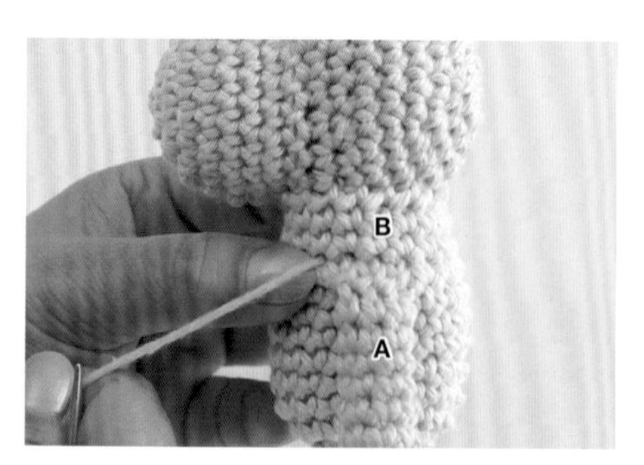

5 圖中為縫合到最後的模樣。

平面與平面的縫合

下面介紹如何將2枚織片疊在一塊縫合的方法。
隨著上層零件的挑針方式不同，也會帶給人不一樣的印象。

▶ 保留頭部鎖針進行縫合

…適用於想活用A織片特色時。

1　將A（黃色）鉤織結束的線穿過毛線縫針，接著由內往外穿過頭部鎖針。

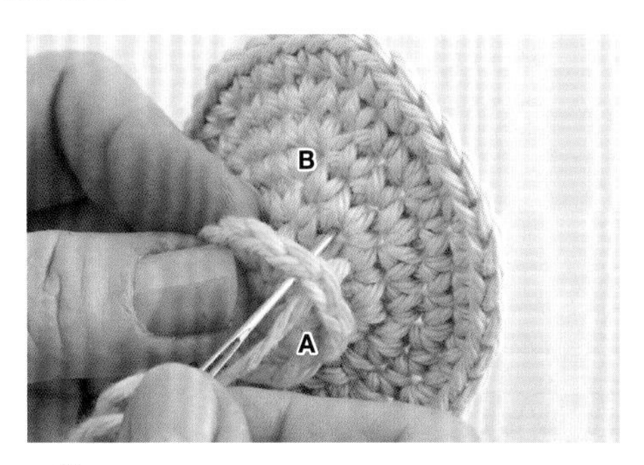

2　將毛線縫針穿入下A的下一個針目，然後直接穿過B（藍）到背面。

3　毛線縫針接著從B的背面穿向正面，由內往外穿過A的下一個針目的頭部鎖針。

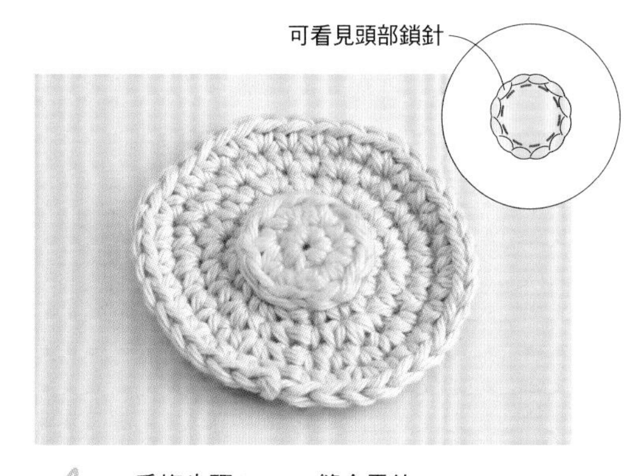

4　重複步驟2～3，縫合零件。

▶ 挑起頭部鎖針的後半目

…適用於想突顯A織片的邊緣時。

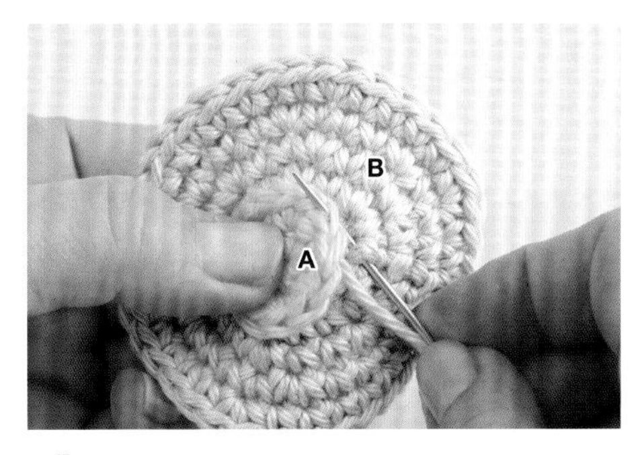

1　以毛線縫針挑起頭部鎖針的後半目，進行縫合。

2　先挑起B（藍）1針、接著挑起A的下一個針目的頭部鎖針後半目，如此重複。

平面與平面的縫合

▶ 挑起頭部鎖針的前半目 …縫合後A織片的邊緣會變薄，適用於想讓零件與基底吻合時。

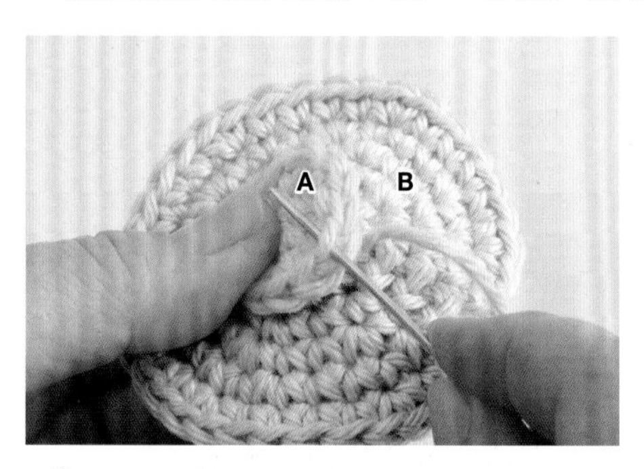

1 挑起頭部鎖針的前半目。

2 先挑起B（藍）1針、接著挑起A的下一個針目的頭部鎖針前半目，如此重複。

▶ 挑起頭部鎖針的全目 …適用於想確實縫合A織片時。

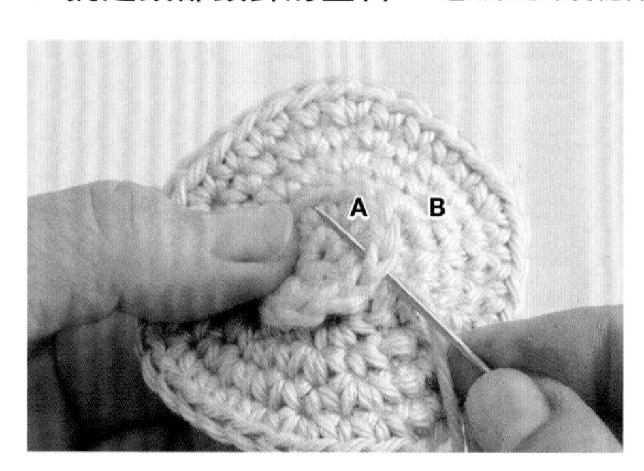

1 挑起頭部鎖針的全目。

2 先挑起B（藍）1針、接著挑起A的下一個針目的頭部鎖針全目，如此重複。

不妨根據想要的
收尾效果，
適時改變縫合方式！

併縫

將相鄰的2枚織片併縫起來。
隨著挑針方式不同，成品帶給人的印象也會隨之改變。

▶ 挑起頭部鎖針的前半目

1 挑起2枚織片頭部鎖針的前半目。

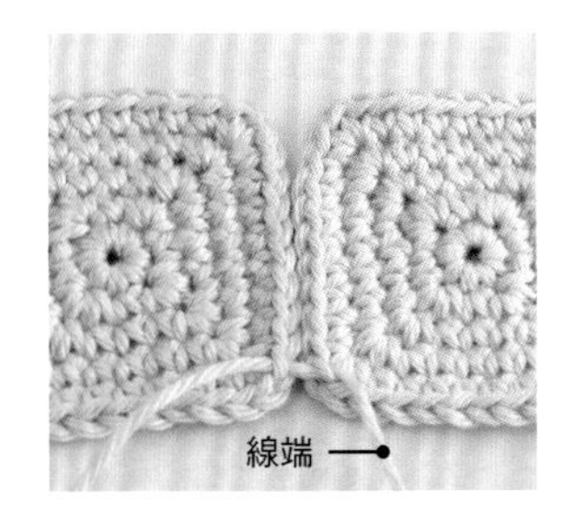

2 將線拉出。線端預留約15㎝，以便在織片背面處理線材。

3 挑起右側織片的頭部鎖針前半目→挑起左側織片頭部鎖針前半目。重複步驟，一邊拉緊線一邊縫合。

▶ 挑起頭部鎖針的全目 …適用於想確實縫合2枚織片時。

1 挑起2枚織片頭部鎖針的全目。

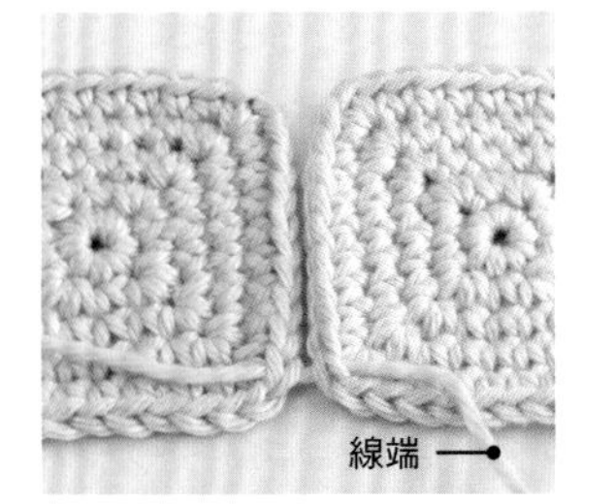

2 將線拉出。線端預留約15㎝，以便在織片背面處理線材。

3 挑起右側織片頭部鎖針的全目→挑起左側織片頭部鎖針全目。重複步驟，一邊拉緊線一邊縫合。

▶ 挑起頭部鎖針的後半目 …適用於想突顯織片邊端時。

1 挑起左右織片的頭部鎖針後半目。線端預留約15㎝，以便在織片背面處理線材。

2 將線拉出。

3 重複步驟1，一邊挑針一邊縫合到最後，縫合的線條便會明顯突出。

併縫

▶ 挑起頭部鎖針的後半目＆頭部鎖針的全目

…適用於想做出筋編般的收尾效果時。

1 以毛線縫針挑起一枚織片（淡藍）頭部鎖針的後半目，接著再挑起另一枚織片（紫）頭部鎖針的全目。

2 將線拉出。

3 重複步驟1，一邊挑針一邊縫合。

4 一直縫合到最後。

▶ ㄈ字併縫 …適用於想隱藏縫線時。

1 以毛線縫針挑起2枚織片的頭部鎖針的前半目。

2 將線拉出。線端預留約15㎝，以便在織片背面處理線材。

3 毛線縫針穿入拉出縫針的上一個針目，挑起頭部鎖針的前半目，接著挑起另一枚織片頭部鎖針的前半目。

4 重複上述步驟，如同寫ㄈ字般挑針。

5 每穿過一次線就將線拉緊，一直縫合到最後。

併縫

▸ 保留頭部鎖針全目的ㄈ字併縫

1 以毛線縫針挑起左右織片的頭部鎖針的全目。

2 將線拉出。

3 在步驟1拉出線的針目的上一段針目，挑起左右織片的頭部鎖針的全目，然後穿回去。

4 將線拉出。

5 重複同樣步驟，如同寫ㄈ字般一邊挑針一邊縫合。

6 縫合到最後的模樣。

縫上口袋

下面介紹如何替鉤織玩偶的衣服加上口袋，
或是替雜貨加上可以裝東西的口袋的技法。

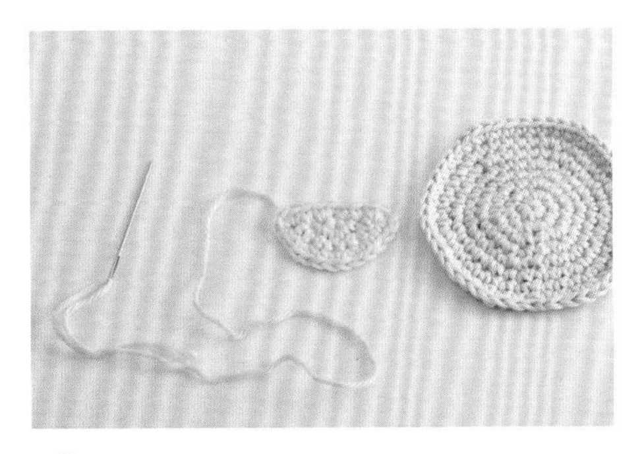

1　分別織好本體和口袋。口袋的線端預留較長的線，並且穿過毛線縫針。

2　將口袋的線端拉出表面後，將口袋縫合在本體上。口袋上方的開口處不須縫合。

3　口袋縫合完畢。這裡是以挑起頭部鎖針的全目來進行縫合。

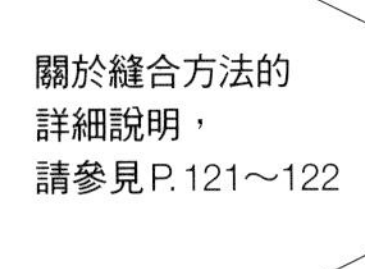

接線編織

下面介紹如何在織片的途中接線編織。這裡先在織片上進行縱向或橫向挑針，再鉤短針（P.40）來接線編織。

▶ 縱向挑針

…這個方法能使織目看起來相當自然。

1 以鉤針縱向挑起一段1針，將掛在左手上的另一條線（黃色）掛在鉤針上。

2 拉出鉤針，將線朝自己的方向拉出來，完成接線。

3 鉤1針鎖針為立針。

4 再次將鉤針穿入步驟1中穿入鉤針的位置。

5 鉤1針短針（P.40）。

6 以同樣步驟一邊挑針，一邊鉤織。

▸ 橫向挑針 …這個方法能夠使接線編織的部分看起來比較輕薄。

1 先以鉤針在想要接線編織的部分橫向挑起1針。

2 將左手掛的線（黃色）掛在鉤針上，接著拉出來，完成接線。

3 鉤1針鎖針為立針。

4 鉤針穿入下一個針目。

5 鉤1針短針（P.40）。

6 以同樣步驟一邊挑針，一邊鉤織。

合體

下面介紹如何將2個零件鄰接在一塊的鉤織法，
也可以直接使用其中一個零件的織線來鉤織。

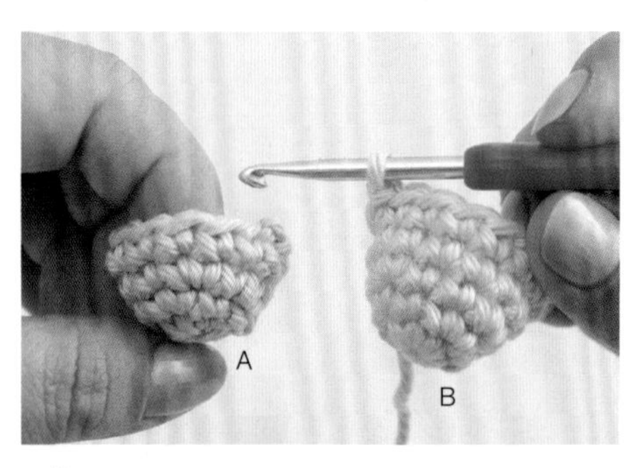

1 先鉤織想連接的零件A（藍），接著鉤織零件B（粉紅）到欲連接的部分。

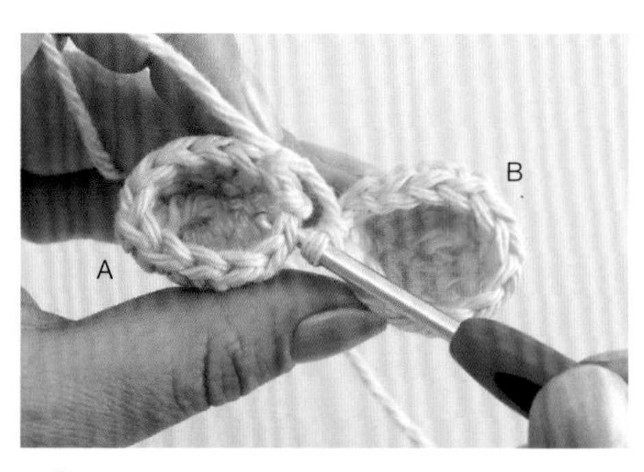

2 使用B的織線來鉤織。將鉤針穿入A欲連接的針目。

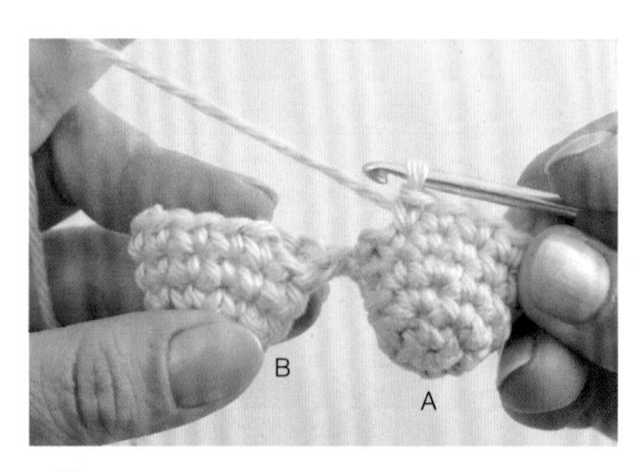

3 鉤完A一圈。

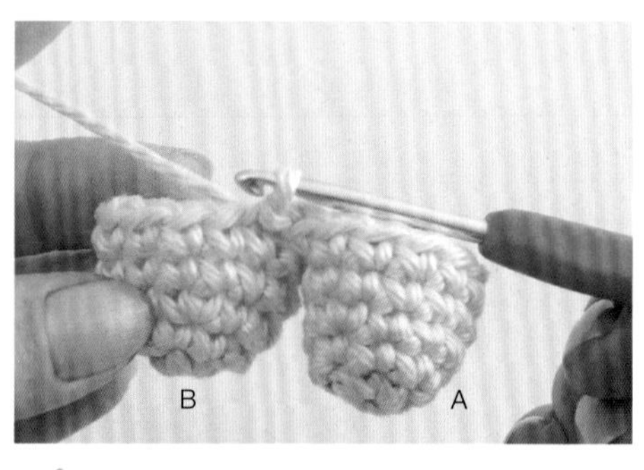

4 接著回到B，鉤1針引拔針（P.50）。這樣A與B就連接完成。

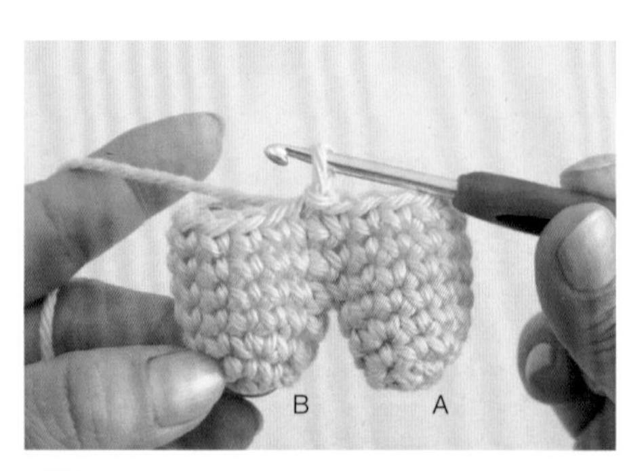

5 由於A與B之間已沒有界線，就這樣繼續鉤織。

塞入棉花

零件織好後就要塞入棉花，完成一個個零件。
製作小零件時可使用鑷子輔助。

1　取少量棉花輕輕揉成一團，再用鑷子夾起。

2　從織好的洞孔中塞入棉花，再從外側將棉花塞進織片內。

3　塞入的棉花量約為零件體積的3倍。檢查塞入的棉花量，如果有不均勻處再補棉花（追加棉花）。

棉花量不夠，
鉤織玩偶會變形，
因此一定要塞入
足夠的棉花量！

縮口收針

最後將塞完棉花後的開口進行縮口收針。

1　以毛線縫針穿過頭部鎖針的前半目。

2　先從第1個針目的頭部鎖針全目內側將線拉出來。

3　以毛線縫針挑起步驟2下一個針目的頭部鎖針的前半目。

4　以同樣方式沿著開口繞一圈，挑起所有針目的頭部鎖針（為了讓讀者更容易理解，更換色線）。

5　最後拉緊線，處理線材（P.149）。

裝入配件

也可以在鉤織玩偶內裝入鈴鐺或響笛等
會發出聲響的配件。

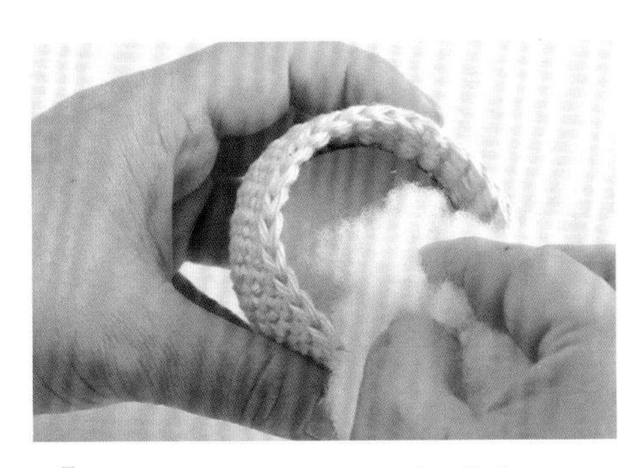

1 在想要裝入配件的織片塞入棉花。

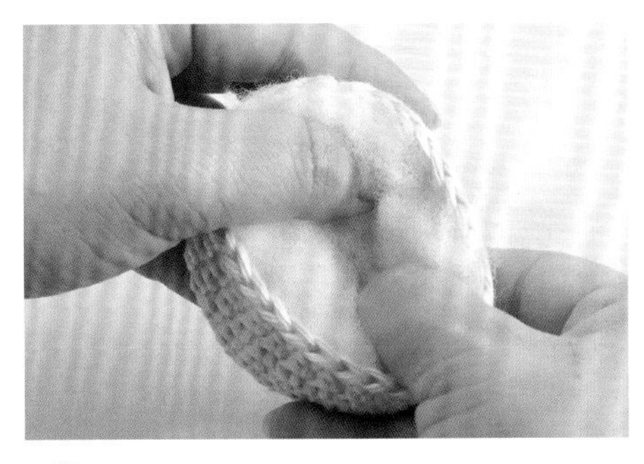

2 以手指在塞入的棉花內挖個凹洞。

3 將配件（這裡使用鈴鐺）裝進凹洞。

4 裝好配件。接著再塞入棉花，使配件位於正中央，然後加上蓋子或是其他配件後再縫合。

小寶寶的鉤織玩偶
也放入會響的配件，
寶寶一定會很開心～

放入厚紙板

想讓底部更穩定或是露出底面時，
可放入厚紙板。

1 配合想露出底面部分的織片大小，裁剪厚紙板。裁剪時，使厚紙板尺寸比底面小一圈。

2 將裁好的厚紙板放進織片內。

3 放在織片底部的厚紙板。

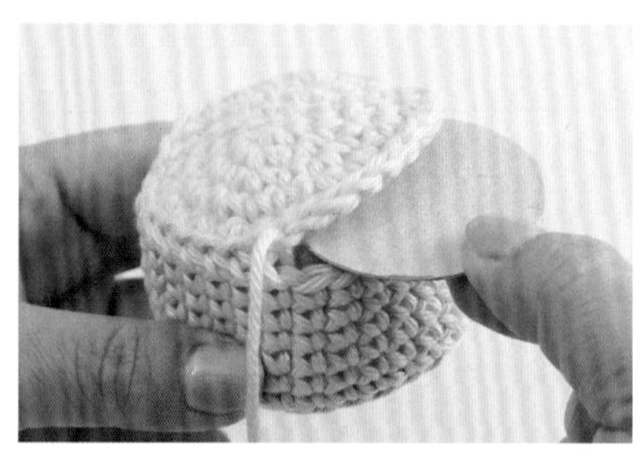

4 若想做出結構扎實的圓柱體時，可先放底板再塞入棉花。加上蓋子縫合之前，也可以在棉花上方放入厚紙板。

建議使用
手工藝用厚紙板！

加上蓋子

下面介紹的加蓋方法不是用減針來鉤織蓋子，
而是另外鉤織蓋子零件。

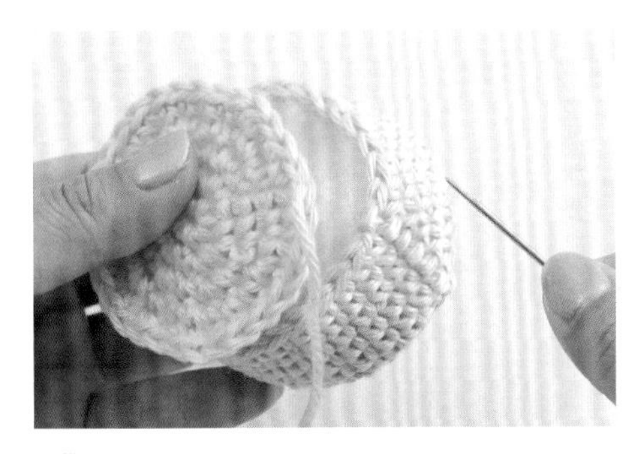

1 織好蓋子後，預留稍長的長線。將線穿過毛線縫針後，拉出織片表面。

2 以毛線縫針先挑起本體的頭部鎖針的全目，接著挑起蓋子的頭部鎖針後半目。

3 以同樣的方式，一邊挑起頭部鎖針，一邊進行縫合。如果想放入厚紙板，則在縫合到一半時放入厚紙板。

4 縫合完畢，完成加蓋。

裝鐵絲

只要在鉤織玩偶內裝入鐵絲，就能隨意做出各種動作。
下面介紹如何在手腳零件分別加入鐵絲的方法。

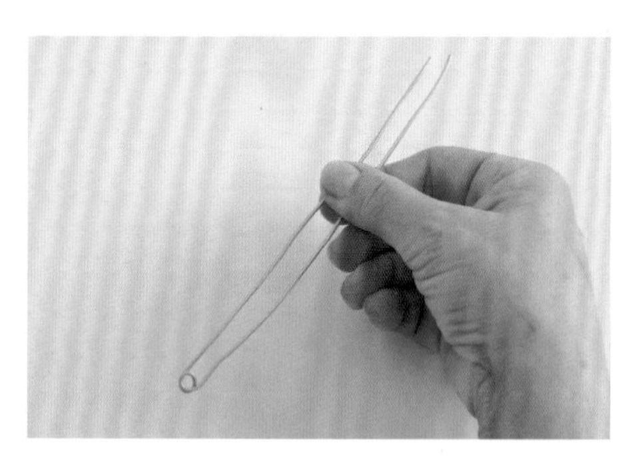

1 準備直徑1mm或1.5mm、長度約手腳5倍長的鐵絲。將鐵絲中央彎一個圓環，然後對折，以免鐵絲穿出織片。

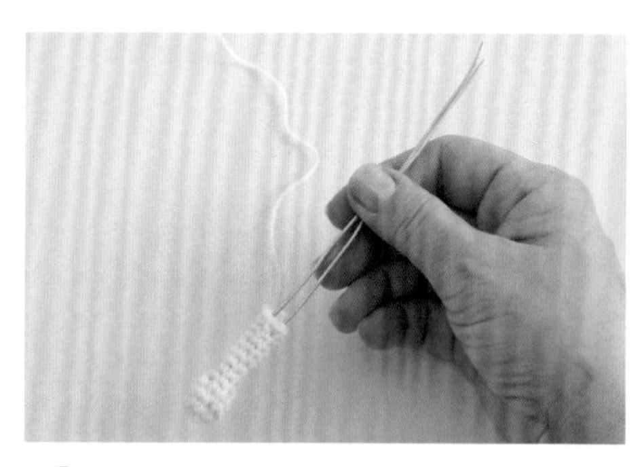

2 將鐵絲插入零件內，使鐵絲環能抵達零件的前端。

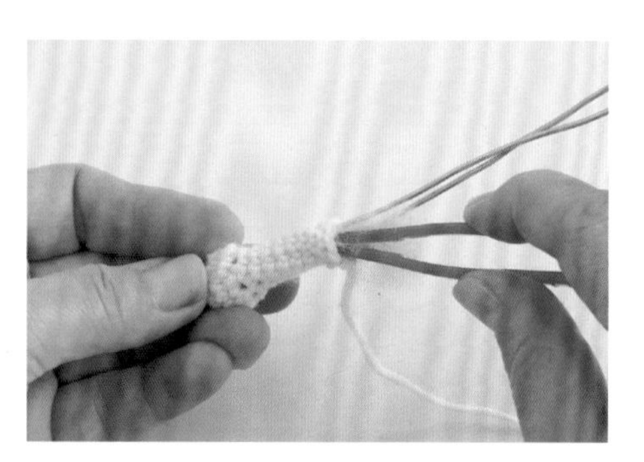

3 在織片及鐵絲的縫隙間塞入棉花。

4 將起針的線穿過毛線縫針（或另接線），拉出零件前端，接著穿過裝入零件內的鐵絲環2～3次，最後處理線端（P.149）。

5 將鐵絲穿過欲縫合位置上的織目。

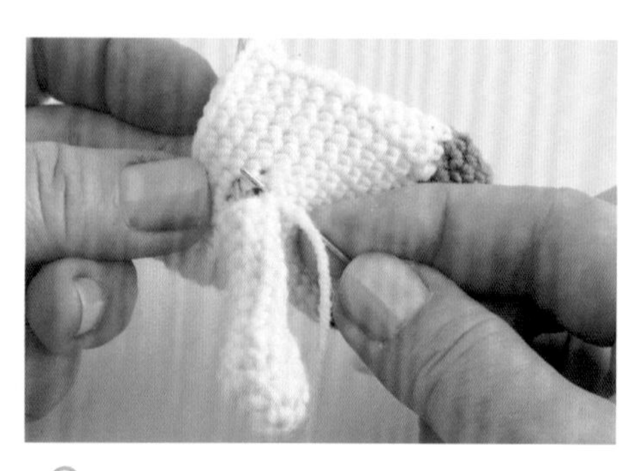

6 使用零件鉤織結束的線進行縫合。

7 縫合完畢，在織片內側處理線材（P.151）。

8 縫好一個零件。

9 以同樣方式分別在其他零件內裝入鐵絲。

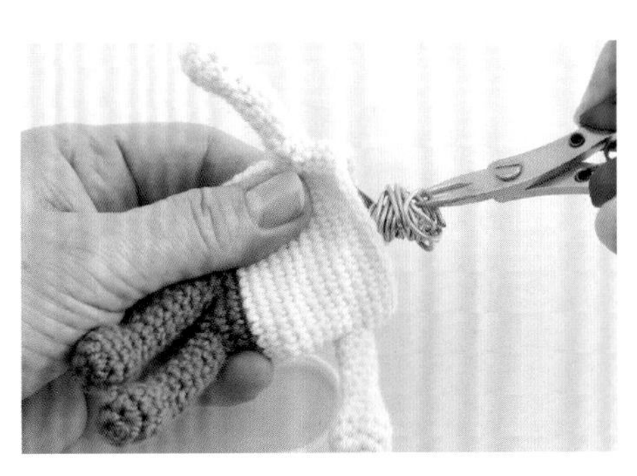

10 所有零件都縫好後，將鐵絲的前端束成一束，以鑷子彎成一小團。如果鐵絲太長，可修剪後再彎成一團。

11 用紙膠帶纏繞鐵絲團，以免鐵絲尖端穿出織片。

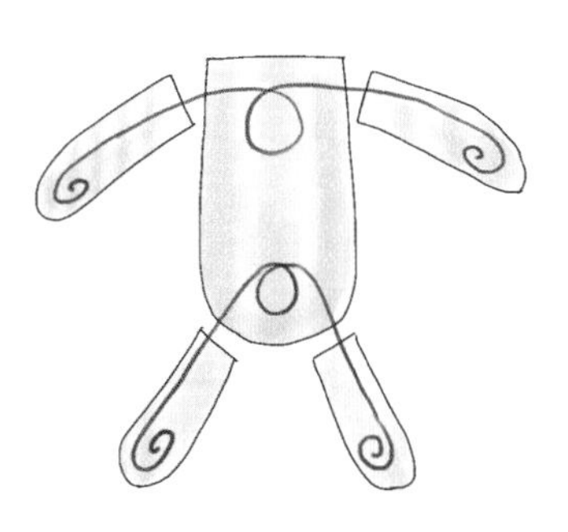

如果零件很小或是鐵絲太粗，
可以只裝入一根鐵絲。

鉤織玩偶集錦

—

III

科學怪人的表情怪可愛，讓人無法討厭。在可活動的眼睛上方繡上眼皮，營造出古錐形象。

※範例作品僅供參考

鬃毛是使用多種色線做成的流蘇。運用將腳連著身體一起鉤織的技巧，呈現天真無邪的感覺。

圓滾滾的外形可愛到不行！利用織入圖案的技巧，換色織出魚鱗圖案加以點綴。

同樣都是獅子，只要改變外型，給人的印象也會截然不同。織成褶邊的鬃毛給人柔和的印象。

讓人印象深刻的長長尾巴、藍色水晶眼的小貓。戴上馬海毛織的毛線帽，呈現溫暖柔和的氣氛。

將北海道的招牌伴手禮 ——
木雕熊擺飾織成鉤織玩偶，竟
然變得如此可愛！

STEP 5

收尾的方法＆完成

將鉤織結束的線完美收針、
在織片背面處理線材，
學會能夠漂亮收尾的技法吧！
本篇也彙整了縫合零件與植髮技巧的方法。

Techniques book
of
Amigurumi

【收尾的方法】

在編織結束及縫合後，線材的打結法、處理線材、線尾處理的方式相當多樣。

收針

鉤織結束的線，共有3種收針法。
鏈條接合能夠使收針部分看起來像頭部鎖針。
即使是引拔針收針、鎖針收針，步驟也都相當簡單。

鏈條接合後的織片
看不到接合處，
可做出漂亮的收尾！

▶ 鏈條接合

1 鉤織結束時，線端留下20㎝剪掉。

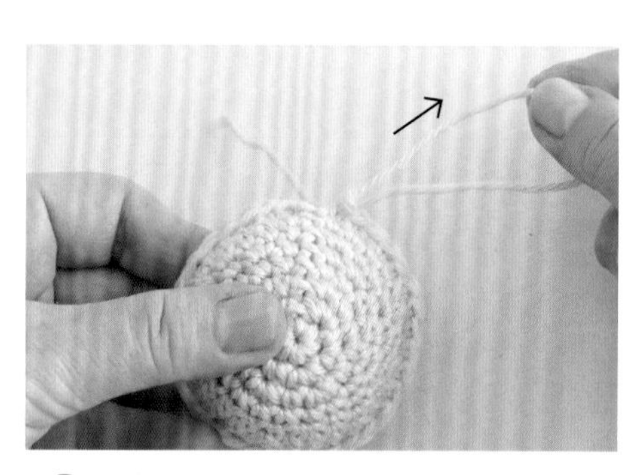

2 拿開鉤針，將休息線圈的線端拉出。

3 將線端穿過毛線縫針。

4 接著用毛線縫針挑起第1個針目的頭部鎖針全目。

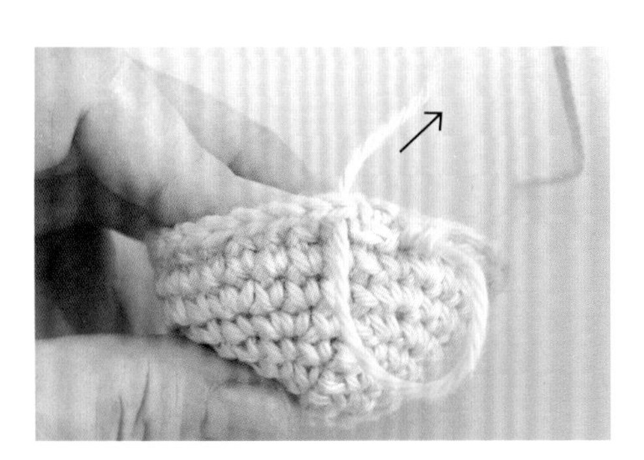

5 將線拉出。這裡不要拉太緊。

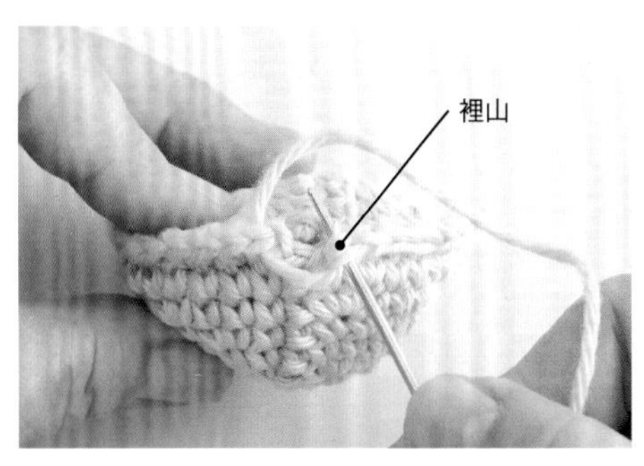

6 將毛線縫針穿回剛剛拉出線的位置（最後一個針目的頭部鎖針之間）。此時線也會穿過裡山。

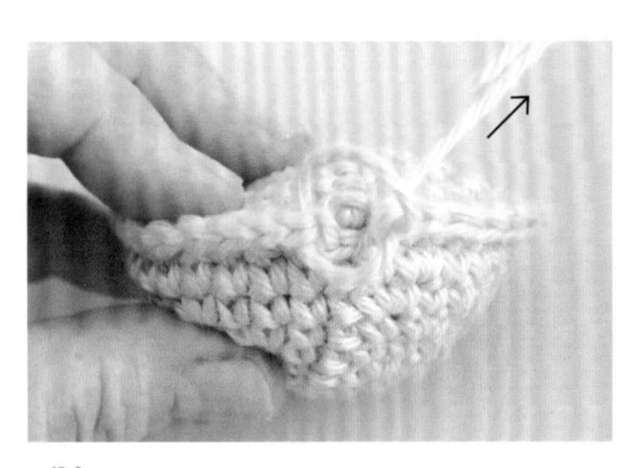

7 慢慢拉出線。

8 先配合左右兩側頭部鎖針的幅度拉動前端的線。

9 接著配合左右兩側頭部鎖針的幅度拉動內側的線端。

10 完成外觀與織目一樣漂亮的收針法。

收針

▶ 鎖針收針 …使鉤織結束的線不會鬆脫的基本收針法。

1 與引拔針（P.145）步驟1～3一樣，以鉤針挑第1個針目鉤引拔針（P.50）。然後將線掛在鉤針上。

2 使用步驟1掛在鉤針上的線，鉤1針鎖針（P.35）。

3 就這樣拉出線端。

4 完成開口不會鬆脫的收針法。一般都是以這種方法來收針。

▶ 不使用鉤針的情況

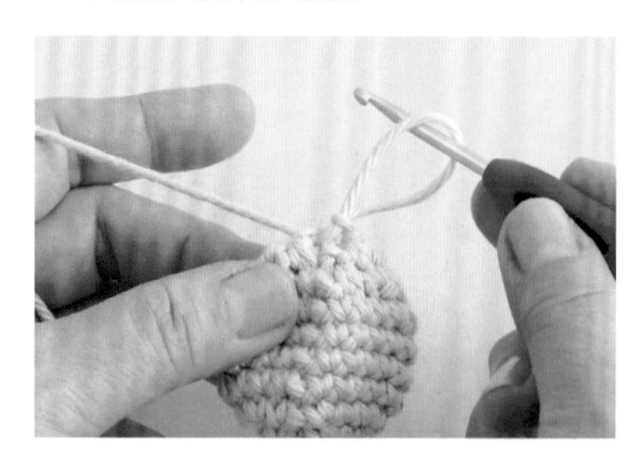

1 與引拔針（P.145）的步驟1～3一樣，以鉤針挑第1個針目鉤引拔針（P.50）後拉大線圈，然後拿開鉤針。

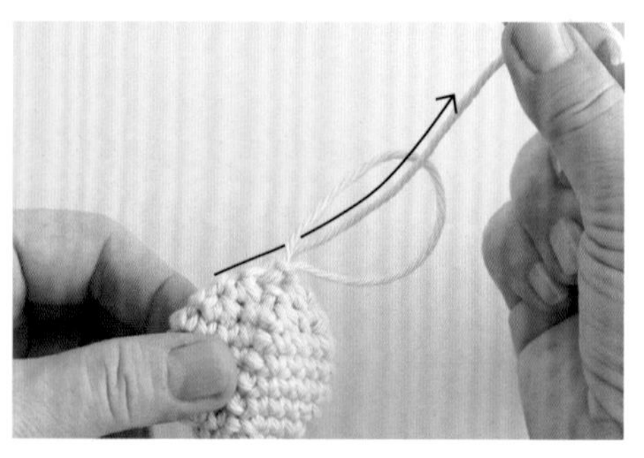

2 從線圈中拉出線端，同時拉緊。線圈就會縮小。

▶ 引拔針收針

…鉤織結束的線容易鬆脫，需要使用毛線縫針來處理線材。

1 編織結束後鉤引拔針（P.50）。將鉤針穿入第1個針目。

2 將線掛在鉤針上。

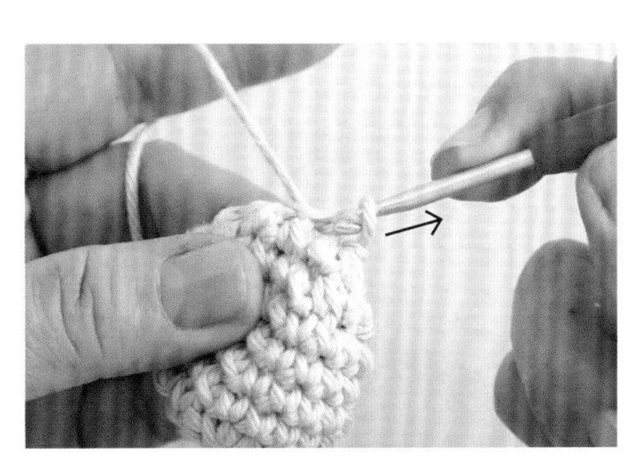

3 從線圈中拉出掛在鉤針上的線。

4 拿開鉤針，讓線休息，線端預留約20㎝後剪掉。

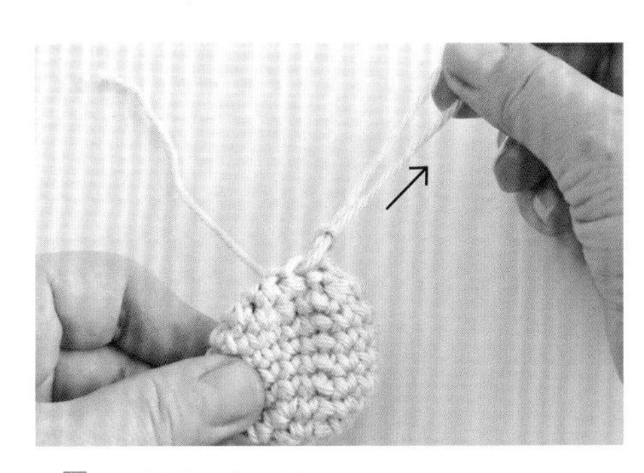

5 拉動休息的線圈。

6 拉出線端。

處理線材① 打2次結

如果有中途換線，就要在織片背面將2條線端打結處理。
這種打結法是重複2次將線交叉2次後打結，因此不容易鬆脫。

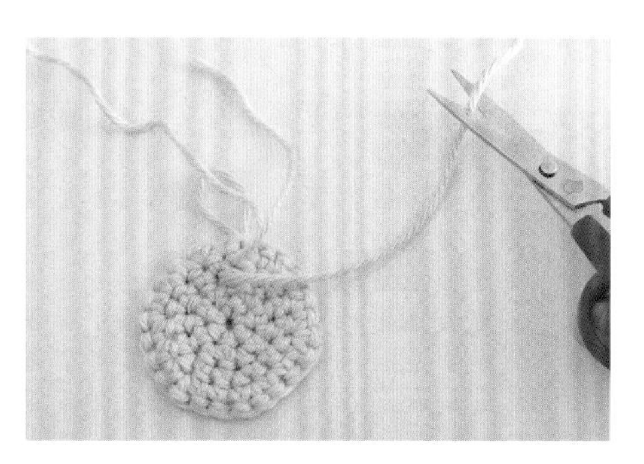

1 鉤織結束的線及換色線各預留約10cm長後剪掉。

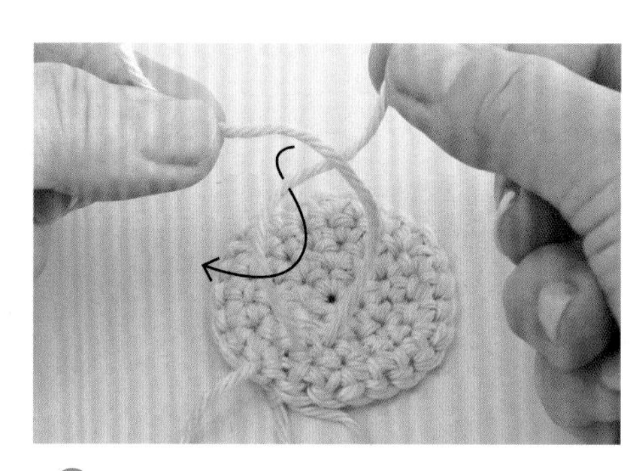

2 將2條線交叉。

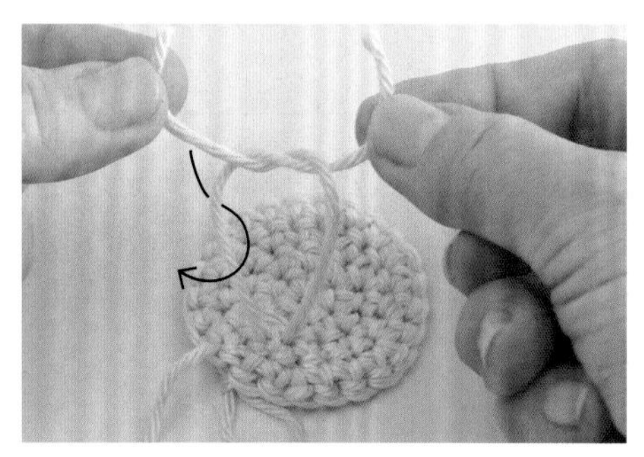

3 其中一條線按照步驟2的箭頭方向穿繞。

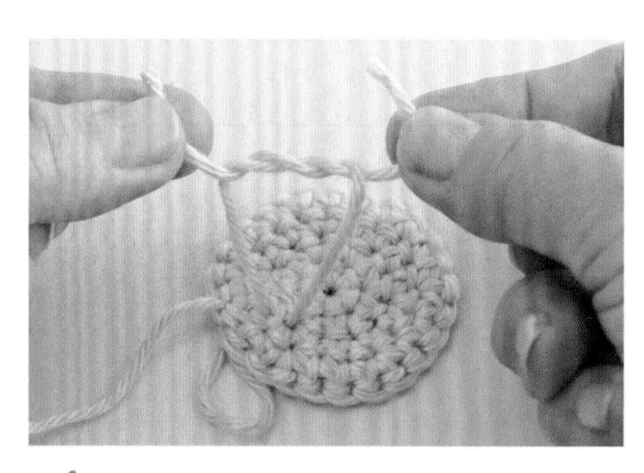

4 剛才的線按照步驟3的箭頭方向，再次穿繞。

5 拉緊線，在織片上打結。

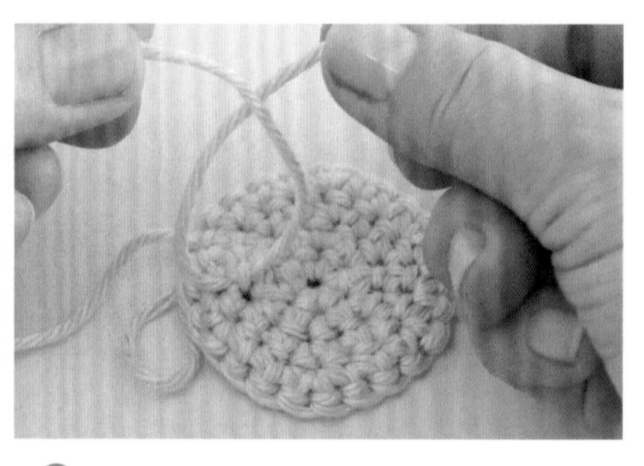

6 再次將2條線交叉。

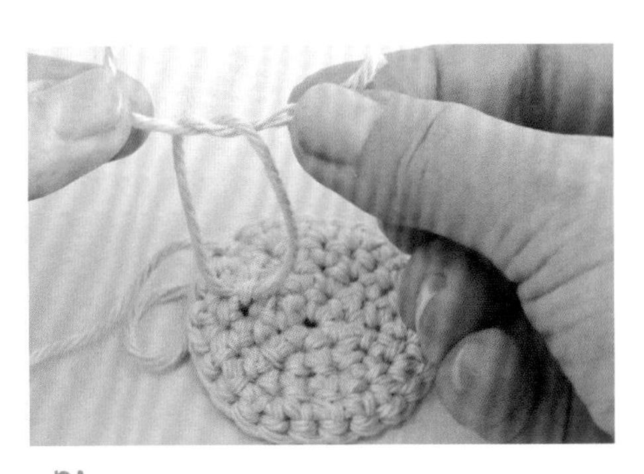

7 其中一條線按照步驟3的方式穿繞。

8 與步驟4一樣再次穿繞。

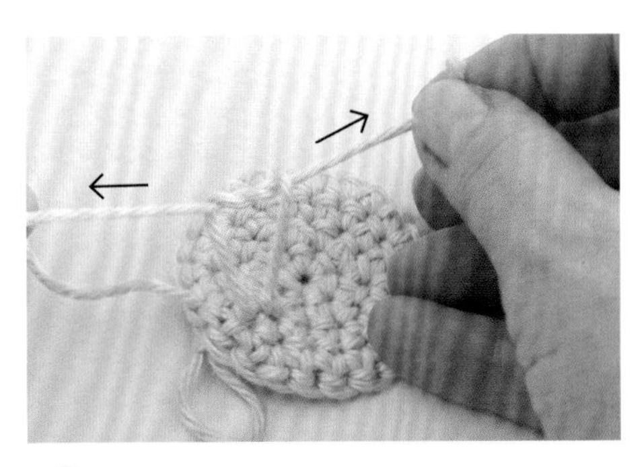

9 2條線往左右方向拉緊。

10 在織片上拉緊打結。

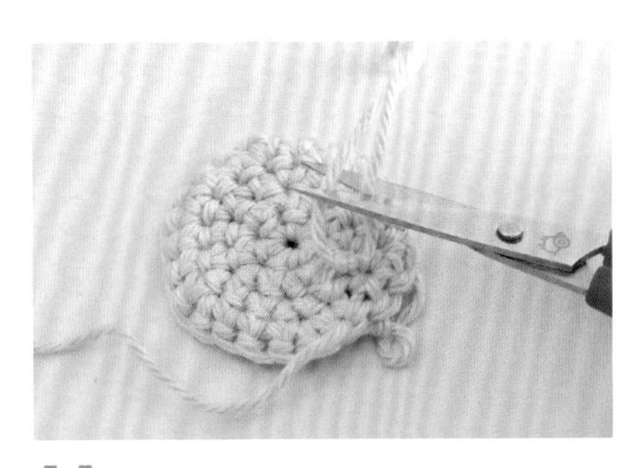

11 線端預留1cm長後剪掉。

12 完成線材處理。

處理線材② 包夾鉤織

以下介紹換線時，如何以包裹編織方式處理線材。

※這裡以短針為例，其他針法也採用一樣的方法。

1 更換新的色線（粉紅）後，將鉤針穿入下一個針目。

2 將欲處理的線端（藍）置於鉤針上。

3 將粉紅線掛在鉤針上。

4 然後鉤織短針（P.40）。

5 以同樣方式鉤織5針短針後，藍線預留約5mm長後剪掉。

6 線材處理完成。

線尾處理① 穿過棉花

以下介紹縮口收針或是零件縫合結束後，如何將線材穿過棉花的處理方法。

1 線端穿過毛線縫針，完成縮口收針後，就將毛線縫針往中心刺入。

2 毛線縫針穿過內部棉花，從織目隙縫穿出。如果織目與線端顏色相同，就可以在這個步驟處理線端，不會太顯眼。

3 拉出線。注意別拉太緊，以免拉扯織片。

4 以毛線縫針抵住拉出線的地方，繞線3次。

5 以手指壓住繞線部分，抽出毛線縫針，完成打結。

6 將毛線縫針穿回步驟3拉出線的位置，然後從別的位置拉出毛線縫針。

線尾處理① 穿過棉花

7　慢慢拉出線。

8　打結部分就會被拉進織片內。

9　接著再將毛線縫針刺入剛剛拉出線的位置，穿過棉花後再拉出線，就看不到打結部分。

10　重複步驟9約1～2次。

11　最後在貼近織片處剪斷線端。

線尾處理② 穿過織片內側

以下介紹沒有填充棉花時，如何在織片背面處理線端的方法。
最好在同色系的織片處理線材，收尾會比較漂亮。

1 鉤織結束的線或縫線穿過毛線縫針後，在織片背面穿線。注意別讓線露出。

2 將線拉緊。如果拉太緊就會拉扯織片，需要多加注意。

3 最後回到上一個針目。

4 從步驟3返回的線端繼續穿過幾個針目。

5 將線拉出。

6 線端預留約5㎜後剪掉。

線尾處理③ 織片沒有餘裕時

以下介紹的方法，與線尾處理②（P.151）一樣，都是將線穿到織片背面處理線端。
如果織片沒有空間時，便折返處理線材。

1 將線端穿過毛線縫針，按照線尾處理②（P.151）的步驟1～2，將線穿過織片背面。

2 拉出線來。

3 從反方向挑起下一個針目。

4 將線穿回與步驟1相同的針目。

5 拉出線，注意線別拉太緊。

6 線端預留約5㎜後剪掉。

【完成收尾】

以下介紹如何在組合好的鉤織玩偶上，加上刺繡或是配件，
為玩偶增添表情或植髮，完成收尾。

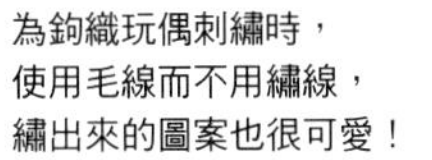

刺繡的起針方法

凡是在臉部或手腳前端等部位加上刺繡，
都會運用到這個起針方法。
不需要拉出線，就能夠漂亮收尾。

1　繡線穿過毛線縫針後打結。將毛線縫針從織目的隙縫穿過棉花，然後從相隔數針的織目拉出毛線縫針。

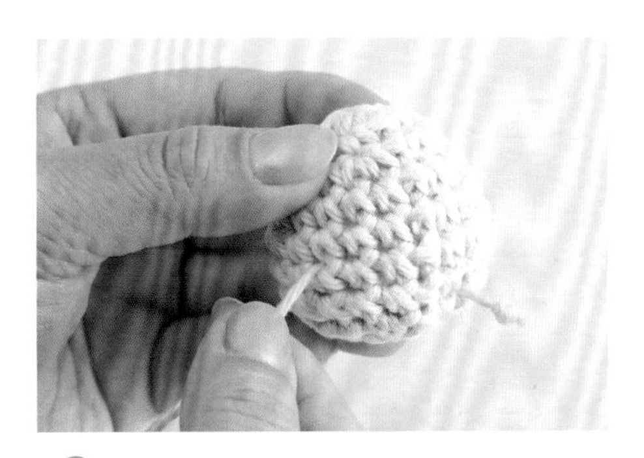

2　慢慢拉出線來。

3　慢慢拉線，直到打結部分進入織片內部為止。確認縫線是否固定住。

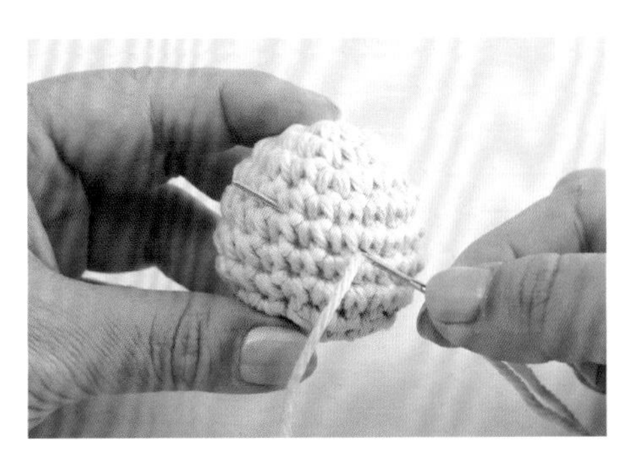

4　將毛線縫針穿回拉出線的位置，然後從刺繡的起針地點拉出線。

各種刺繡針法

以下介紹鉤織玩偶經常使用的10種刺繡針法。

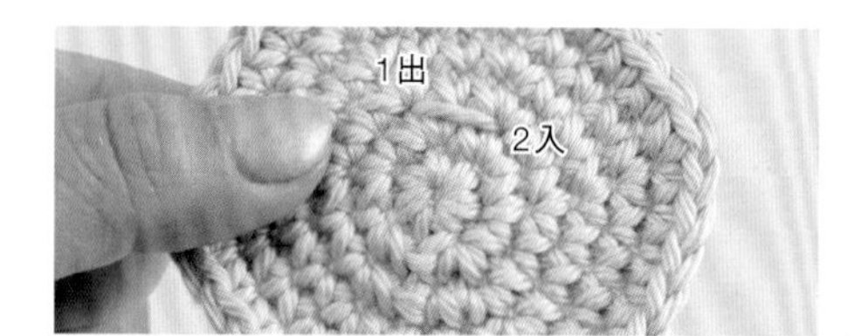

直線繡 → P.155

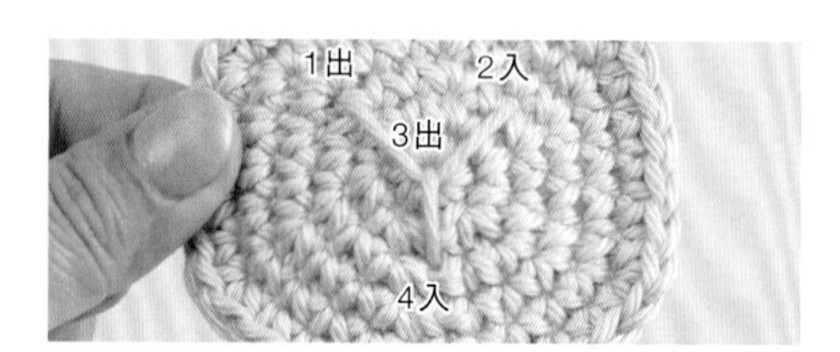

飛鳥繡 → P.156

飛鳥繡變形（V字）→ P.157

平針繡 → P.157

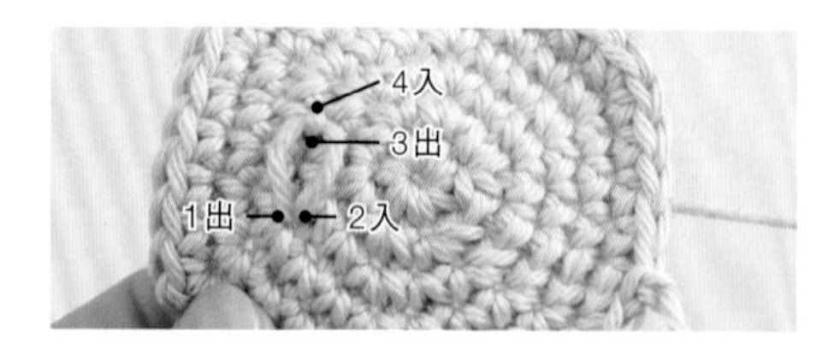

雛菊繡 → P.158

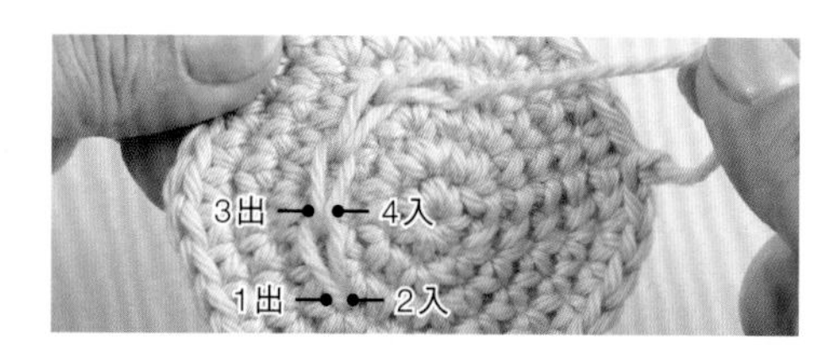

鎖鍊繡 → P.159

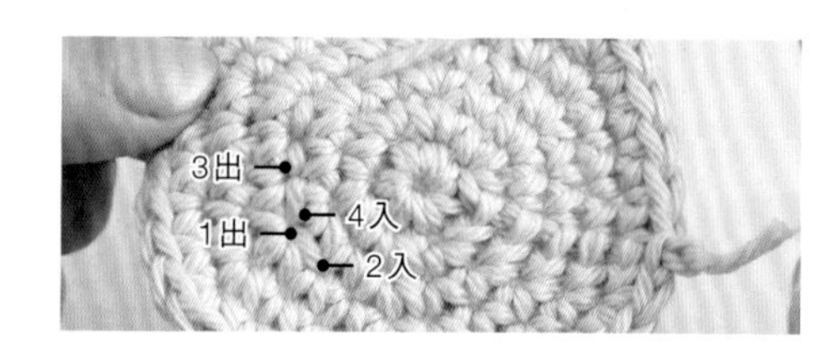

回針繡 → P.160

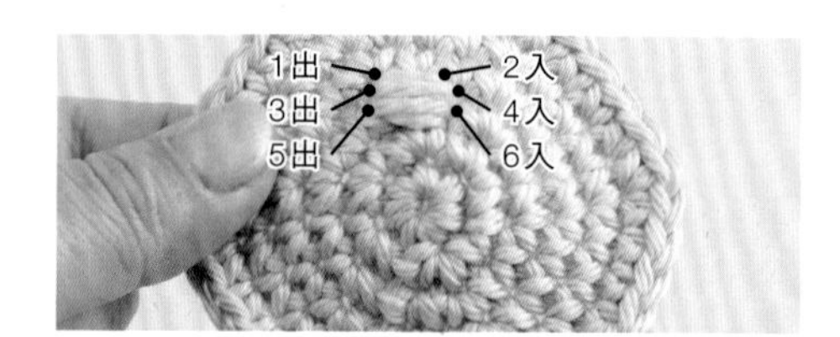

緞面繡 → P.161

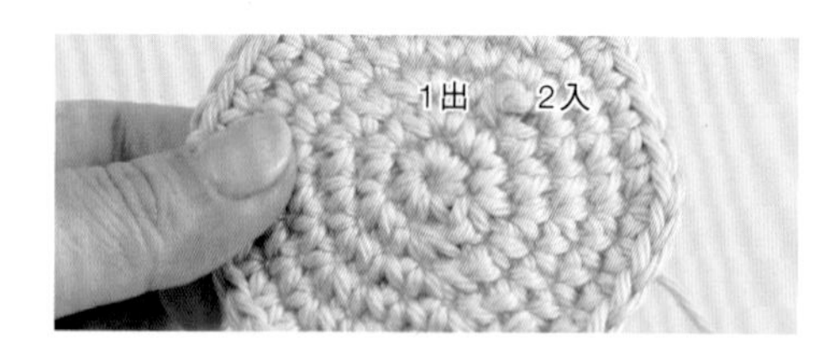

法國結粒繡 → P.162

捲線繡 → P.163

直線繡

這種針法只要從毛線縫針的出針處開始繡直線即可，
適用於想為鉤織玩偶繡線條時。

1　毛線縫針從織片背面出針。

2　由外向內入針。

3　圖中是沿著織目繡出2個針目寬的直線繡。

4　圖中是2段織目長的直線繡。

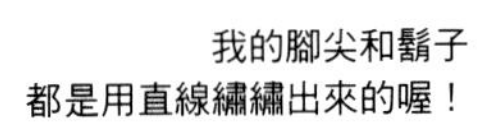

飛鳥繡

這種針法繡好後會呈現Y字形。
經常用來繡動物的鼻子。

1 從Y字的左上部分出針。

2 從Y字的右上部分入針。

3 從中心出針，出針處位於橫跨步驟1～2線的上方。

4 拉出線，構成Y字形。

5 在Y字形下方部分入針。調整這部分的長度，便能改變整體的印象。

6 完成飛鳥繡。

飛鳥繡變形（V字）

這種針法是將飛鳥繡的Y字腳部分，
縮短變成V字形。

1 與飛鳥繡（P.156）的步驟1～4相同，
將毛線縫針穿回步驟3出針的位置。

2 完成V字形飛鳥繡。

平針繡

每一針保持等間隔，也稱為「並排縫」。
適用於想繡出虛線線條時。

1 毛線縫針從織片背面入針，從起始位置出針。

2 重複入針 → 出針。

3 出針、入針保持等距，就能繡得很漂亮。

雛菊繡

可繡出花瓣圖案的針法。
只要熟悉縫法順序，實際操作一點都不難。

1 毛線縫針從織片背面入針，從起始位置拉出線。

2 在步驟1的相同位置入針，從相當於圖案的前端部分處出針。

3 將步驟1拉出的線掛在毛線縫針上。

4 拉出線來。

5 將毛線縫針穿回步驟2的出針處，將步驟3所掛的線拉挺。

6 完成雛菊繡。

鎖鍊繡

鎖鏈繡為雛菊繡的應用針法，
可以繡出連續的鎖鏈圖案。

1 與雛菊繡（P.158）的步驟1～3相同。

2 拉出線來，這樣就繡好一個圖案。

3 毛線縫針從步驟1的出針處入針。

4 然後在下個圖案的前端處出針。出針的幅度要和步驟1的幅度一樣，才能繡出大小相同的圖案。

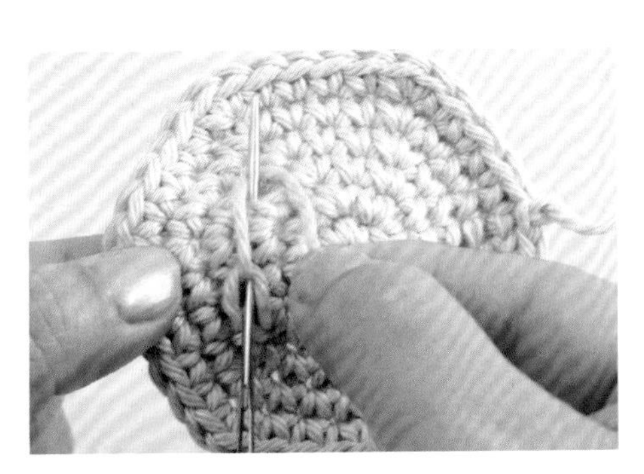

5 將線掛在步驟4出針的毛線縫針上。

6 重複同樣步驟。繡好後的收尾方式與雛菊繡的步驟5一樣。

回針繡

重複「回退1個針距，前進2個針距」的節奏，
就能繡出沒有隙縫且漂亮的線條。

1 毛線縫針從比起始位置前進1個針距處的織片背面入針，並拉出線來。

2 在回退1個針距處穿入毛線縫針。這時的針距將成為回針繡的幅度。

3 接著在步驟1的出針位置前進1個針距處出針。

4 拉出線來。這樣就完成1針回針繡。

5 使毛線縫針在步驟1的出針處入針，從步驟3的出針處前進1個針距的位置出針。

6 重複上述步驟。

緞面繡

緞面繡是用來填充面的針法，
經常用來繡動物的鼻頭。

1 毛線縫針從織片背面出針。

2 毛線縫針在欲填充的幅度入針，然後從步驟1的出針處略低的位置出針。

3 將線拉緊。接著從填充幅度的一端往另一端入針。

4 從步驟2出針處略低的位置出針。重複上述步驟來填充面。

想要漂亮收尾，
重點只有一個
就是線不要拉太緊！

法國結粒繡

特徵為如同打結般的線結，
適用於繡小型鉤織玩偶的眼睛部分。

1　毛線縫針從刺繡位置的織片背面出針。

2　毛線縫針抵住步驟1拉出線的位置，用左手壓住毛線縫針。

3　線繞毛線縫針2～3圈。

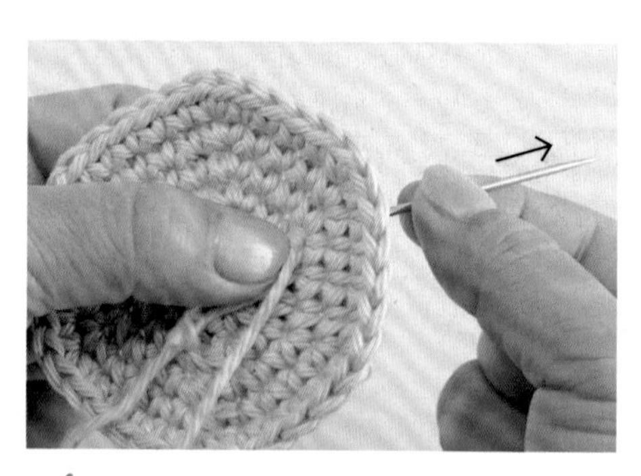

4　以左手手指壓住步驟3纏繞的部分，抽出毛線縫針。

5　將毛線縫針穿回步驟1出針的位置。

6　完成法國結粒繡。

捲線繡

捲線繡可繡出捲線部分長度的的針法，
適用於繡鼻子等較立體的圖案時。

1　毛線縫針從織片背面出針。

2　將毛線縫針抵住步驟1出針的位置，將線纏繞在毛線縫針上（圖中為繞5圈）。纏繞的長度就相當於捲線繡的長度。

3　以左手壓住纏繞在毛線縫針的線圈，慢慢地抽出毛線縫針。

4　抽出毛線縫針後的模樣。

5　在與捲線長度相當處刺入毛線縫針，從織片背面拉出線來，完成捲線繡。

黏貼配件

眼鼻的配件使用接著劑黏貼。
只要按照下列步驟黏貼，配件就不會輕易脫落。

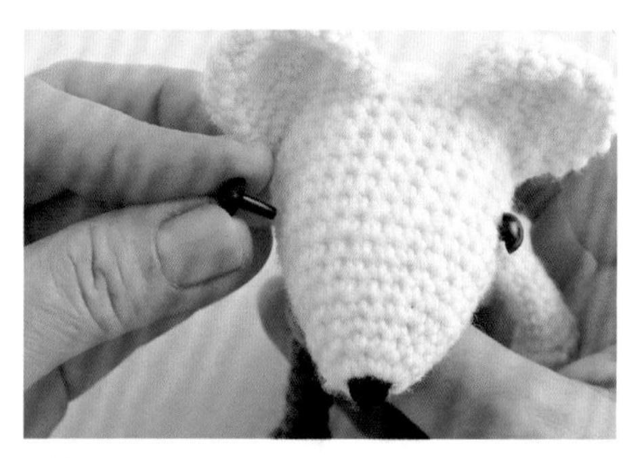

1 直插式配件先試插，決定好插入位置，此時暫不沾取接著劑（黏貼式或縫合式配件則可以大頭針代替）。

2 使用錐子，在欲黏貼的位置挖個洞。

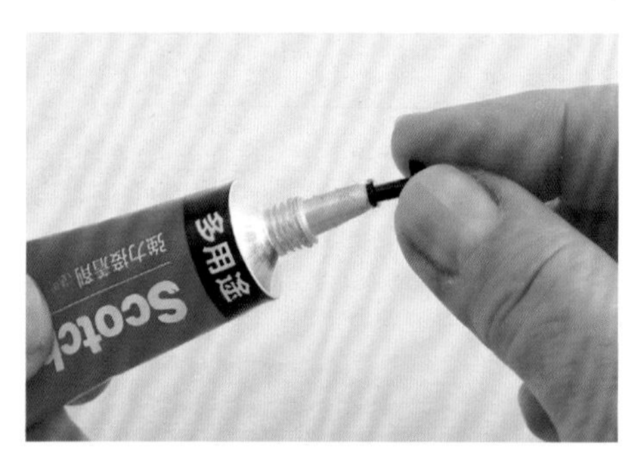

3 接著在配件的支腿上接著劑。可將配件的支腿插入接著劑的管嘴內，就能避免沾太多接著劑。

4 將配件插入步驟2挖洞的位置。

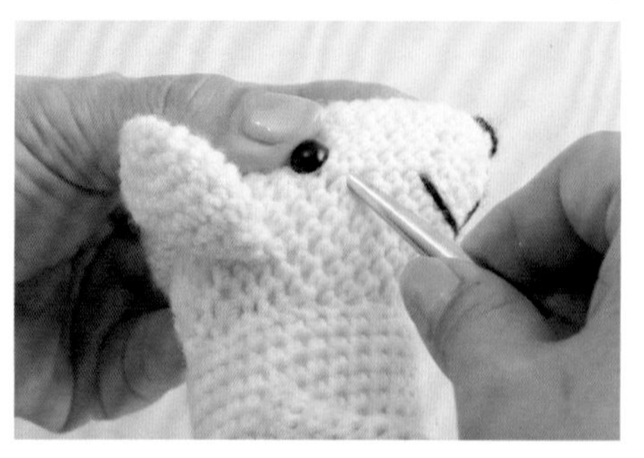

5 從插入配件的織片下方穿入錐子，拉抬織片，使配件與織片緊密黏合。

貼上毛線

想要做出嘴巴或鼻子時，也可以黏貼毛線來表現。
先縫好起點和終點，再用接著劑固定形狀。

1　將欲黏貼的毛線穿過毛線縫針，從黏貼處的一端拉出線，再將毛線縫針刺進另一端。

2　拉動毛線，只留下所需長度。

3　考量整體平衡後，插入大頭針輔助，決定想貼的形狀。別忘了也要預先處理好線端（P.149）。

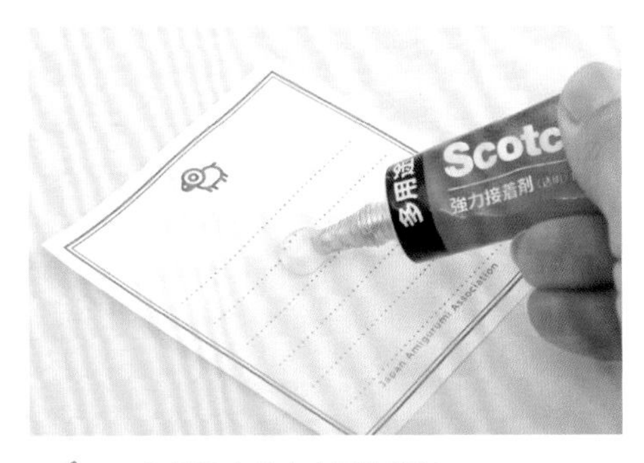

4　在紙張上擠出少量接著劑。

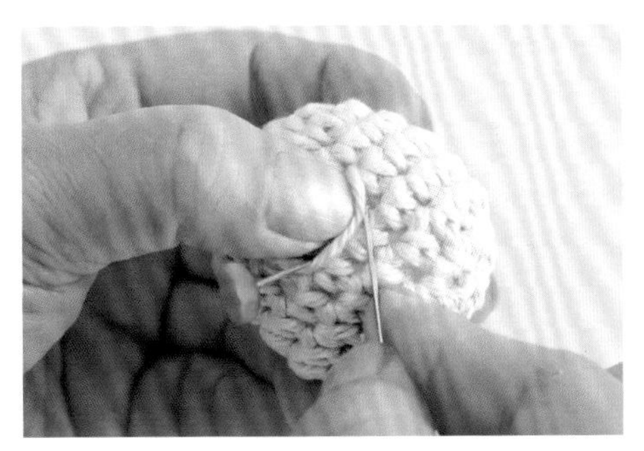

5　以尖端細長的工具沾取接著劑，塗在線底下，然後在線上壓一下固定。

6　以同樣方式塗接著劑，黏貼毛線。

【植頭髮】

植頭髮的方法可分成許多種類型。
每種類型帶給人的印象都不一樣，不妨選擇自己喜歡的方式。

分色鉤織

不需要事後植髮，而是在鉤織途中換色，以分色鉤織的方式來鉤織出頭髮（頭部）。

只用分色鉤織，就能完成男孩的髮型。

鉤織頭盔形髮片

另外鉤織頭盔形髮片，再蓋在頭上加以縫合。

※編織圖詳見P. 233

1 另外鉤織與頭部分開的頭盔形髮片。

2 決定好髮片的縫合位置後，以待針固定。接著從髮片內側挑針。

3 將髮片內側與臉部縫合起來。瀏海最好從內側部分挑針縫合，看起來比較自然。

縫上毛線髮束

將毛線繞成環狀，於毛線圈中心打結，然後縫合在頭部。這個方法做出的髮型適用於女孩。

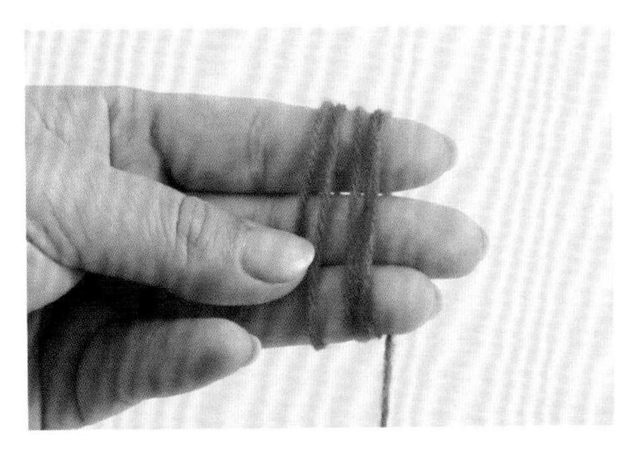

1 將毛線纏繞在手指上（手指根數相當於想做的髮束寬度）。

2 纏繞到理想分量為止。

3 從手指拿開毛線圈，整束握持。

4 在毛線圈的中心處以線材纏繞打結。

5 完成毛線髮束。

6 繫緊毛線髮束的線材穿過毛線縫針，將毛線髮束縫在頭部上。

縫上馬尾

將毛線圈做成穗子，縫在頭部上方，
就變成女孩味十足的馬尾了。

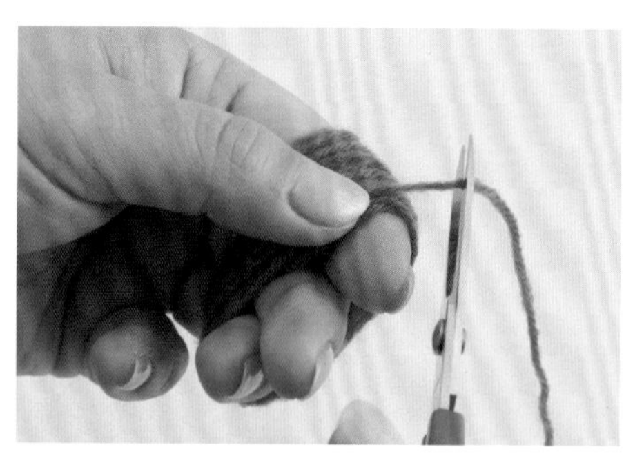

1 與縫上毛線髮束（P.167）的步驟1～2相同，將毛線纏繞在手指上。

2 從手指上拿開毛線圈。

3 另外拿一條線穿過毛線圈內。

4 線材穿過毛線圈後打結。多打幾個結，以免線圈鬆開。

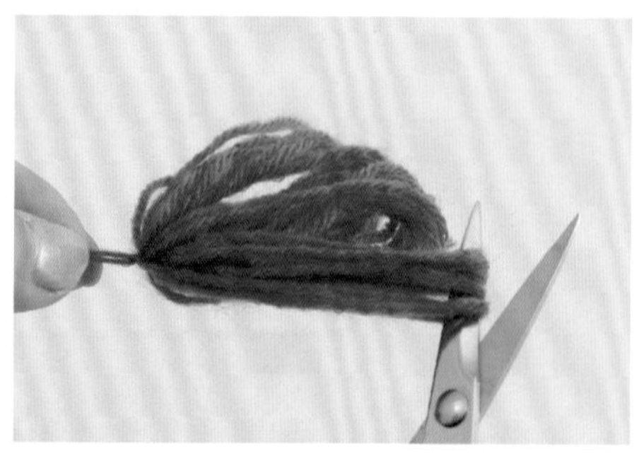

5 從打結處的另一端剪開毛線圈。

6 毛線穗完成後，用蒸氣熨斗燙直。

7 步驟 4 打結的線穿過毛線縫針，將毛線穗縫在後腦上。

8 縫好馬尾了。

製作丸子頭

只要將毛線纏繞做成毛線球，縫在頭部上方，就變成女孩的編髮了。

1 將毛線纏繞做成毛線球。線端預留長線後剪掉。

2 線端穿過毛線縫針，接著將毛線球縫合在後腦上。

3 完成用毛線球做成的丸子頭。

另外鉤織頭髮

使用鎖針與引拔針來鉤織髮片，
接著蓋在頭上加以縫合。

※編織圖詳見P. 233

1 鉤10針鎖針（P.35），並以此作為頭部中心。每鉤1條頭髮，便要鉤12針鎖針。

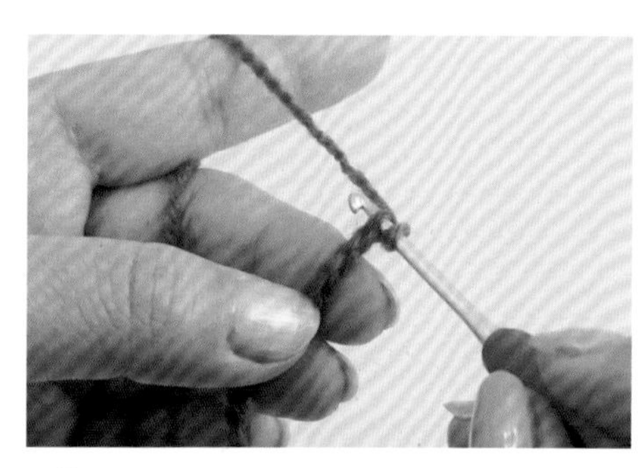

2 鉤1針鎖針為立針，接著挑步驟2的裡山鉤引拔針（P.50）。

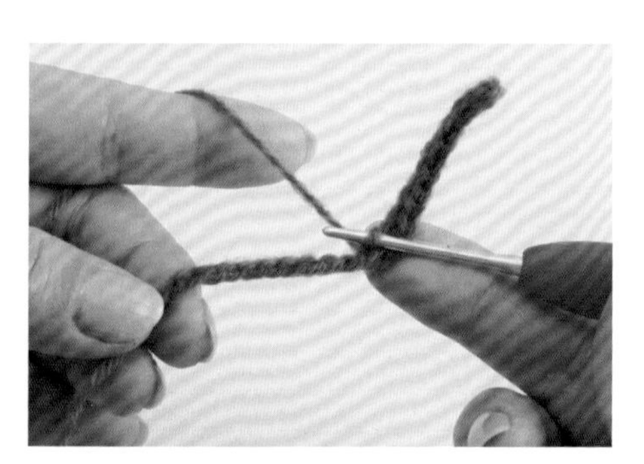

3 鉤完12針引拔針後，回到中心處。

4 接著鉤下一條頭髮。

5 第2條頭髮之後也是以同樣步驟來鉤織。

6 鉤好所有頭髮的模樣。線端預留長線後剪掉。

7 將鉤好的髮片蓋在頭上，決定好縫合位置後以待針固定。

8 將步驟6預留的線穿過毛線縫針，在髮片中心的分界縫合固定。

9 中心部分縫合固定好的模樣。接著縫合髮片的每根頭髮。

10 從頭髮的髮梢會觸及的部分拉出線，並在頭髮內側挑針。

11 將每根頭髮縫合在臉上。

12 完成縫上另外鉤織的頭髮。

以流蘇植頭髮

利用流蘇（P.92）製作個人偏好的頭髮長度，
便能夠呈現近似人類頭髮的逼真效果。

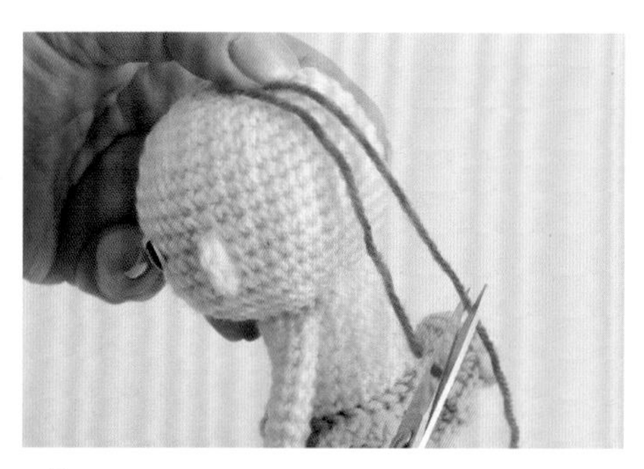

1 將毛線放在頭上比對，決定頭髮的長度。

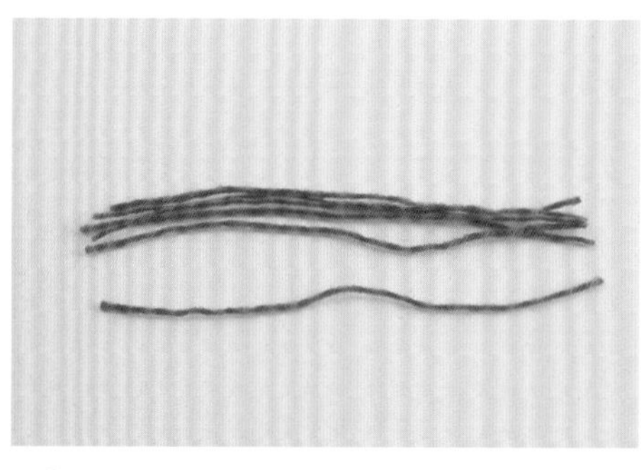

2 將毛線修剪成步驟1所決定的頭髮長度的2倍。

3 在欲植髮的位置穿入鉤針，將步驟2的毛線對折後掛在鉤針上。一次植2條毛線也OK！

4 拉出步驟3掛的線。

5 將手指伸入拉出的線圈內。

6 捏住並從線圈中拉出線端。

7 拉出線端，使線圈縮小。

8 植好一束流蘇。

9 重複同樣的步驟，直到植完偏好的髮量為止。示範圖中，後腦採用流蘇植髮，瀏海則是以刺繡植髮。

10 植完流蘇後修剪髮梢，使頭髮長度統一。

11 完成以流蘇植頭髮。

以刺繡植頭髮

在頭部以直線繡直接繡上頭髮。
推薦結合流蘇（P.92）完成頭髮的製作。

1 這裡是以流蘇植後腦頭髮，並以刺繡繡上瀏海。先準備稍長的毛線，從頭頂出針，然後往髮梢部分刺入。

2 以同樣步驟繡上一根根的瀏海。

3 繡好的瀏海。

4 若是搭配流蘇植髮，則從與流蘇的交界處拉出線來。

5 以直線繡繡在流蘇的髮根上，便能夠遮蓋髮根。

6 瀏海繡好了。

以刺繡加上紅暈

只要繡上一小條線，就能營造出臉頰泛紅暈的印象。

將臉頰紅暈的色線穿過毛線縫針，從想要加上紅暈的位置出針，繡一條直線繡。視紅暈的範圍大小，也可使用緞面繡。

享受隨意上色之樂

除了將毛線染成不同顏色，或是以刺繡或毛氈來上色之外，各位不妨多利用身邊的素材為織片上色。

【可為織片染色的工具】

・化妝品（眼影、腮紅等）　・蠟筆　・油性筆

以毛氈加上紅暈

臉部配件也可以改貼毛氈，製造腮紅效果。
以下示範如何在女孩雙頰貼上毛氈的做法。

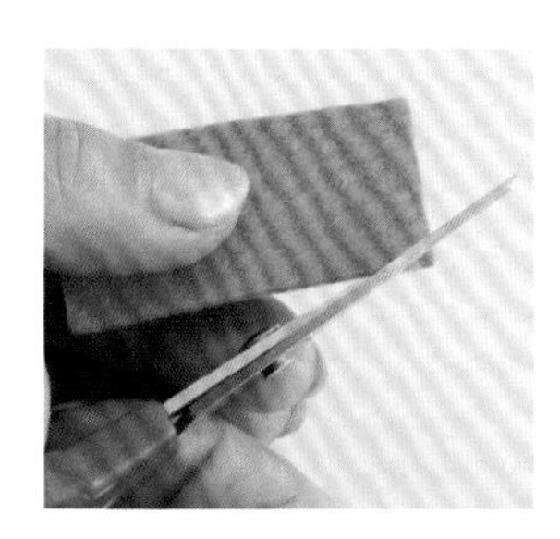

1　將毛氈裁剪成所需的大小與形狀。

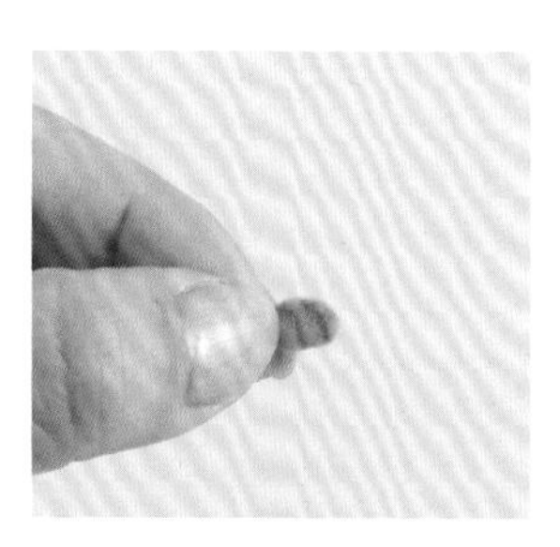

2　這裡裁剪成2塊臉頰配件。

3　將裁剪的配件放在臉上，決定黏貼位置，再以接著劑黏貼。

織片染上紅暈

想像女孩的臉頰，在織片上進行局部染色。
試著使用化妝用品來染色吧。

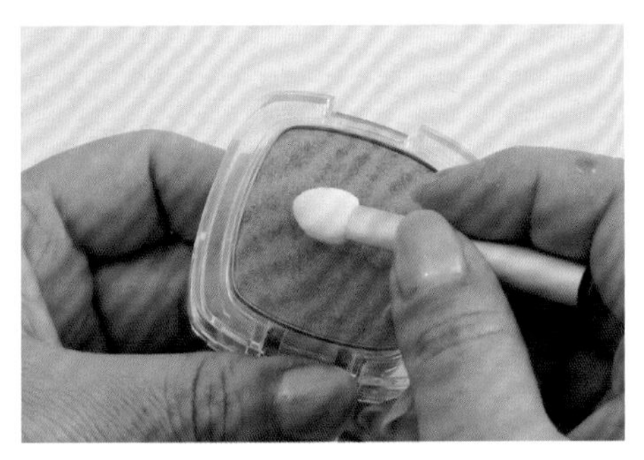

1 選用偏好的色系，利用眼影棒沾取化妝用品。這裡使用眼影在臉頰染上紅暈。

2 在欲染上紅暈的位置上色。

以壓克力纖維加上紅暈

使用戳針，將壓克力纖維戳刺在織片上，藉此增色。
也可以混合多種顏色，調出原創色彩。

1 將壓克力纖維撕成小塊，揉成所需大小，決定戳刺位置。

2 以單手壓住壓克力纖維，另一手則以戳針將纖維戳進織片。

3 一邊調整形狀一邊戳刺，直到纖維附著在織片上即完成。

加上L型口金的小貓票卡夾。
沒有加上側襠，
收尾也相當簡單。

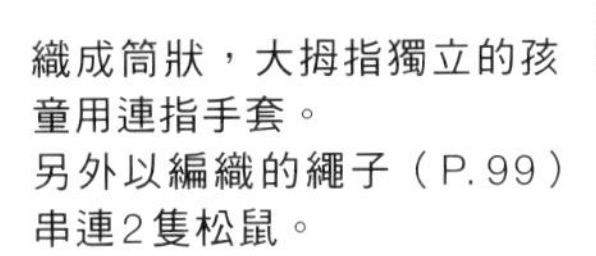

織成筒狀，大拇指獨立的孩童用連指手套。
另外以編織的繩子（P.99）串連2隻松鼠。

製作雜貨

織好以動物為主題的織片後，
不如加上拉鍊或口金等金屬配件，
或是製做成隨身攜帶的玩偶，
與喜愛的物品形影不離！

加上口金的小熊零錢包。
只要更換毛線顏色，就能變成印象截然不同的造型。

※編織圖詳見P. 234

鯨鯊造型票卡夾。
放票卡的部分為平面，鯨鯊背部則塞入棉花，做成立體造型。

加上口金（黏貼型）

在口金的溝槽擠上接著劑，與織片黏貼。
因為口金容易貼歪，適合中級以上程度挑戰。

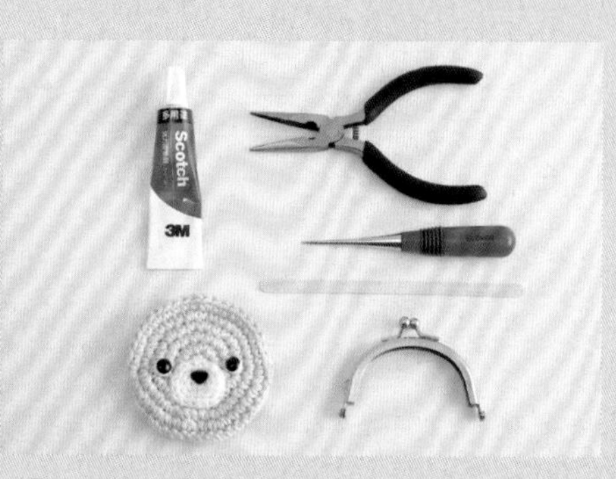

1 備妥無開洞式的口金、接著劑、鉗子、錐子，以及竹片。

2 在口金其中一側的溝槽擠上接著劑。

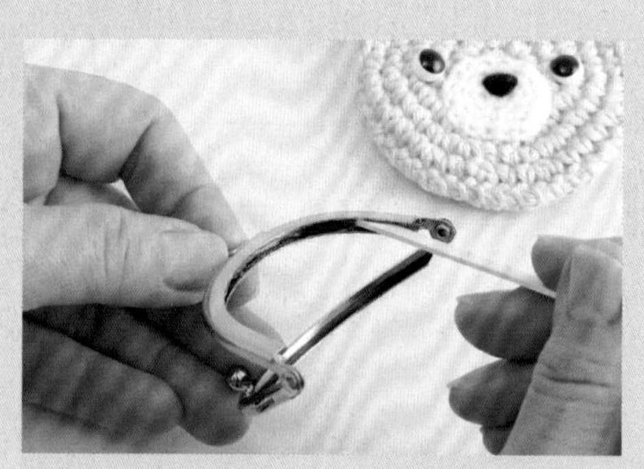

3 使用竹片將接著劑均勻塗抹整個溝槽。

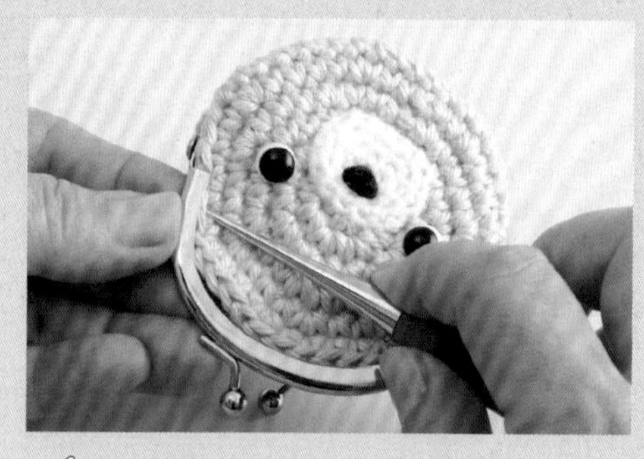

4 兼顧整體平衡，使用錐子將織片塞入溝槽中。

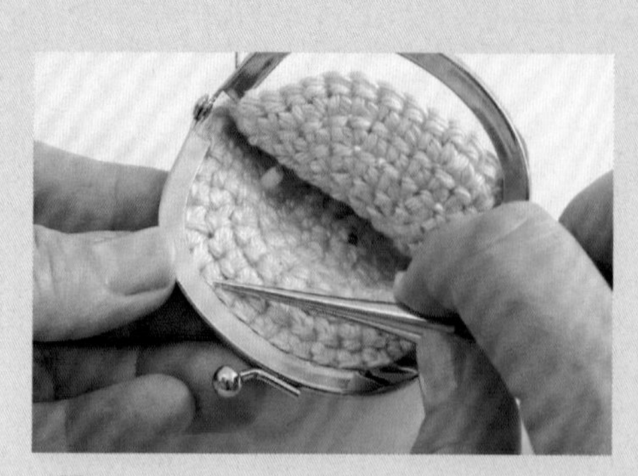

5 內側也一樣，務必以錐子確認織片是否塞好，一邊塞入織片。

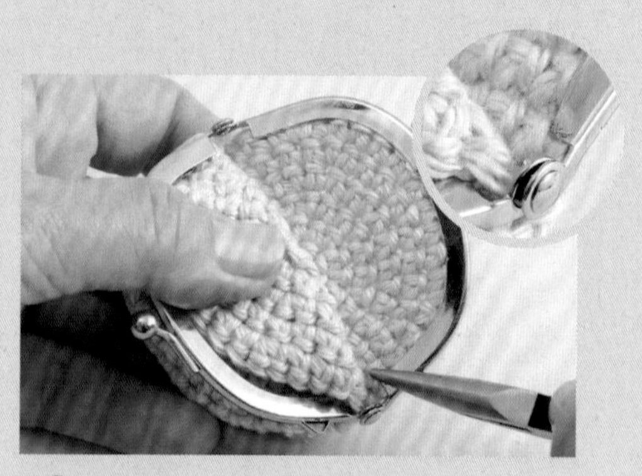

6 使用鉗子夾緊口金頭尾兩端的角，使角能夠牢牢夾住織片。

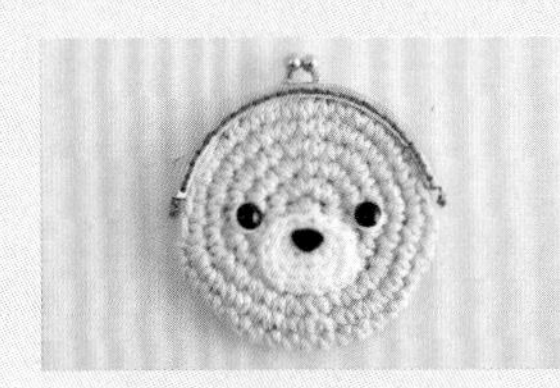

加上口金（縫合型）

下面示範中使用表面有開洞的縫合型口金，
即使是初學者，也能輕鬆上手。

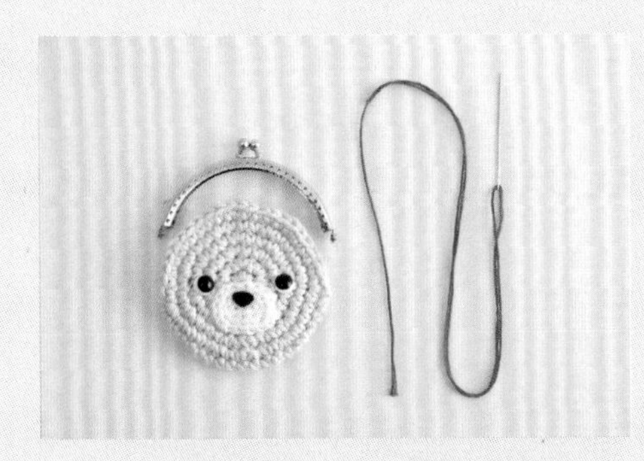

1 縫線穿過縫針。縫線顏色可使用與織片相同的顏色，也可以使用醒目的色彩。

2 在開口的中央畫上記號。

3 從織片的中央內側穿過縫線，縫回針縫。

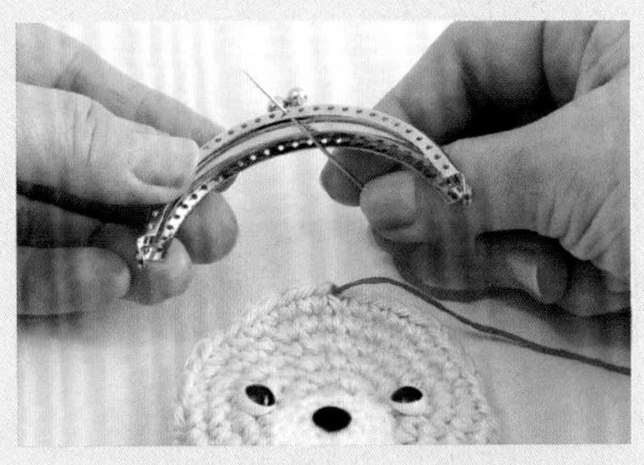

4 從織片中央將縫線拉出表面，以便在縫合口金時維持左右平衡。縫針從口金中央內側由內向外出針。

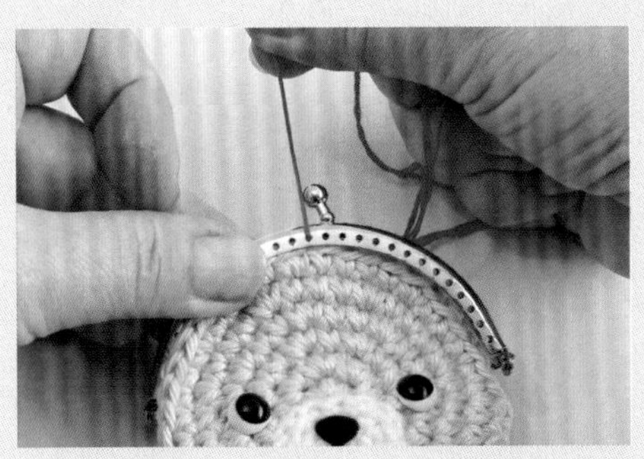

5 拉緊線，使織片塞入口金的溝槽內。

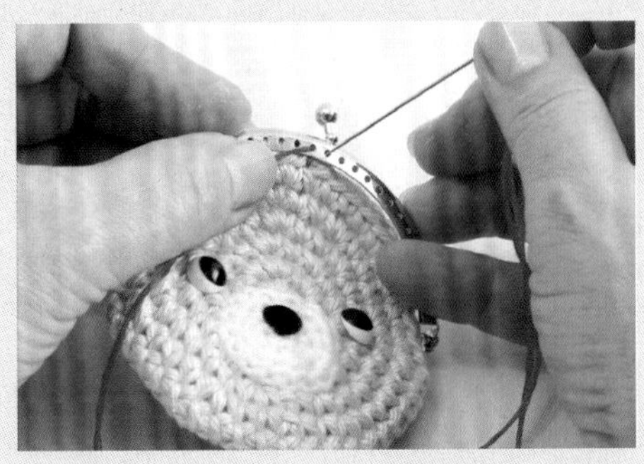

6 一邊將織片塞入口金的溝槽內，一邊以全回針縫縫合。接著將縫針刺入右邊的洞孔，使縫線穿過織片內側。

加上口金（縫合型）

7 如同縫合織片般，從步驟4出針孔的左側洞孔出針。

8 以縫針刺入步驟4的出針孔。重複前進2個洞孔、回退1個洞孔的步驟加以縫合。

9 內側可看到口金邊緣的針腳。

10 縫好口金的模樣。另外一側也按照相同步驟完成縫合。

製作套袋

織成筒狀的織片不塞入棉花，就能搖身一變成為日常備品。
可配合寶特瓶尺寸製作寶特瓶套，或是做成束口袋。

縫上拉鍊

在織片縫上拉鍊，就能做成化妝包。
縫合拉鍊時，建議使用與織片相同顏色的色線。

1 將拉鍊條的其中一邊對準織片的頭尾位置，以待針固定。

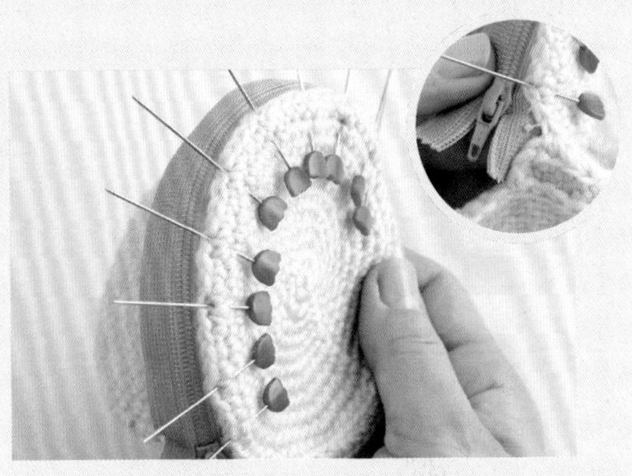

2 為避免待針鬆脫，最好每隔一小段就用待針固定。

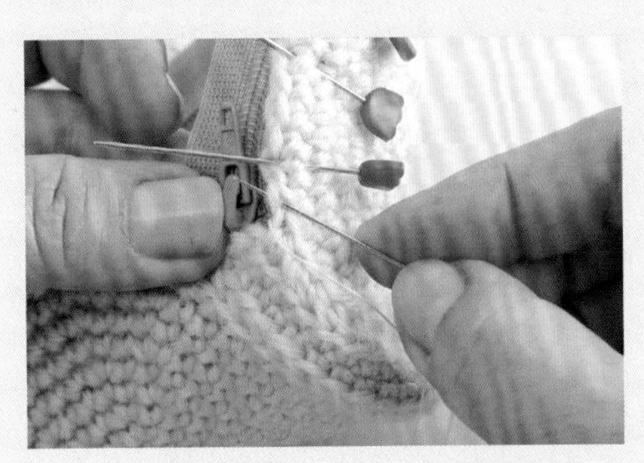

3 拉鍊條在織片之下，先用縫線在夾層之間打結。首先從頭部鎖針的後半目挑針。

4 接著前進織片的1個針距，同時在拉鍊條上挑針。

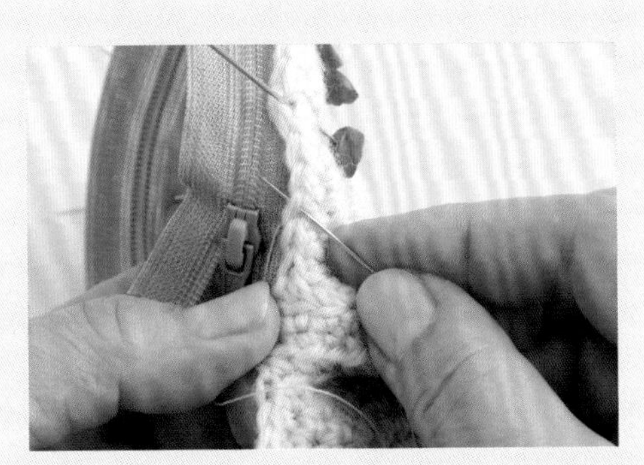

5 然後挑起下一個針目的頭部鎖針後半目。

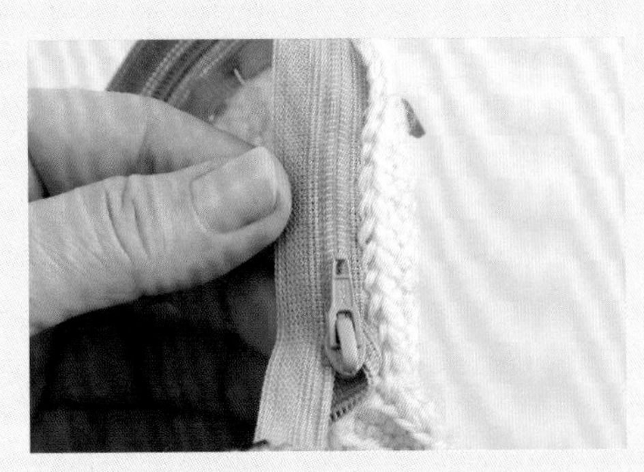

6 重複步驟4～5，挑起頭部鎖針的後半目藉此縫合。

縫上拉鍊

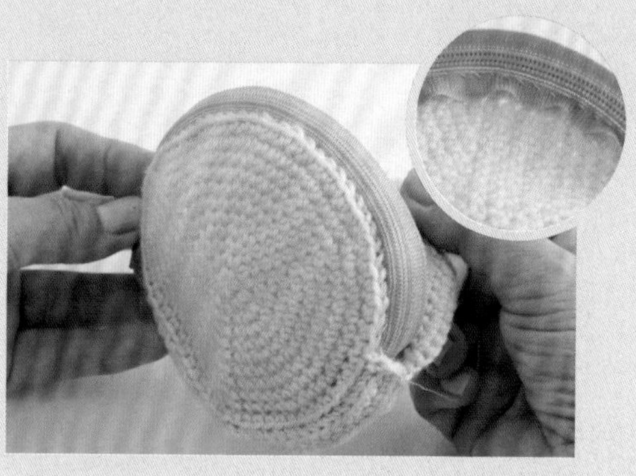

7 縫好一邊的拉鍊。從拉鍊的內側可以看到針腳。

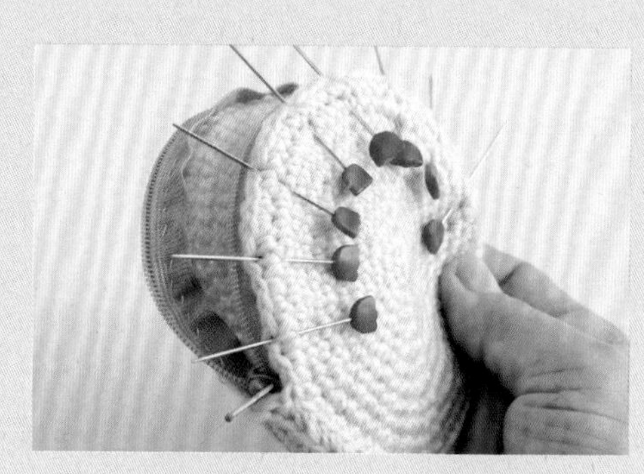

8 拉開拉鍊條，另一側也同樣用待針固定。

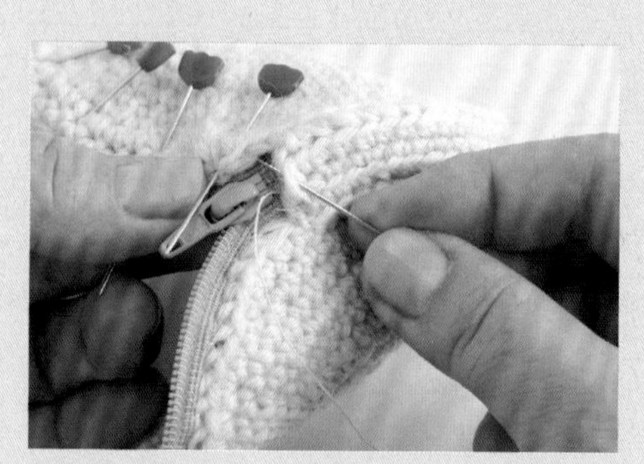

9 下止部分也是挑織片的頭部鎖針後半目進行縫合。

10 另一側也是按照同樣步驟縫合。

11 在內側將拉鍊條的邊端縫合3～4次，牢牢固定。

12 拉鍊縫合完畢。

加上內裡

雖然也可以不加內裡，不過加上內裡後，
內容物就不會被毛線鉤到，也能放入小物件不怕掉出。

1 將織片本體翻面，製作與本體大小相同的內裡。

2 將翻面的本體放進內裡，以待針固定。

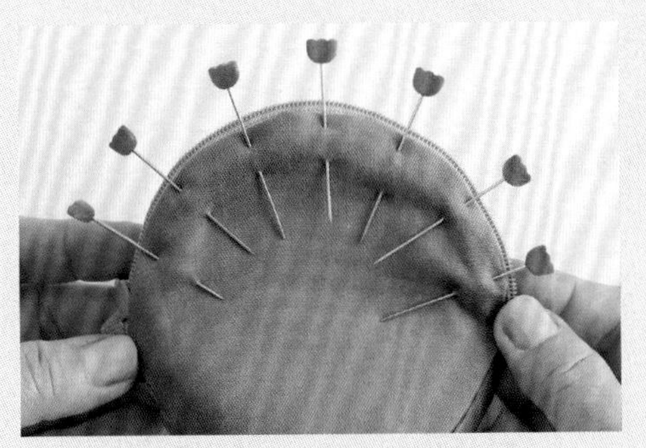

3 等距離插入待針來固定位置。

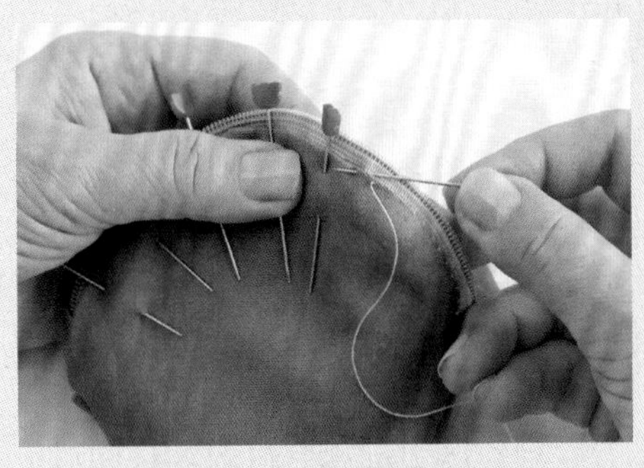

4 使用縫線，以繚縫進行縫合。

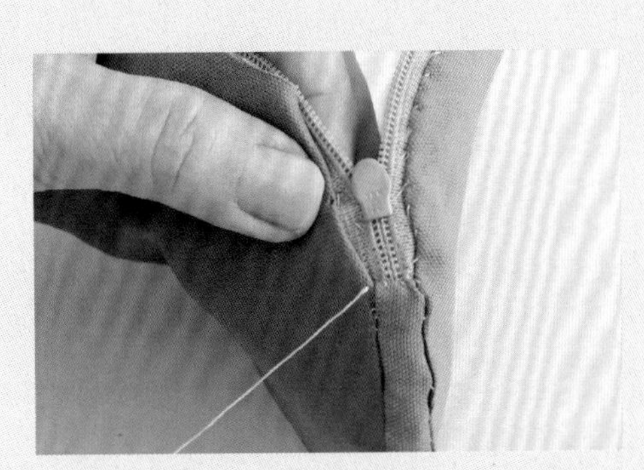

5 下止部分須先將邊角整理好後再以繚縫縫合。依照步驟3的要領，另一側同樣插入待針，固定後再行縫合。

6 內裡縫合完畢。

加上金屬配件（C圈）

下面介紹如何加上最基本的金屬配件 ──C圈。
以下示範是在C圈加上問號鉤，做成吊飾。

1 C圈缺口朝上，用鉗子夾住缺口的兩側。

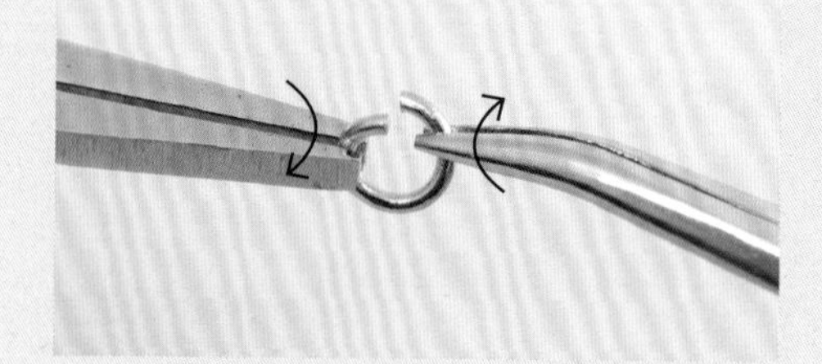

2 左右鉗子分別往反方向扭轉，拉開C圈的缺口。

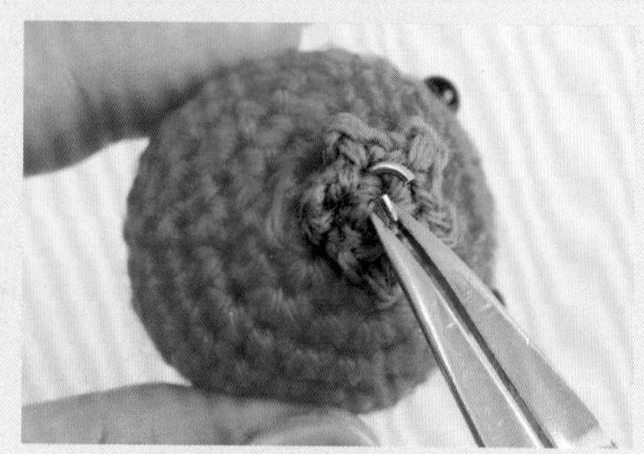

3 以鉗子夾住C圈，挑起織片。只挑1針不夠牢靠，最好挑2針（或是2段）。

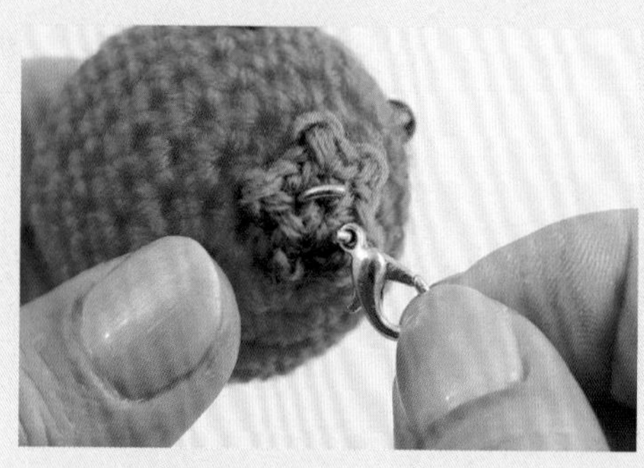

4 將問號鉤穿過C圈。

5 再次以鉗子夾住C圈缺口的左右兩側，接著往步驟2的反方向扭轉，使缺口密合。

6 將問號鉤掛在金屬配件上，做成吊飾。只要裝上問號鉤，就能將鉤織玩偶掛在任何物品上，相當方便。

STEP 6

鉤織原創作品

本篇彙整製作獨一無二的原創作品時，
如何加上表情、調整身體比例等等提示。
另外也網羅各個創作的疑難雜症，
集中收錄為Ｑ＆Ａ單元，一一解答。

【臉部配置訣竅】

眼睛的位置

即使使用相同的眼睛配件，隨著配置位置不同，表情也會顯現成熟或是孩子氣。

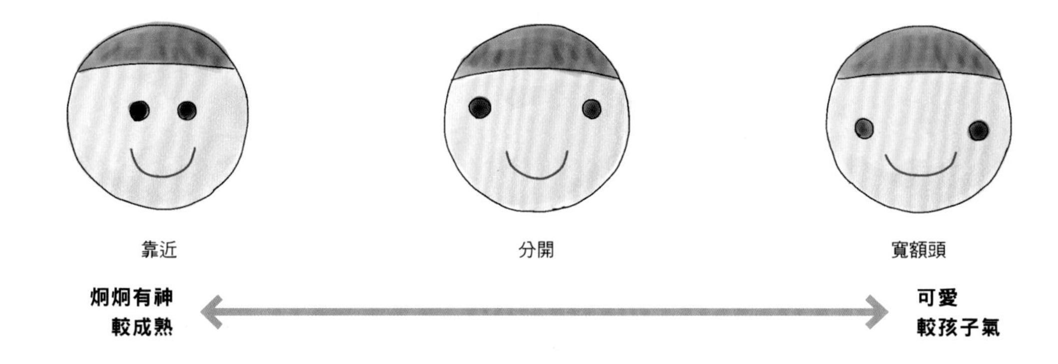

眼睛的類型

眼睛配件主要有4種類型，不妨善用特徵積極運用。

【卡通眼】

露出一點眼白，上面印有黑眼球。
可以帶給人圓潤可愛的印象。

7.5mm

9mm

有色，7.5mm

【豆豆眼】

單色眼睛，尺寸顏色都相當豐富。
無論動物或人偶都適用。

黑，7.5mm

【活動眼】

黑眼珠可以在眼睛內滾動，
能夠賦予獨特的外觀。

10mm

6mm

【水晶眼】

在透明素材加上顏色，
呈現具透明感又寫實的眼睛。

8mm
（橘色）

6mm
（薩克森藍）

眼睛大小與顏色

即使是相同類型的眼睛配件，隨著大小不同，臉部帶給人的印象也會不一樣。

【大小】
（眼睛均為豆豆眼、黑色）

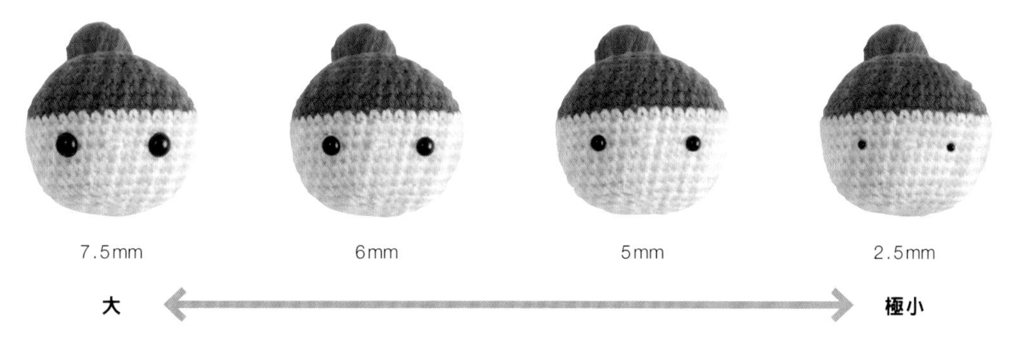

【顏色】
（眼睛均為豆豆眼、6㎜）

【臉部配置訣竅】

鼻子嘴巴周圍的類型

以下介紹動物鼻子的種類。
可以縫上織好的零件、刺繡或是使用鼻子配件，變化多樣。

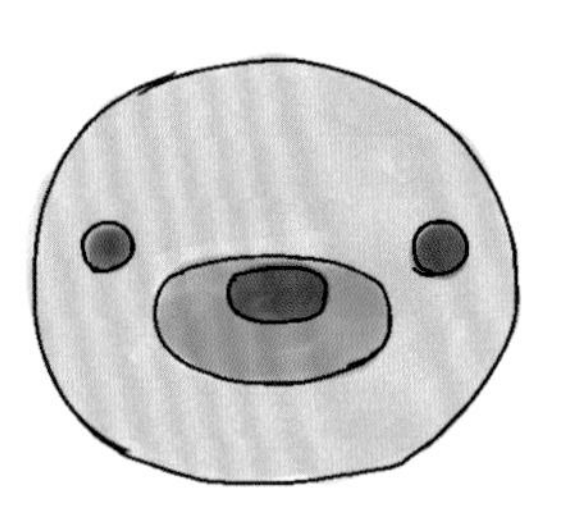

形狀為橢圓形或圓形的
標準型鼻子。

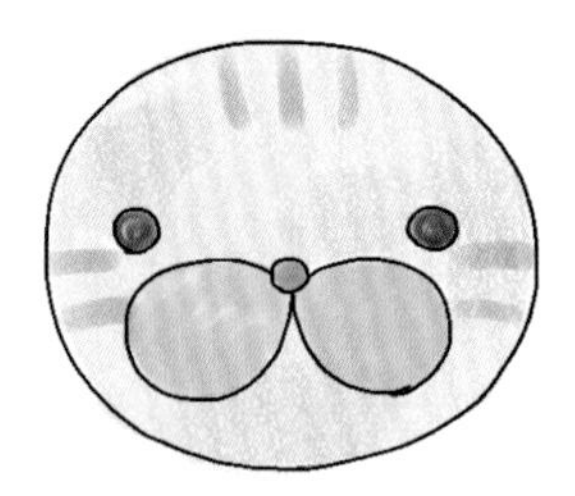

使用2個配件
做出滑稽的表情。

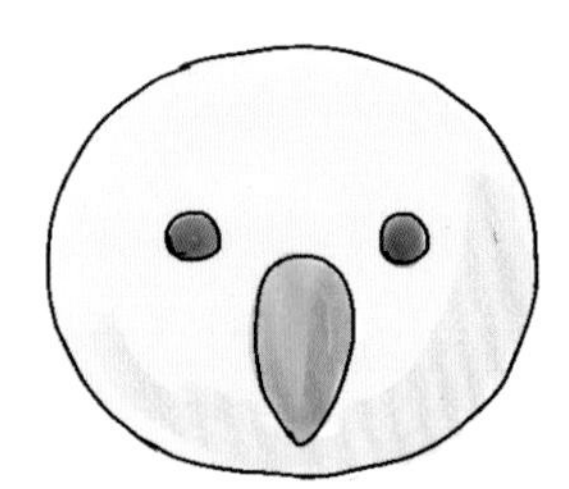

加上鳥喙就變成小鳥。

在橢圓形的配件挖出鼻孔，
就變成小豬。

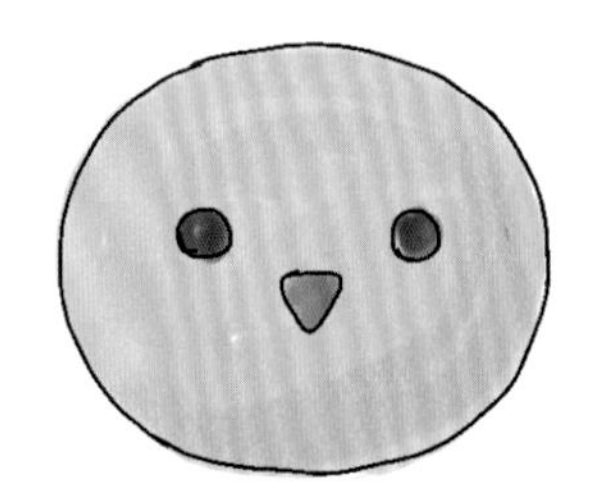

將鳥喙縮小就變成小雞。

耳朵的類型

同樣是耳朵，種類也相當多樣化。
鉤織時也要考慮到耳朵大小，進行各種嘗試。

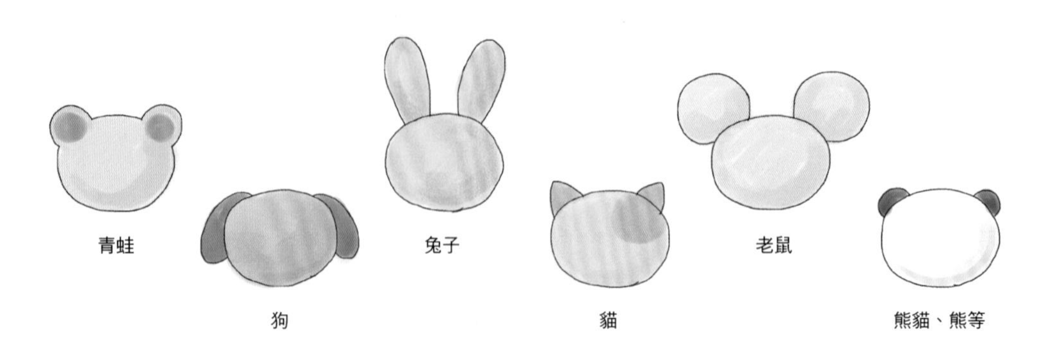

【身體比例與換色圖案】

頭身的相對比例

鉤織玩偶並沒有特殊規定，不妨依自行決定偏好的身體比例。
像是頭大身體小、手腳細長，或是頭身比例1:1的圓滾滾造型……
無須比照實際比例，也能自由設計出有趣的作品。

換色圖案的類型

動物的頭、身體與四肢，原本以同色居多。
除了在軀幹接線另外鉤織服裝之外，不妨試著中途換色，
就能夠使鉤織玩偶看起來就像穿上衣服，更富變化！

僅使用單色。

只要將下半身和腿部換色，就像穿上了褲子。

只要途中將上半身和上臂換色，就像穿上T恤。

身體配色換成條紋狀，就能展現全然不同的風格。

以熊貓為例，則改成熊貓實際的配色。

鉤織原創作品的Q & A集錦

如果想鉤織原創玩偶，該從哪裡著手才好呢？

A.

首先先決定顏色，接著選擇使用哪種毛線。毛線的素材、觸感與顏色相當豐富多樣，建議從前往手工藝行購買喜歡的毛線開始。挑選毛線最重要的訣竅就是現場觀看、親手觸摸。

我只用過一般的粗毛線，換作細毛線或較粗的毛線時，應該注意哪些地方呢？

A.

細毛線雖然容易呈現細節，卻不適合初學者使用；粗毛線容易給人粗糙感，最好配合想做的作品來挑選。總之不論使用哪種毛線，都要選用適合號數的鉤針（關於鉤針粗細，請參照P.16～17）。

鉤織立體織片時，我一直無法搞懂要加多少針、減多少針。

A.

即使以同樣的次數加針或減針，織片也會因鉤織力道不同而改變，總之試著鉤鉤看。多鉤織幾個有編織圖可參考的作品，以身體記憶動作才是最快的捷徑。

我想在織片上加點變化，請問有哪些方法呢？

A.

不妨嘗試換色，或是將各種針法加以組合搭配（請參照織片花樣款式集，P.101～112）。即使針法不變，改用由不同粗細與顏色的毛線撚成的花式紗線來鉤織，也能展現截然不同的效果。

請問漂亮收尾有什麼訣竅嗎？

首先，最重要的就是織出整齊的織目。塞入棉花、組合零件時，也要注意整體平衡。併縫織片時記得先用待針牢牢固定，再一針針地縫合。如果覺得織目不夠整齊，也可以拆掉重織。重做容易也是鉤織玩偶的一大優點。

製作吊飾等垂掛雜貨時，有哪些需要注意的地方？

A.

製作雜貨時，不光是製作垂掛物品，在組合零件時一定要牢牢縫合。如果需要直接在鉤織玩偶上裝C圈並加裝吊飾金屬配件時，建議最好挑織片2針以上，並牢牢固定（加上金屬配件的方法，請參照P.184）。

請問色彩搭配有什麼訣竅嗎？

A.

對配色沒什麼把握的人，建議不如從同一製造商的同款商品中挑選顏色，同款商品的色系通常比較容易搭配。習慣之後，就可以稍微嘗試選用不同的製造商或商品，進一步挑戰。

我想鉤織多角形，該怎麼做才好呢？

A.

鉤針編織時，凡是加針的部分，都能使織片該處顯得有稜有角。因此只要在每一段相同的位置加針，這部分就會形成角度，想鉤出N角形，加針N次就可以了。以三角形為例，編織圖如下所示。

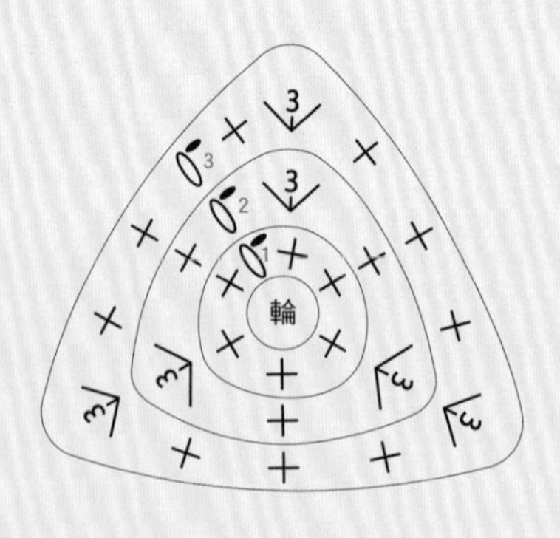

鉤織玩偶集錦

—

IV

毛茸茸的綿羊身體，是以針
法表現毛色。圓圓的耳朵也
相當可愛。

※範例作品僅供參考

架勢十足，威嚴的外表儼然就像關取力士。刺繡圍裙以刺繡和串珠點綴，細節相當吸睛！

小貓彷彿下一秒便向前邁步，
可愛的姿勢散發愉快的氛圍。
雖然頭很大，身體卻能保持絕
佳平衡，站定不動。

使用毛茸茸的毛線織成
身體蓬鬆、散發溫馨氛
圍的兔子，並適時以胡
蘿蔔的橘色加以點綴。

只要深入研究手腳關節
和橢圓的加減針方法，
就能織出逼真的青蛙。

STEP 7

嘗試動手做

本篇將介紹3種以基本針法為主，
適合初學者到中級程度的鉤織作品。
關於針法和零件組合的詳細解說，
請隨時翻閱STEP 1～5，
一邊確認，一邊動手做做看。

Techniques book
of
Amigurumi

LESSON 1

小熊化妝包

在織好的圓臉上縫上耳朵與鼻子，
加上眼睛配件，以刺繡做出小熊的臉部。
再加上拉鍊，就完成了化妝包。
只需要使用基本針法，很適合初學者練習。

【材料】

一般粗毛線（淡藍色）
一般粗毛線（白色）
一般粗毛線（黑色）
拉鍊
棉布（內裡）
眼睛配件（活動眼）

【使用工具】

鉤針6/0號
毛線縫針
縫針、縫線
剪刀
待針
接著劑

【做法】

①參考編織圖，鉤織各零件。
②將本體與側襠併縫起來。
③在本體縫上吻部。
④繡上鼻子。
⑤使用接著劑黏貼眼睛配件。
⑥使用與織片大小相同的布料做內裡，並縫上內裡。
⑦加上拉鍊。
⑧縫上耳朵零件。

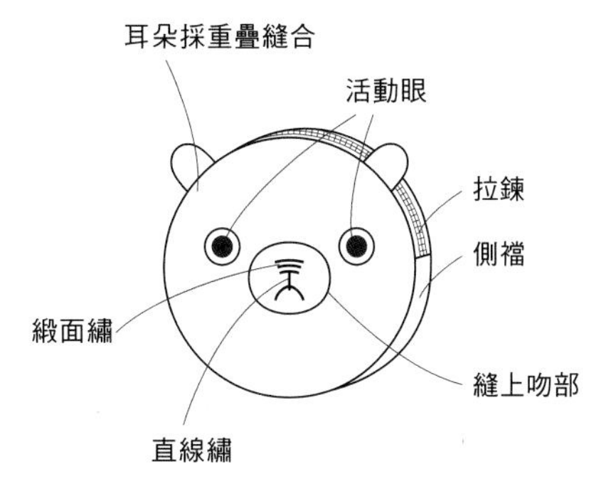

【本體】2片

・淡藍色

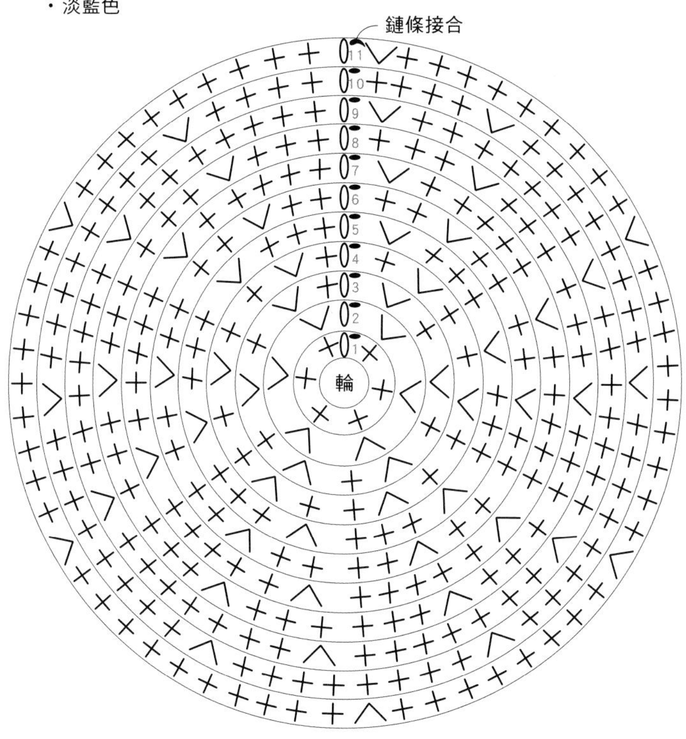

段	針數
11	66（＋6針）
10	60（＋6針）
9	54（＋6針）
8	48（＋6針）
7	42（＋6針）
6	36（＋6針）
5	30（＋6針）
4	24（＋6針）
3	18（＋6針）
2	12（＋6針）
1	6

【側襠】1片

・淡藍色

起針
※30針鎖針起針

【耳朵】2個

・淡藍色

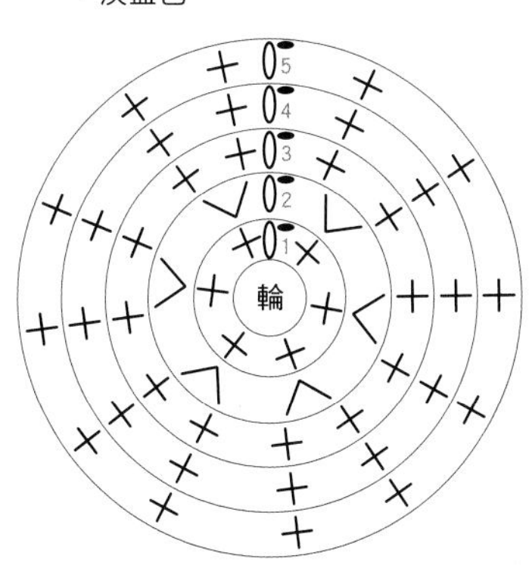

段	針數
5	12
4	12
3	12
2	12（＋6針）
1	6

【吻部】1個

・白色

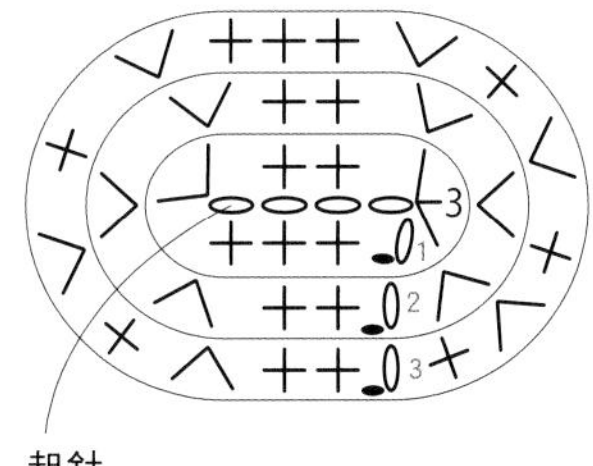

起針
※4針鎖針起針

段	針數
3	22（＋6針）
2	16（＋6針）
1	10

LESSON 1　小熊化妝包

▶ 鉤織本體

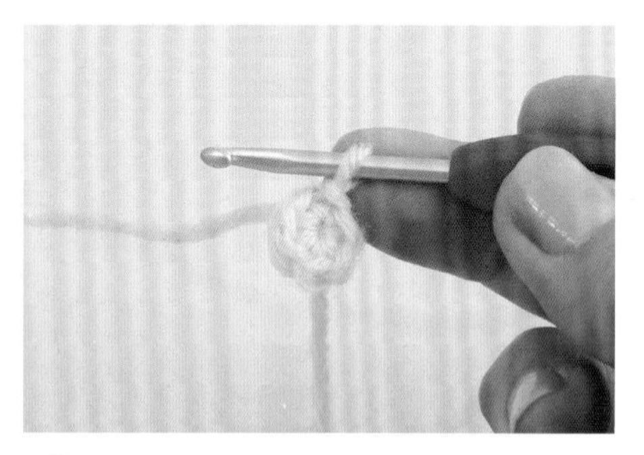

1　鉤輪狀起針（P.29），鉤織第1段。

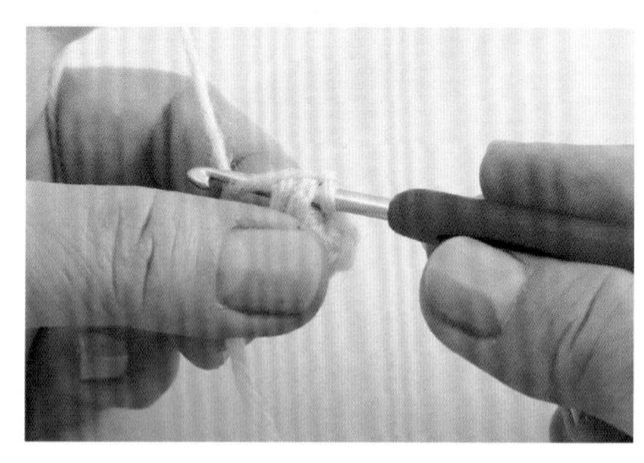

2　將線端包夾鉤織，一邊加針。然後將包夾鉤織的線端剪短。

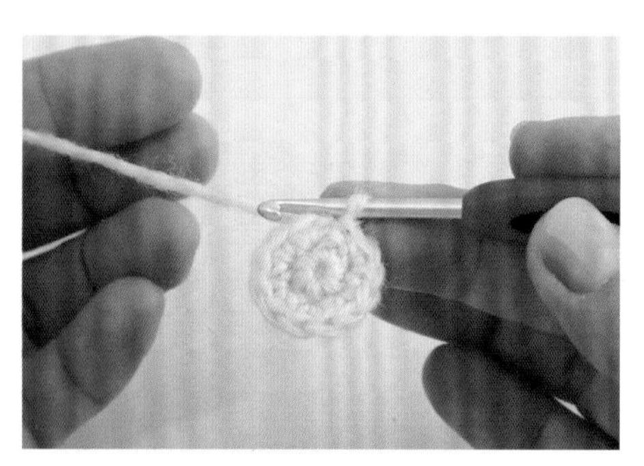

3　織好第2段的模樣。線端以包夾鉤織方式處理，因此織片背面也顯得清爽。

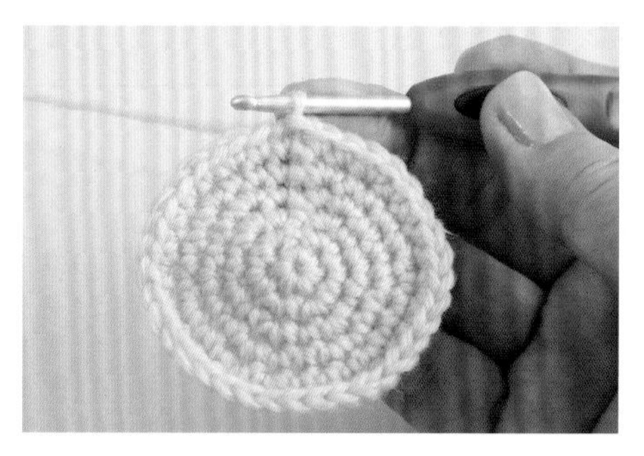

4　按照編織圖，一邊加針一邊鉤織，鉤到第6段部分。

5　鉤完最後一段，第11段共66針。

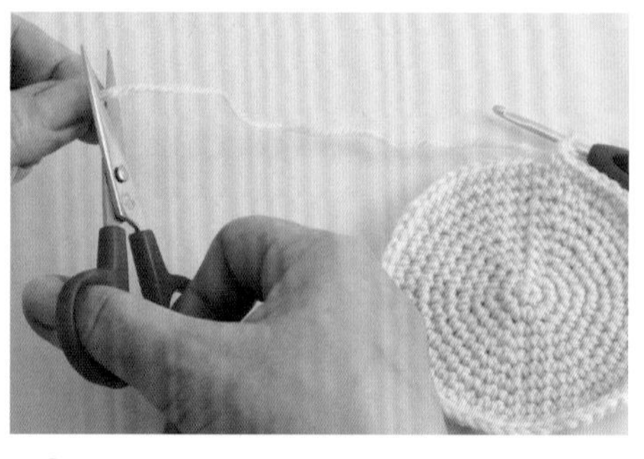

6　線端預留約20㎝長，接著剪掉線材。

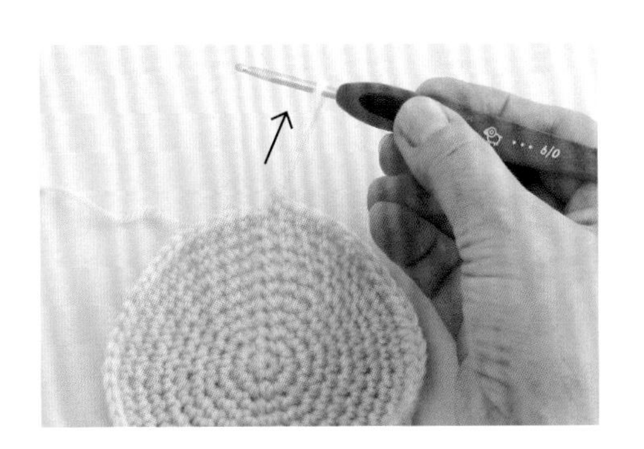

7 拉長線圈，將線端拉出。

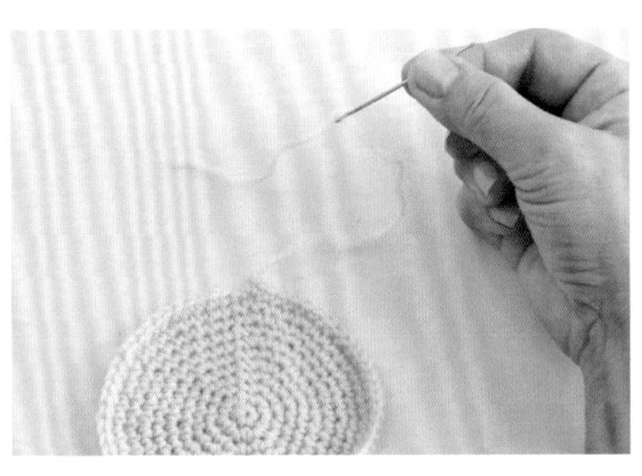

8 線端穿過毛線縫針。

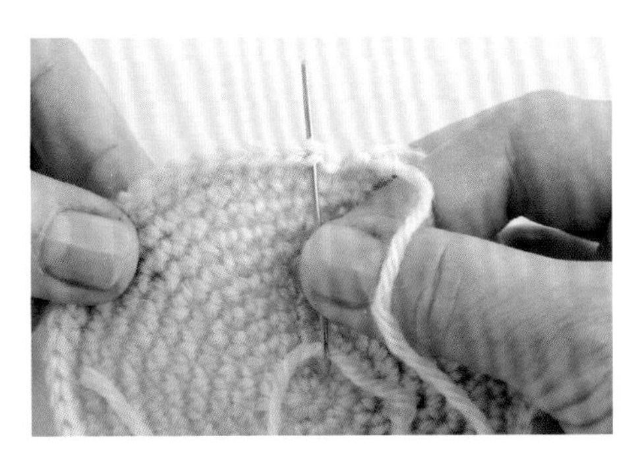

9 最後做鏈條接合（P.142）。以毛線縫針穿入最後一段第一個針目的頭部鎖針。

10 挑起最後一個針目。

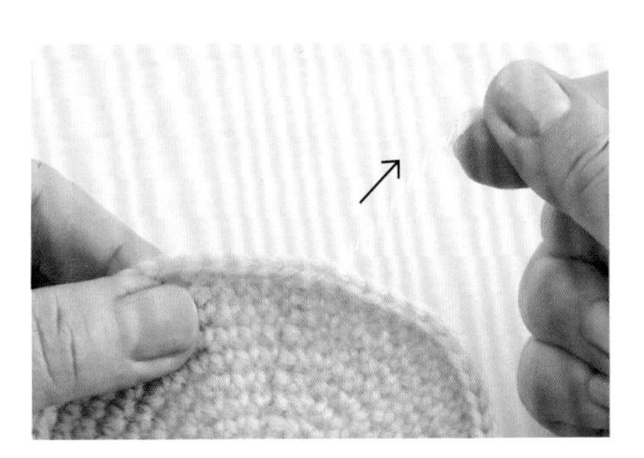

11 拉出線端，使線圈縮小到與頭部鎖針一樣大。

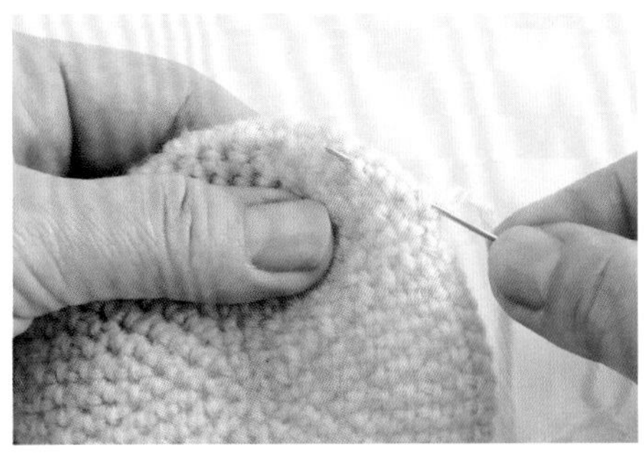

12 將線端穿過織片背面，處理線尾（P.151）。

LESSON 1　小熊化妝包

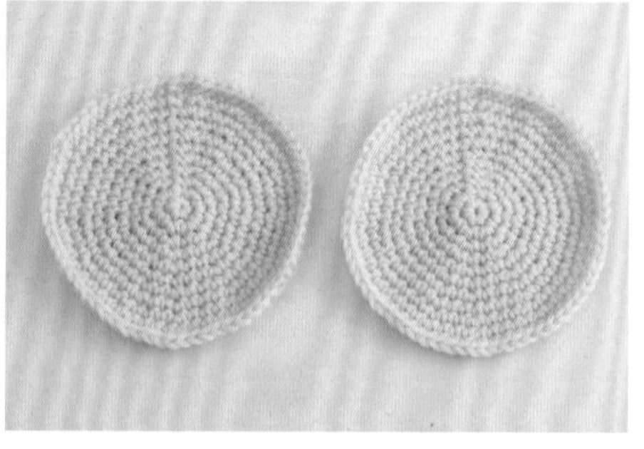
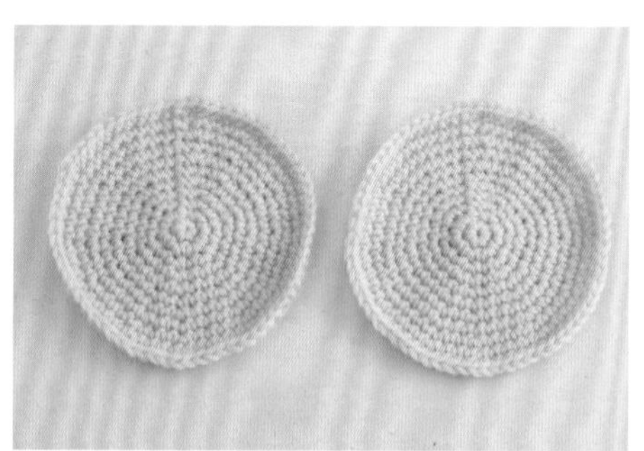

13　按照步驟1～12，另外再鉤織一片相同的零件。

▶ 鉤織側襠

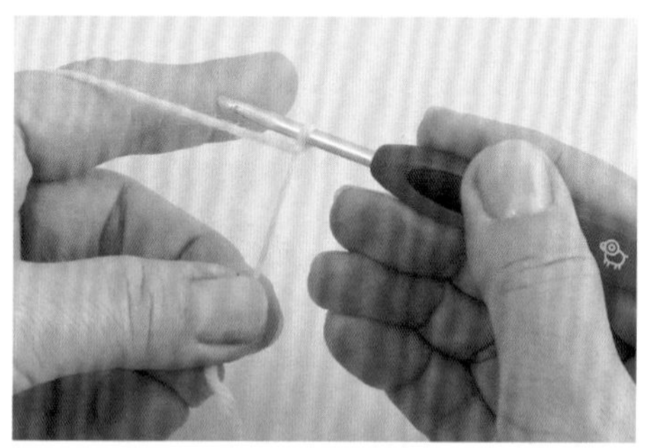

14　接下來鉤織側襠。線端預留約40cm長，接著鉤1針鎖針（P.34）。

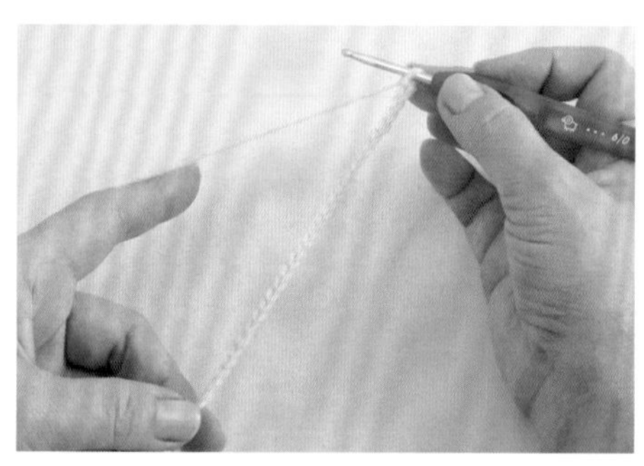

15　鉤30針鎖針起針。

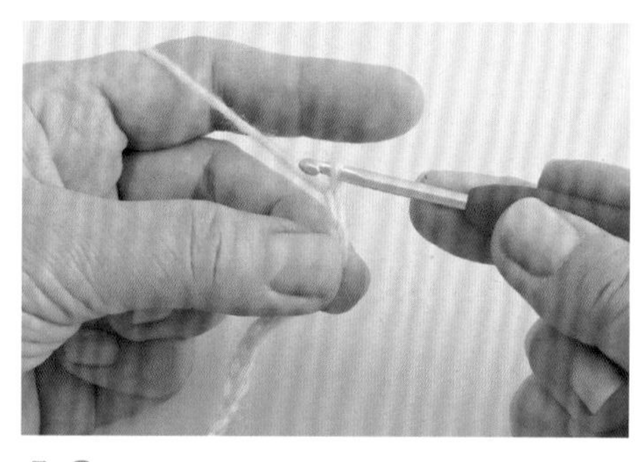

16　鉤1針鎖針為立針。

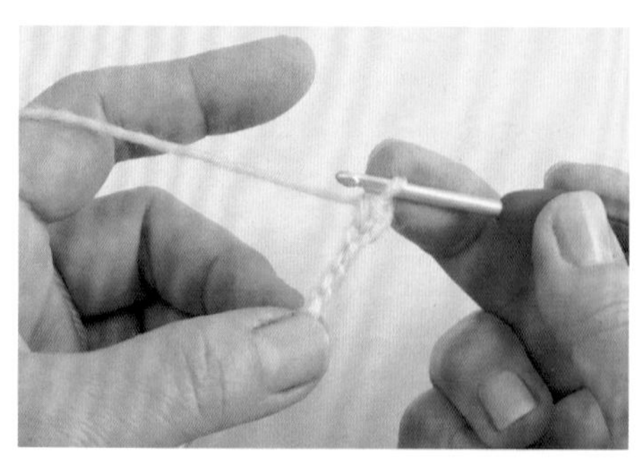

17　挑起第1段的裡山，按照編織圖鉤織。

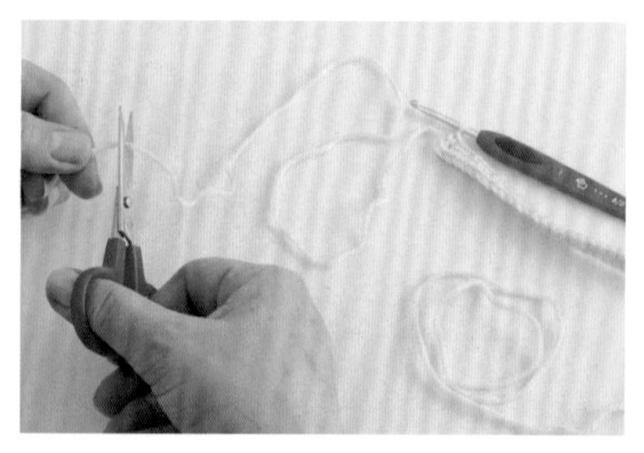

18　織好後鉤引拔針收針（P.145），線端預留約40cm長後剪掉。

▶ 併縫零件

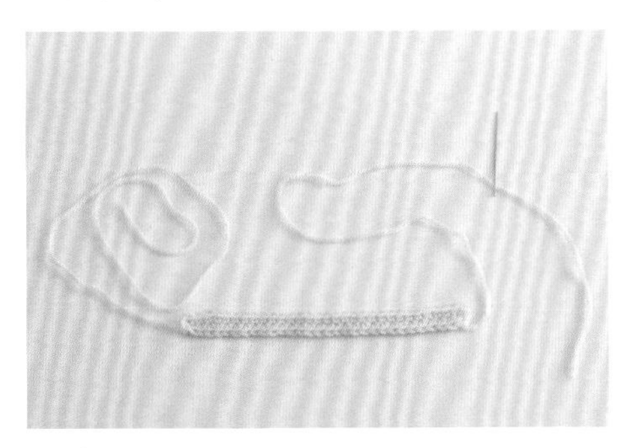

19 將側襠其中一邊的線端穿過毛線縫針。

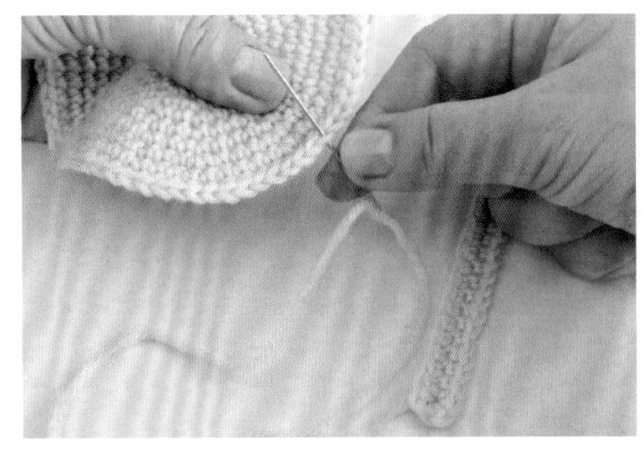

20 毛線縫針將側襠與本體併縫。本體只挑頭部鎖針的後半目。

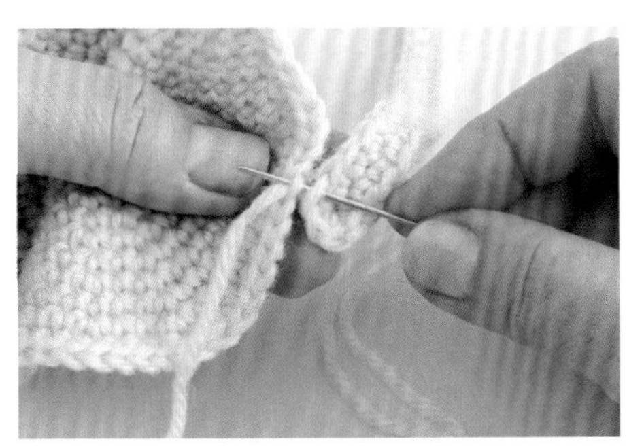

21 側襠部分只挑頭部鎖針的後半目。

22 為了補強邊端，同一個位置要縫合2次。

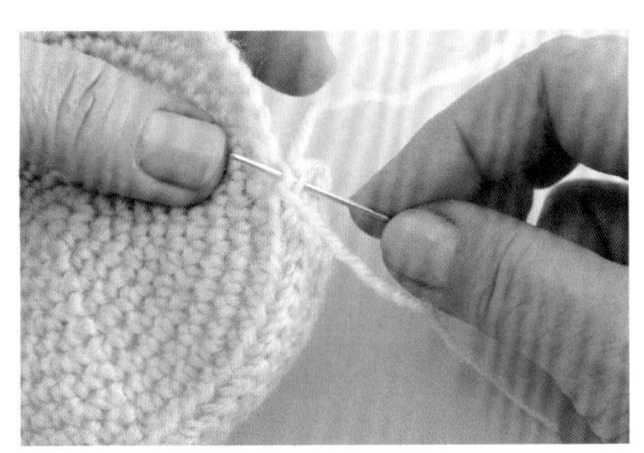

23 最後在同一個位置縫合2次。

24 在織片內側處理線尾（P.151）。

LESSON 1　小熊化妝包

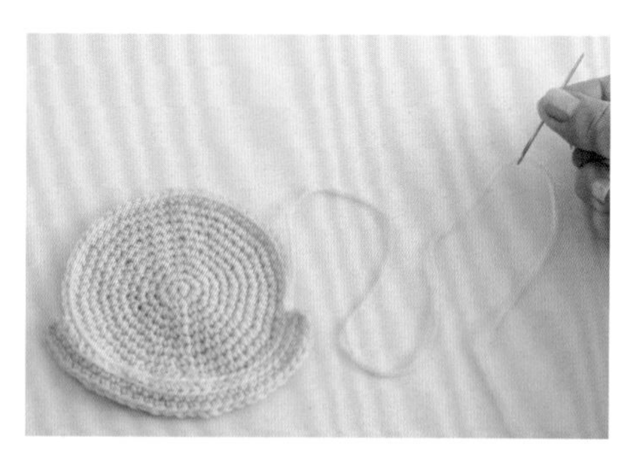

25　接著步驟19側襠另一頭的線端穿過毛線縫針。

26　毛線縫針穿過織片背面，從側襠的另一邊拉出線來。

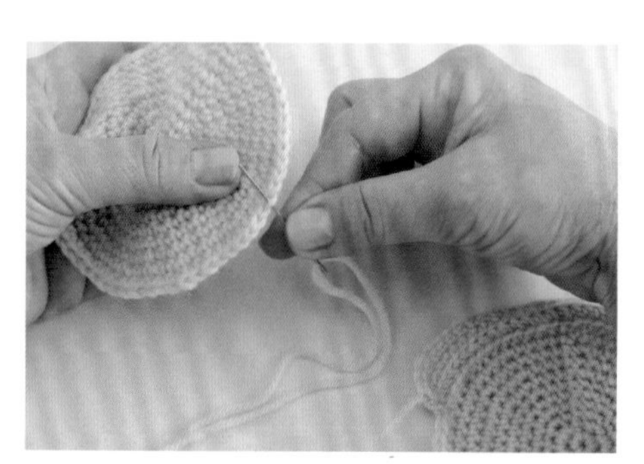

27　按照步驟20～24，併縫另一邊零件。

28　側襠已縫合在2片本體之間。

▶ 加上拉鍊

29　接著加上拉鍊（P.181）。將拉鍊條的頭尾對準織片的頭尾，每隔一小段便以待針固定。

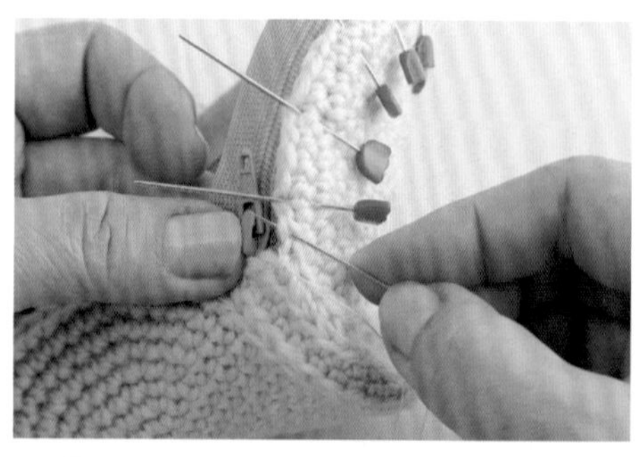

30　拉鍊條的其中一側以待針固定好，接著從邊端開始，以縫線挑起織片的頭部鎖針後半目，進行縫合。

31 逐一拿開待針，加以縫合。

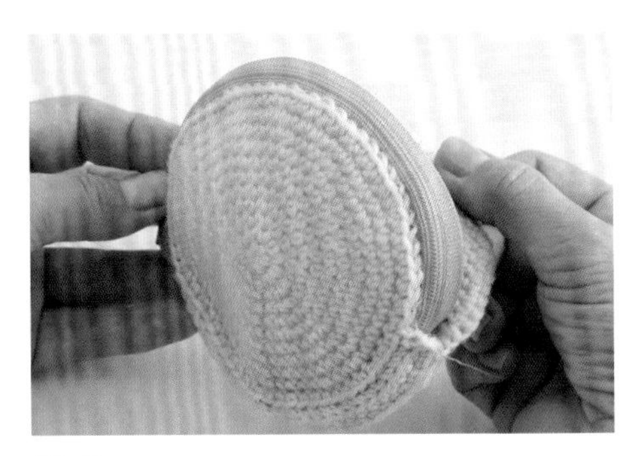

32 縫好其中一側的拉鍊條。

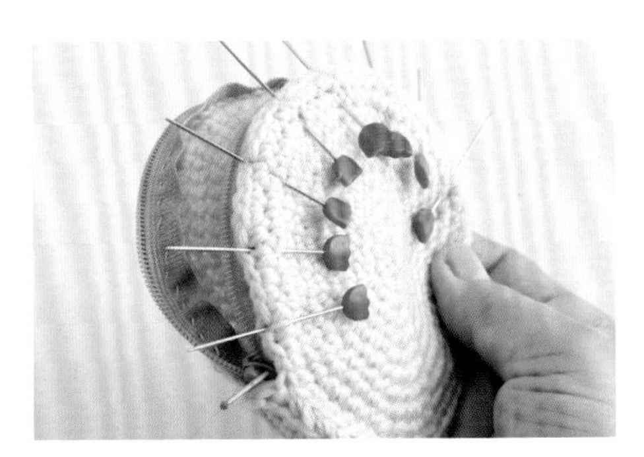

33 另一側則是拉開拉鍊後以待針固定，按照同樣步驟進行縫合。

34 最後在織片內側看不見之處將縫線打結。拉鍊縫合完成。

▶ 縫合臉部

35 鉤織耳朵和吻部零件。上述零件的線端均預留約30cm。

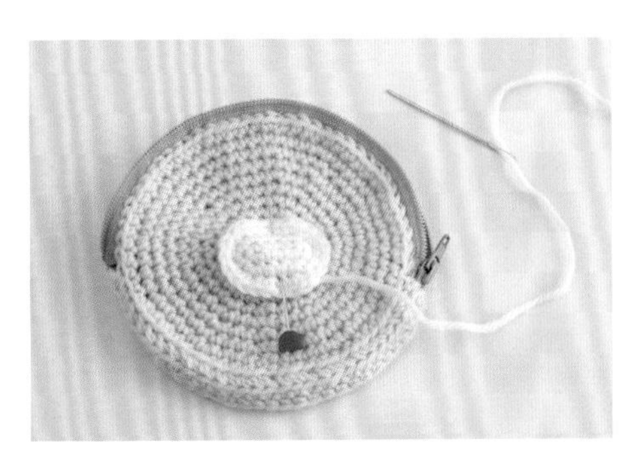

36 決定好吻部位置，以待針固定。接著將線端穿過縫針。

LESSON 1　小熊化妝包

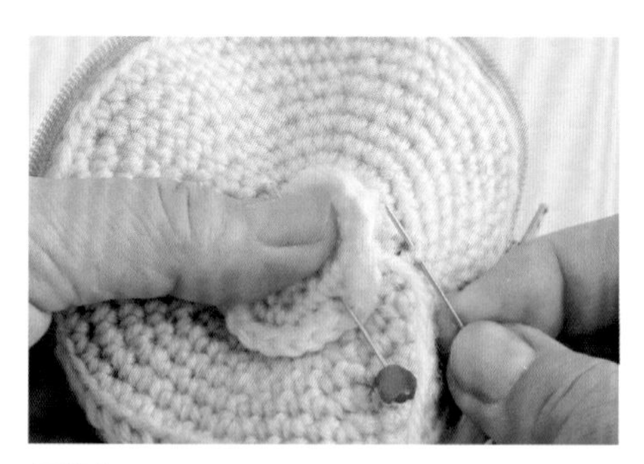

37　接下來從本體織片挑針。挑針時，注意要從吻部邊緣的正下方挑針。

38　挑起吻部的頭部鎖針的全目，進行縫合（P.122）。

39　縫好吻部。

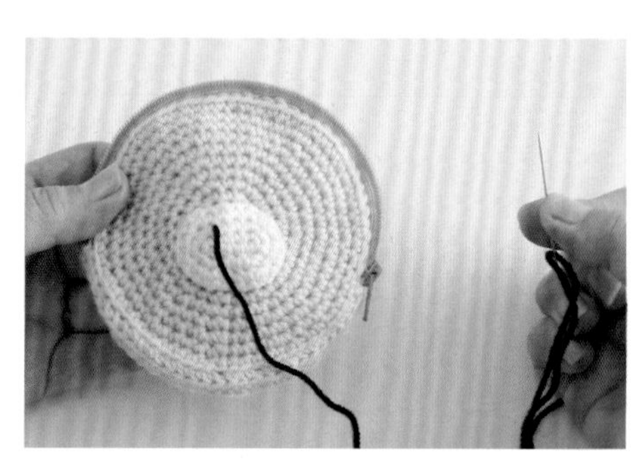

40　將黑線穿過毛線縫針，線端打結後，由內往外從刺繡的起針位置出針。

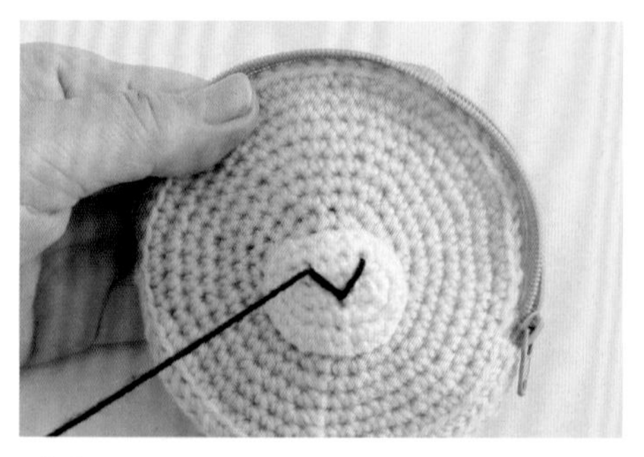

41　以直線繡（P.155）繡上V字後，再次從起針位置出針。

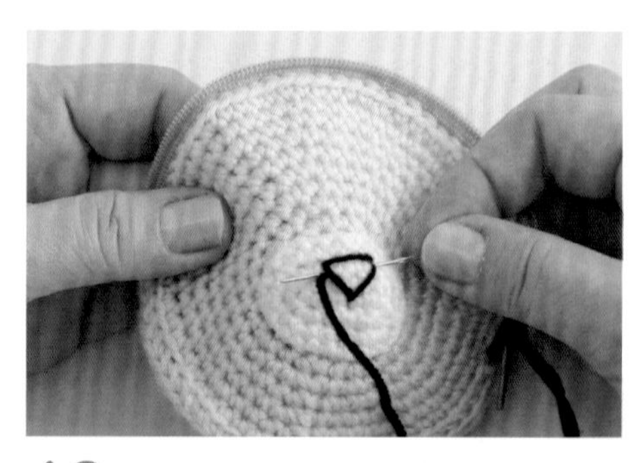

42　以緞面繡（P.161）來填滿三角部分。

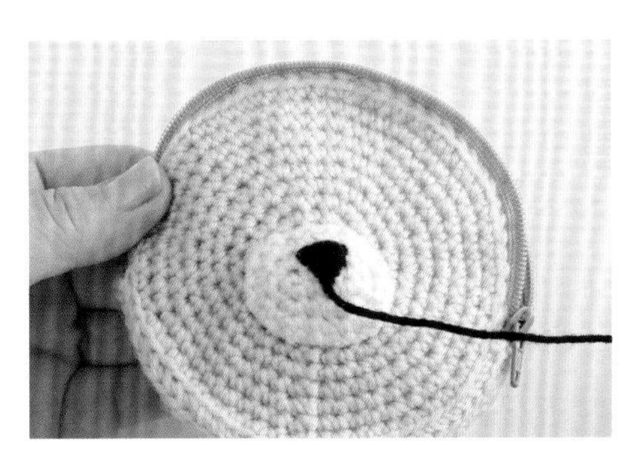

43 以緞面繡填滿三角部分的模樣。

44 接著以直線繡在鼻下繡出直線，從嘴角拉出線。

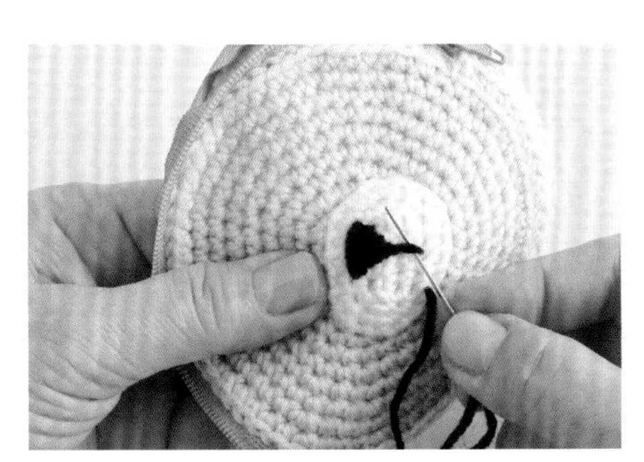

45 將毛線縫針穿過鼻下直線的下方後，從嘴巴的另一端入針。

46 繡好鼻子與嘴巴。

47 將眼睛配件（活動眼）置於織片上，決定黏貼位置。

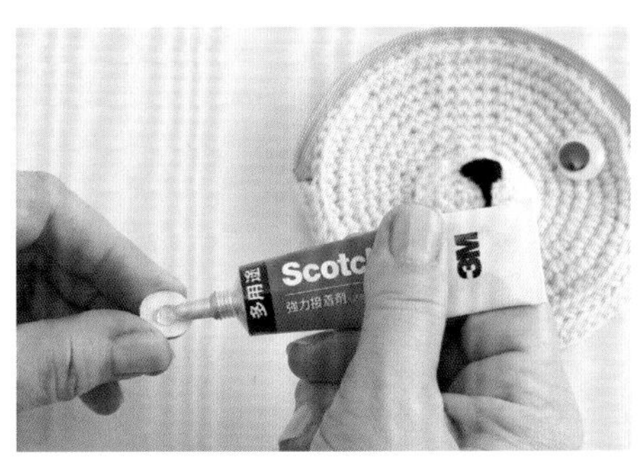

48 位置確定好後，在眼睛配件的背面塗上接著劑並黏貼。

49　2個眼睛配件都貼好了。

▶ 縫上內裡

50　接下來製作大小與織片相同、附側襠的內裡。首先將織片翻面。

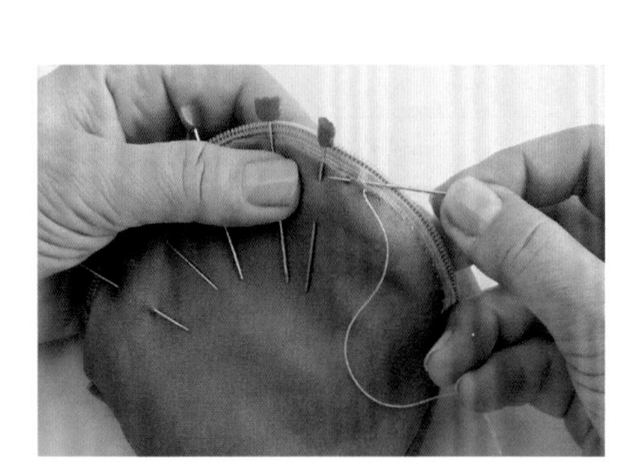

51　織片放入內裡後，將縫份往內折並以待針固定，進行繚縫。

52　內裡縫好後，翻回正面。

▶ 縫合耳朵

53　決定好耳朵零件的位置，以待針固定。

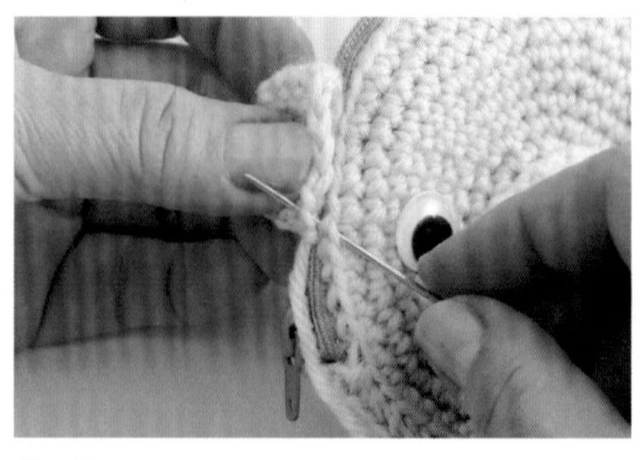

54　以重疊縫合（P.120）方式縫合。先從表面挑起本體的頭部鎖針，開始縫合。

55 縫好一側耳朵的正面。

56 背面也以同樣方式縫合。

57 縫好一側的耳朵。另一側也是以同樣步驟縫合。

58 大功告成。

LESSON 2

小白鼠

先鉤織頭、身體、耳朵、手、腳、尾巴6種零件，
接著分別縫合，最後收尾。
顏色也只有2種顏色，相當簡單。
堪稱是蘊含多項鉤織玩偶基本技巧的作品。

【材料】

一般粗毛線（白色）
一般粗毛線（深綠色）
一般粗毛線（黑色）
眼睛配件（豆豆眼）
棉花
鐵絲

【使用工具】

鉤針4/0號
毛線縫針
剪刀
接著劑
待針
鉗子
紙膠帶

【做法】

①參考編織圖，鉤織各零件。
②頭部塞入棉花後，開口做縮口收針。
③在手、腳裝入鐵絲並塞入棉花，縫合在身體上。
④將鐵絲彎成一團後，身體塞入棉花。
⑤將頭縫合在身體上。
⑥以重疊縫合的方式將耳朵縫在頭上。
⑦將尾巴縫合在身體後方。
⑧繡上鼻子與嘴巴。
⑨使用接著劑黏貼眼睛配件。

【頭】1個
・白色

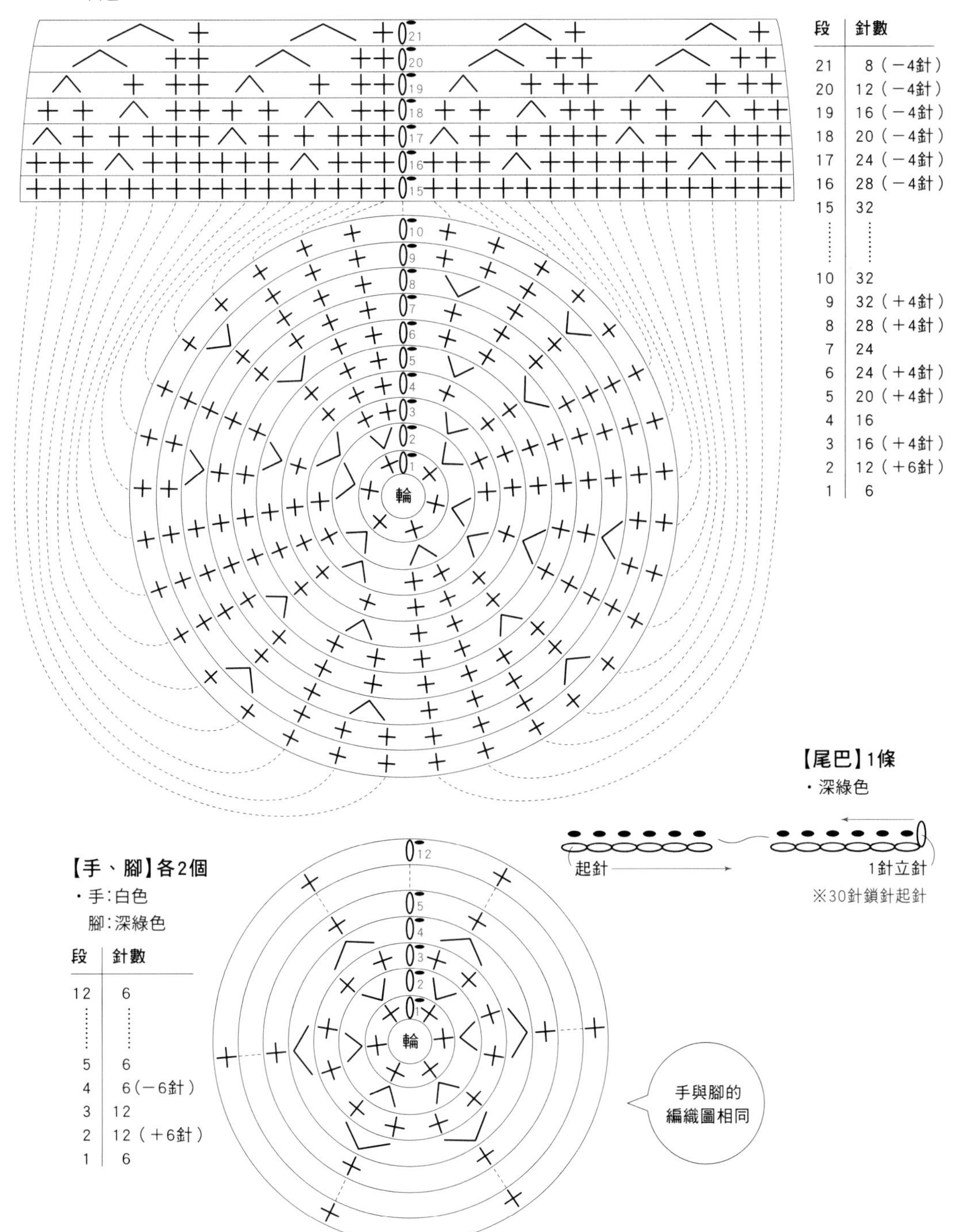

段	針數
21	8（－4針）
20	12（－4針）
19	16（－4針）
18	20（－4針）
17	24（－4針）
16	28（－4針）
15	32
⋮	⋮
10	32
9	32（＋4針）
8	28（＋4針）
7	24
6	24（＋4針）
5	20（＋4針）
4	16
3	16（＋4針）
2	12（＋6針）
1	6

【尾巴】1條
・深綠色

※30針鎖針起針

【手、腳】各2個
・手：白色
　腳：深綠色

段	針數
12	6
⋮	⋮
5	6
4	6（－6針）
3	12
2	12（＋6針）
1	6

【身體】1個

・白色／深綠色

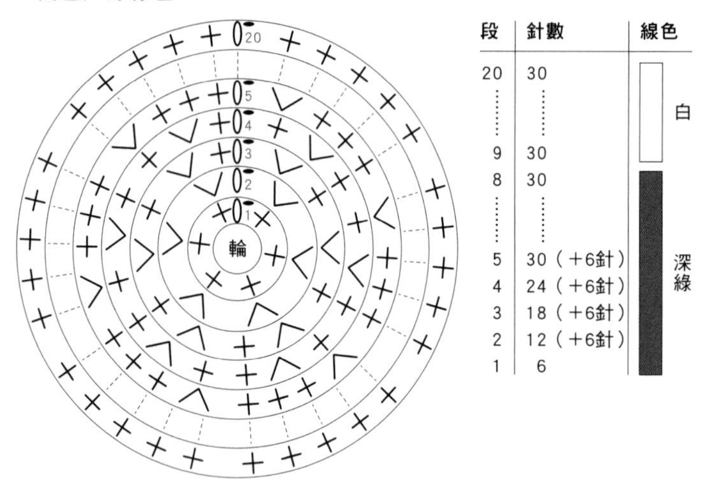

段	針數	線色
20	30	白
⋮	⋮	
9	30	
8	30	深綠
⋮	⋮	
5	30（+6針）	
4	24（+6針）	
3	18（+6針）	
2	12（+6針）	
1	6	

【耳朵】2個

・白色

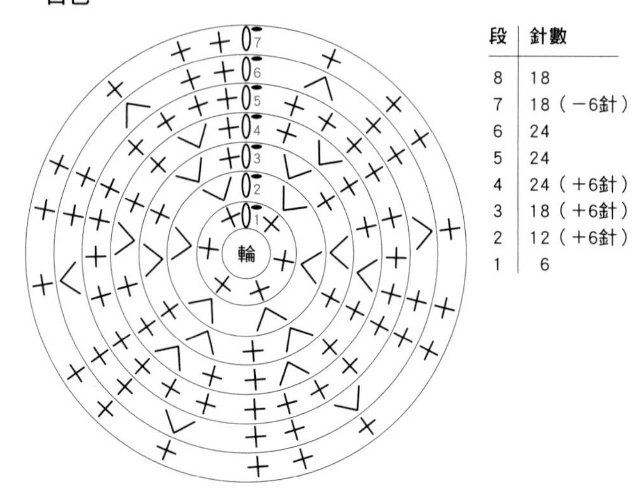

段	針數
8	18
7	18（−6針）
6	24
5	24
4	24（+6針）
3	18（+6針）
2	12（+6針）
1	6

將耳朵壓扁，捏出凹陷後再行縫合。

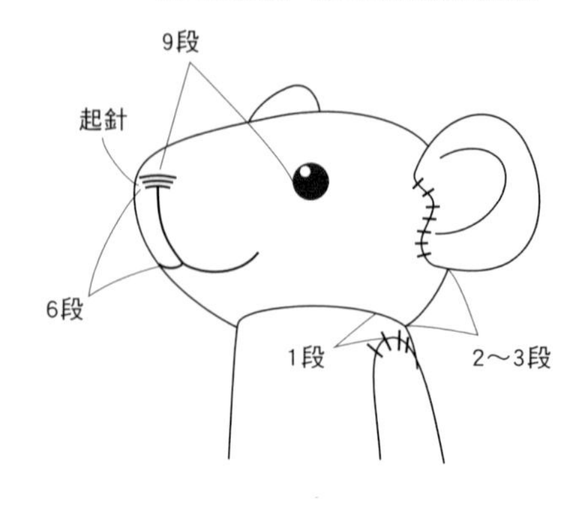

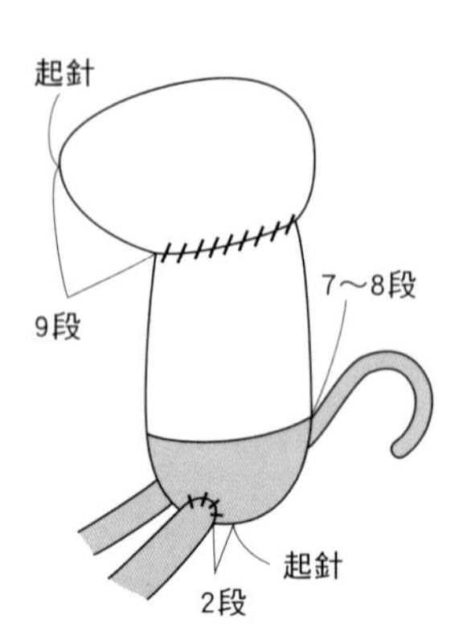

LESSON 2　小白鼠

▶ 鉤織頭部

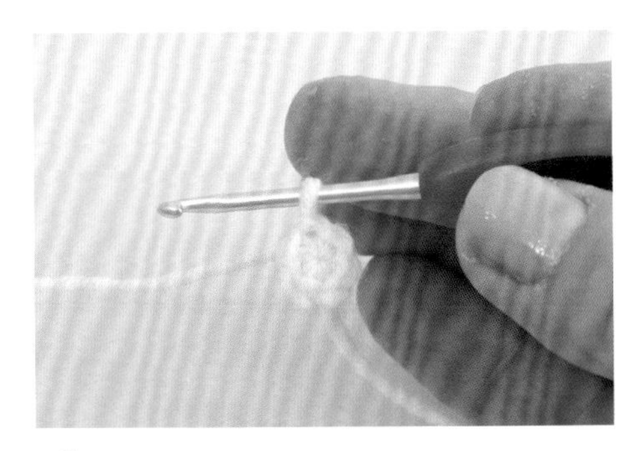

1　鉤輪狀起針（P.29），鉤織第1段。

2　按照編織圖，一邊加針鉤織到第9段。

3　不加針鉤織第10～15段。

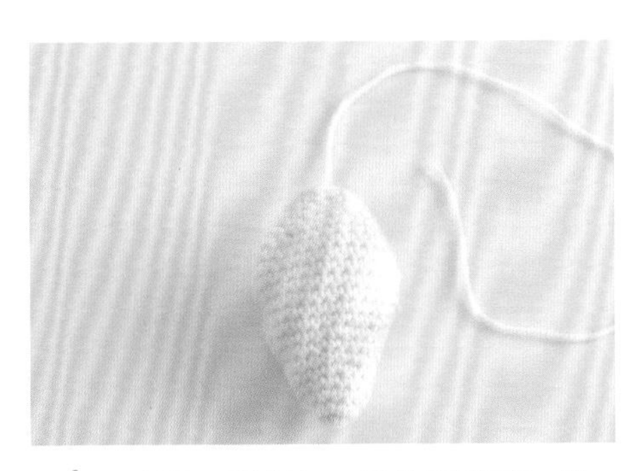

4　接著一邊減針，一邊鉤織到最後一段，最後以鎖針收針（P.144）。

▶ 鉤織身體

5　以深綠色線鉤輪狀起針（P.29），按照編織圖鉤織到第8段。

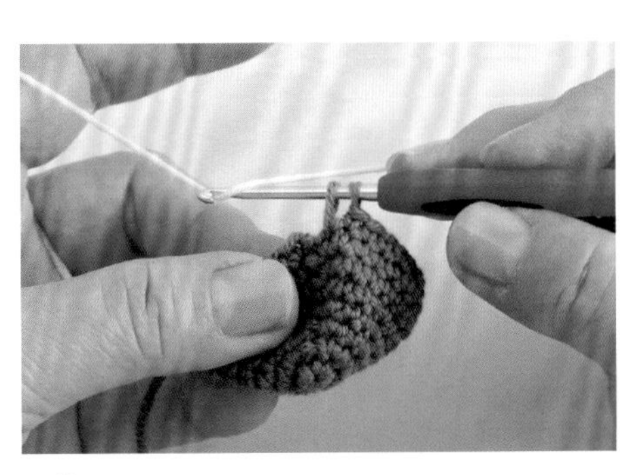

6　第9段起換白色線（P.74）。

LESSON 2　小白鼠

7　將掛在鉤針上的白色線拉出來。

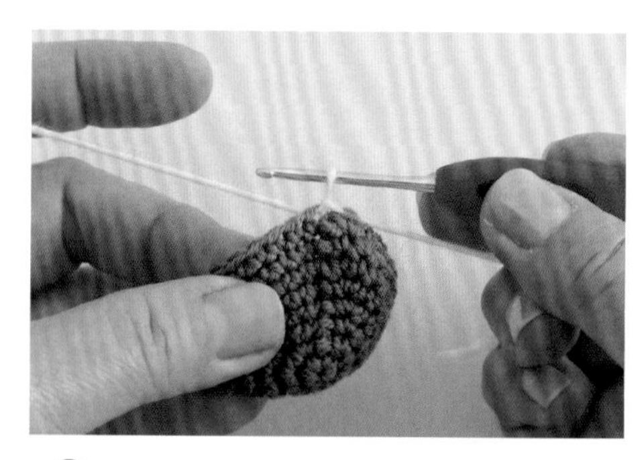

8　第1針鉤引拔針（P.50），完成換色。接著鉤織第9段。

9　以白色線鉤完1段。接下來都是使用白色線，按照編織圖鉤織到最後一段。

▶ 鉤織手腳

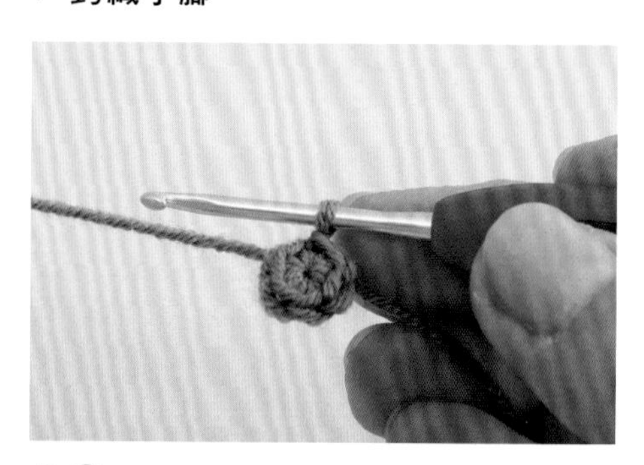

10　腳的部分以深綠色線鉤輪狀起針（P.29），鉤織第1段。

11　按照編織圖，一邊加針一邊鉤織第2段。

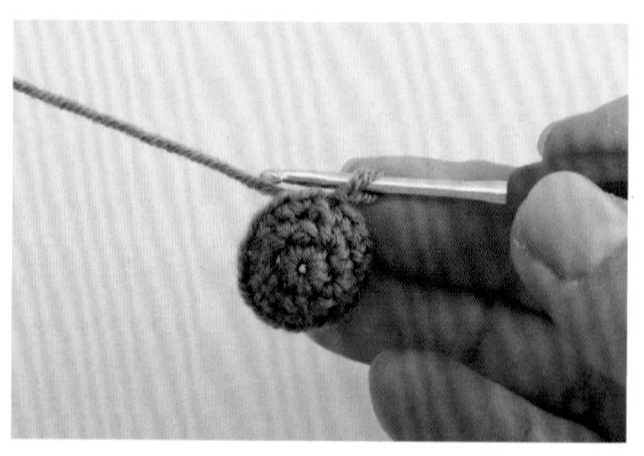

12　按照編織圖，不加針鉤織第3段

13 接下來以減針鉤織第4段。

14 鉤織第5段到第12段，不加針或減針。最後以鎖針收針（P.144）收尾。

15 手的部分改用白色線，按同樣步驟鉤織。線端預留長線後剪掉。

▶ 鉤織尾巴

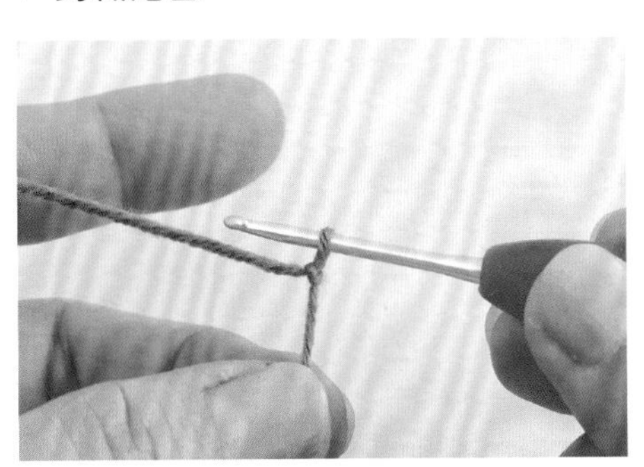

16 以深綠色線鉤鎖針起針（P.34）。

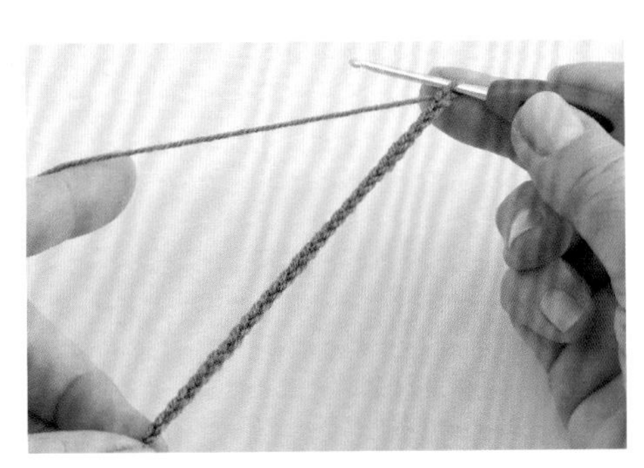

17 鉤30針鎖針（P.35）。

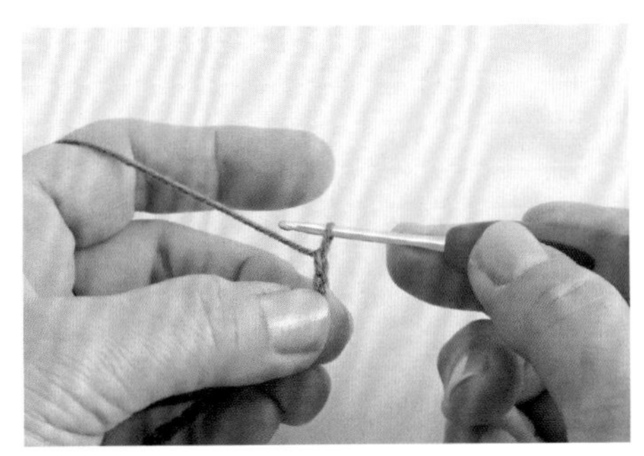

18 鉤1針鎖針為立針。

LESSON 2　小白鼠

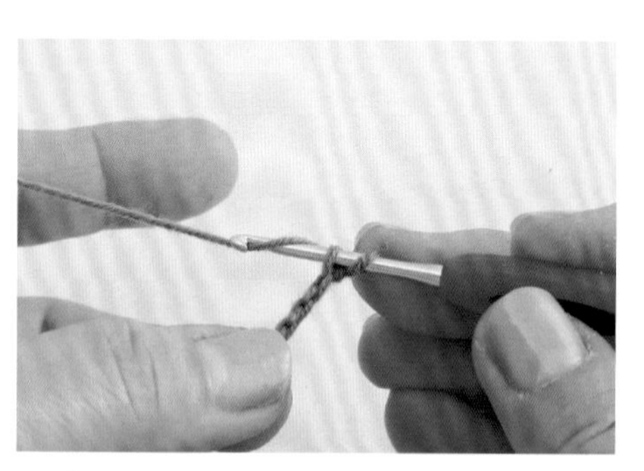

19　將鉤針穿入鎖針的裡山，接著掛線。

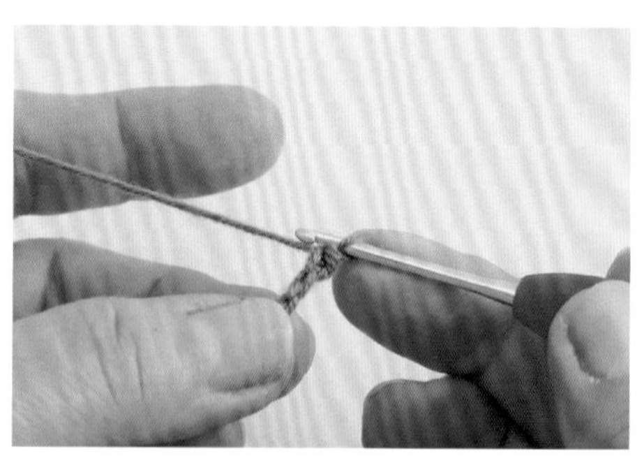

20　鉤織引拔針（P.50）。

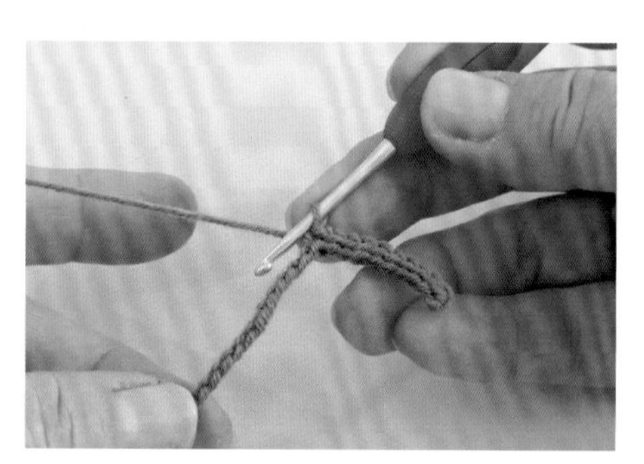

21　以同樣方式進行鉤織。

22　鉤完30針後，最後將線引拔拉出收尾。

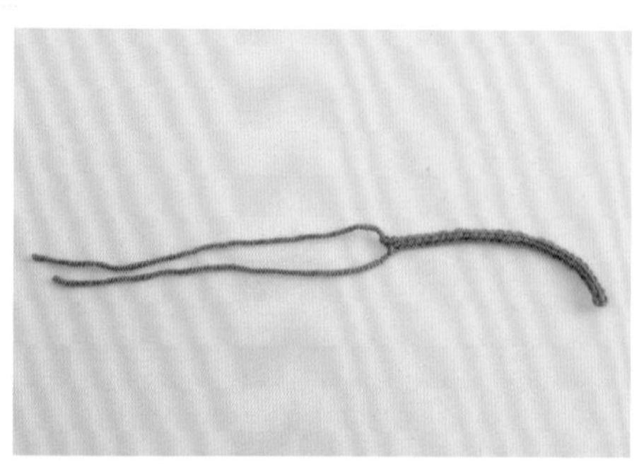

23　線端預留約15㎝後剪掉。

▶ 塞入棉花

24　在頭部零件塞入棉花（P.131）。

25 塞入足夠的棉花。

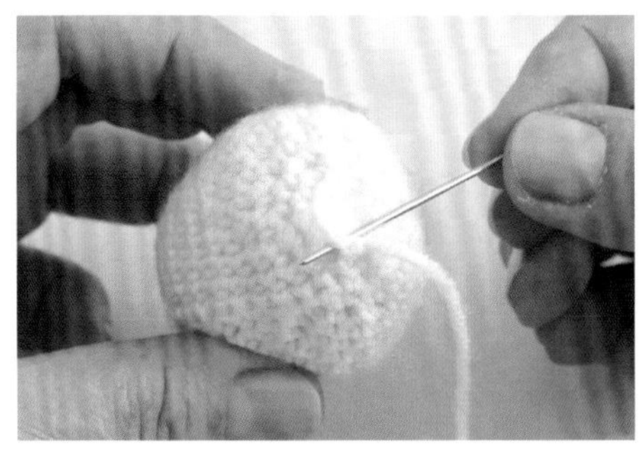

26 將線端穿過毛線縫針，由內往外拉出。

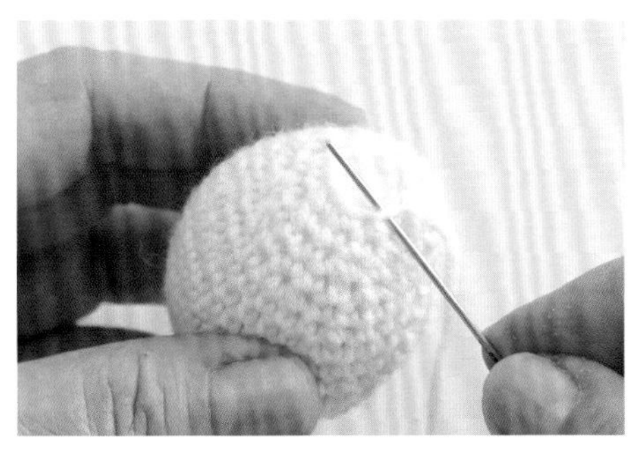

27 沿著開口繞一圈，由外往內挑針，做縮口收針（P.132）。

28 最後拉緊線端。

29 線端最後穿入棉花內做線尾處理。這樣就完成頭部零件。

▶ 縫合手腳

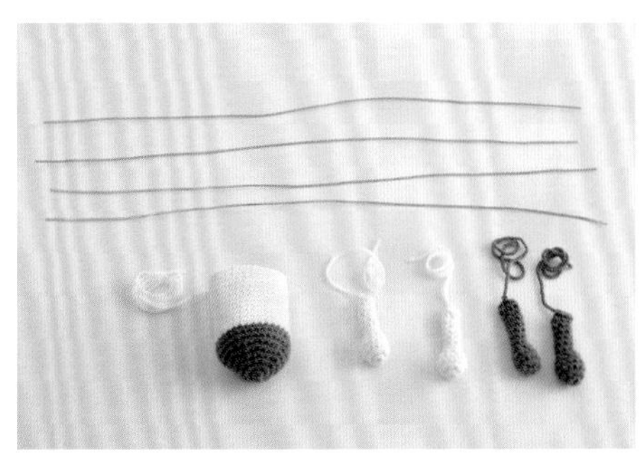

30 備妥雙手、雙腳、身體，以及4根鐵絲。

LESSON 2　小白鼠

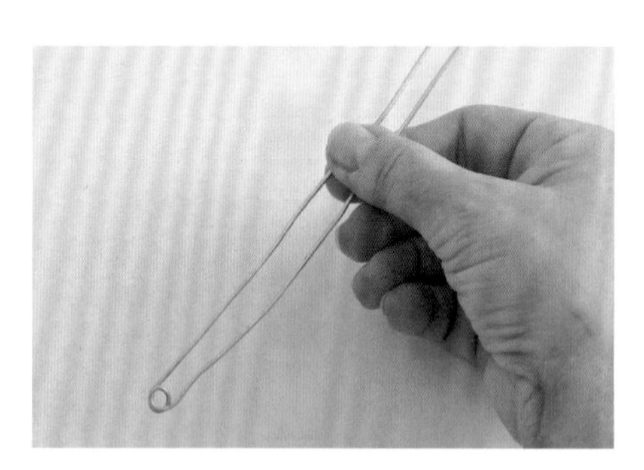

31　將鐵絲中央彎一個圓環並對折（P.136）。

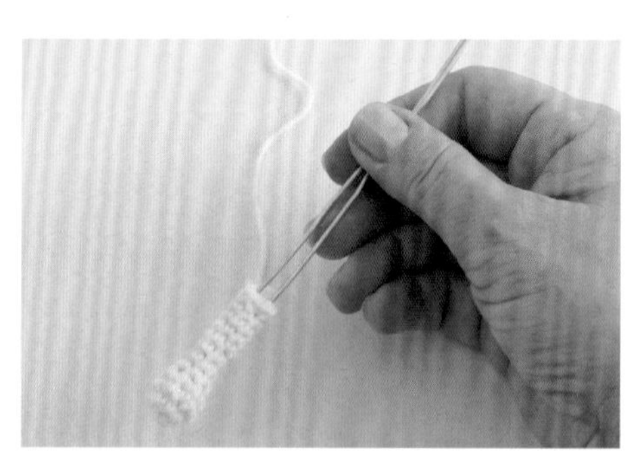

32　將鐵絲環一端穿入手臂零件。

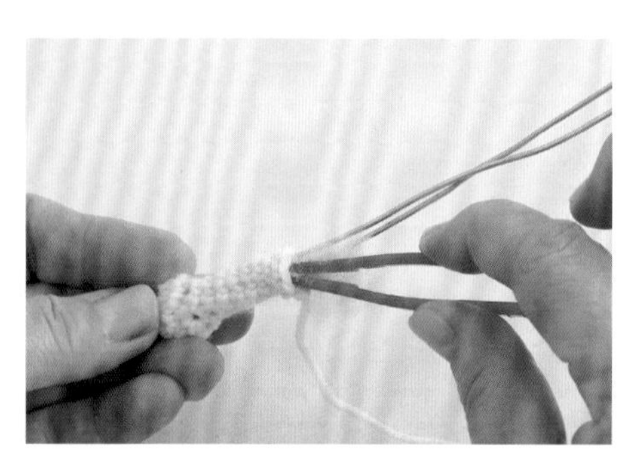

33　在縫隙間塞入棉花。

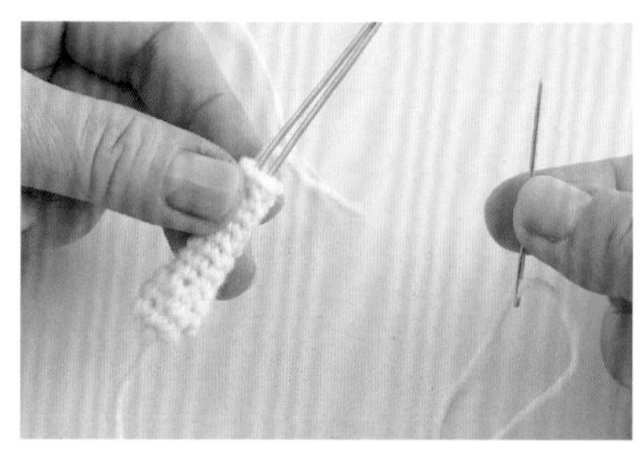

34　將起針的線穿過毛線縫針（或另接線），拉出零件前端，穿過零件內的鐵絲環2～3次，接著處理線端。

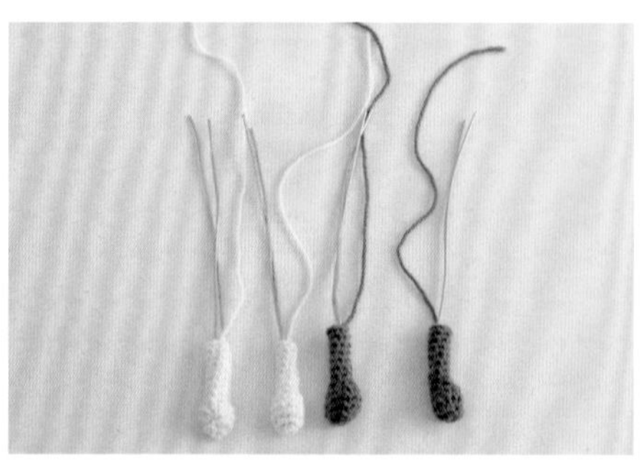

35　手腳等4個零件都以同樣方式穿入鐵絲。

36　將鐵絲穿入手臂縫合位置的織片隙縫。

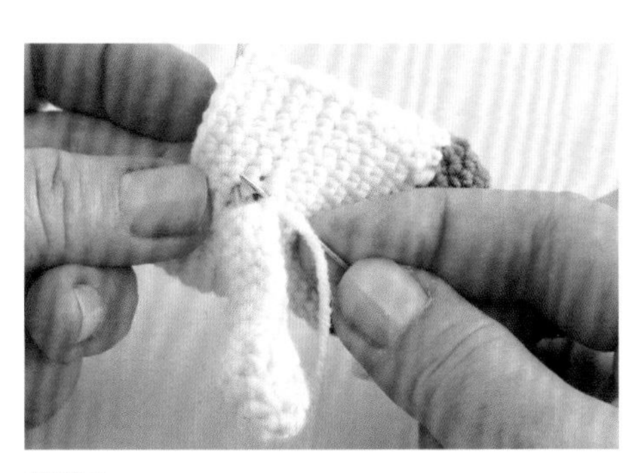

37 編織手臂後留下的線尾穿過毛線縫針，接著把手臂縫合在身體上。

38 手腳全都縫合完畢。

39 將裝入四肢零件的鐵絲束在一起彎成一小團，用膠帶等纏繞鐵絲團，以免鐵絲尖端穿出織片。

▶ 縫合頭部

40 在身體塞入棉花。塞入足夠的棉花，使身體的軟硬程度與頭部相同。

41 將頭部零件放在身體上，決定好位置後以待針固定，

42 接著使用編織身體後留下的線尾，縫合頭部和身體。

LESSON 2　小白鼠

43　頭部縫合完成。就算只是稍微變更頭部角度，玩偶的表情看起來也會不同。

▶ 縫合耳朵

44　按照編織圖，鉤織耳朵零件。線端預留長線後剪掉。

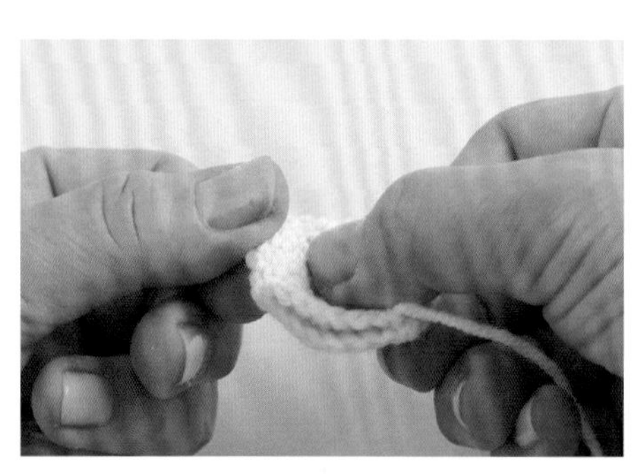

45　將耳朵零件壓扁，在中央部分壓出凹陷。

46　決定好耳朵的縫合位置後，以待針固定在頭部零件上。

47　耳朵零件的線尾穿過毛線縫針，從背面以重疊縫合（P.120）的方式縫合耳朵。

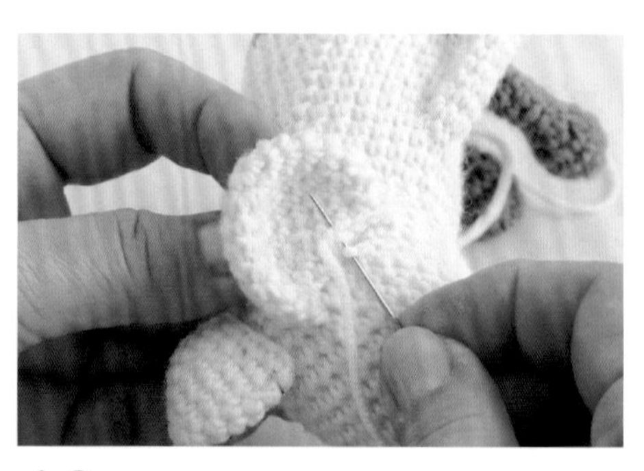

48　翻到臉部正面，以同樣方式縫合耳朵。

49 耳朵縫合完畢。

▶ 縫合尾巴

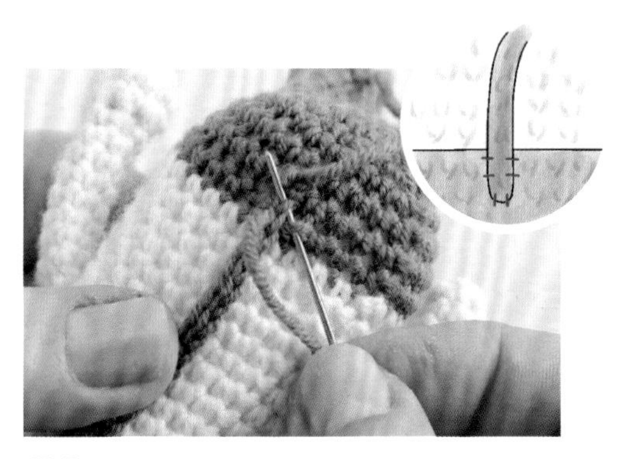

50 尾巴預留的線端穿過毛線縫針後，從尾巴的下方將尾巴縫合在臀部上。

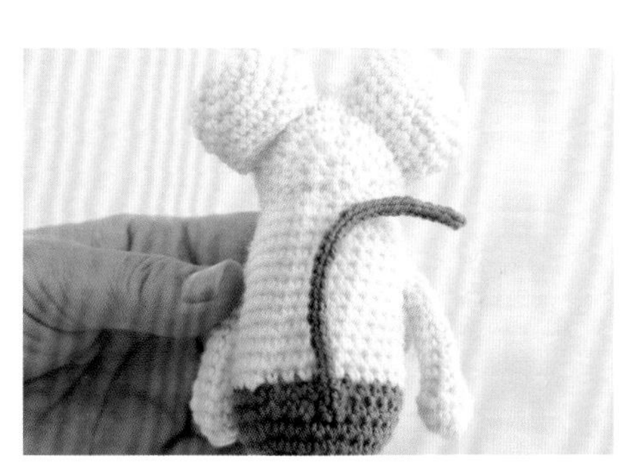

51 縫約2個針目後換邊，另一邊也是以同樣方式縫合。

52 尾巴縫合完畢。縫約2個針目，使尾巴往上翹。

▶ 繡上鼻子

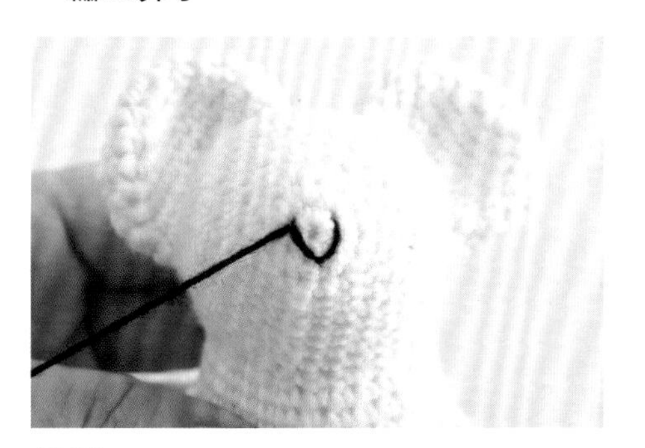

53 在臉部前端繡上鼻子。先用黑線繡上V字形。

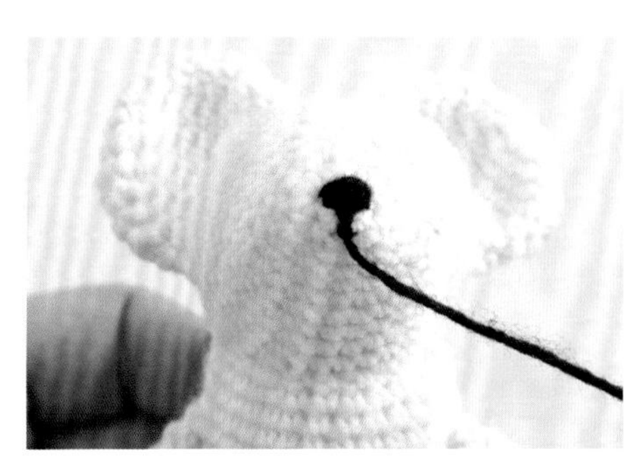

54 再以緞面繡（P.161）填滿V字形內部。

LESSON 2　小白鼠

55　以直線繡（P.155）繡出鼻下的直線，然後從嘴角拉出線來。

56　接著穿過鼻下直線的下方，從另一端的嘴角入針。然後在臉部以外的部分處理線尾（P.149）。

▶ 加上眼睛

57　試插眼睛配件，決定位置。

58　決定好穿入位置後，將眼睛配件的支腿沾上接著劑，接著穿入（P.164）。

59　大功告成。由於手腳內均裝有鐵絲，因此小白鼠可坐可站，也可以舉手彎腳。

LESSON 3

穿褶邊裙的女孩

除了基本針法外，在裙子、手指和頭髮等部分
使用小技巧鉤織出可愛的小女孩。
不妨自行改變髮型或服裝顏色，自由發想有趣的設計。

【材料】
一般粗毛線（淡橘色）
一般粗毛線（黃色）
一般粗毛線（淡藍色）
一般粗毛線（咖啡色）
一般粗毛線（白色）
一般粗毛線（紅色）
眼睛配件（卡通眼）
棉花

【使用工具】
鉤針4/0號
毛線縫針
剪刀
接著劑
待針

【做法】

①參考編織圖，鉤織頭部及身體，並塞入棉花。
②縫合頭部與身體。
③參考編織圖，鉤織手、腳，並塞入棉花。
④將腳縫合在身體上。
⑤在身體接線鉤織裙子。
⑥將手縫合在身體上。
⑦使用接著劑黏貼眼睛配件。
⑧繡上鼻子。
⑨以重疊縫合方式縫上耳朵。
⑩頭頂到後腦採用流蘇植髮，瀏海則採刺繡植髮。

【身體】1個
・黃色

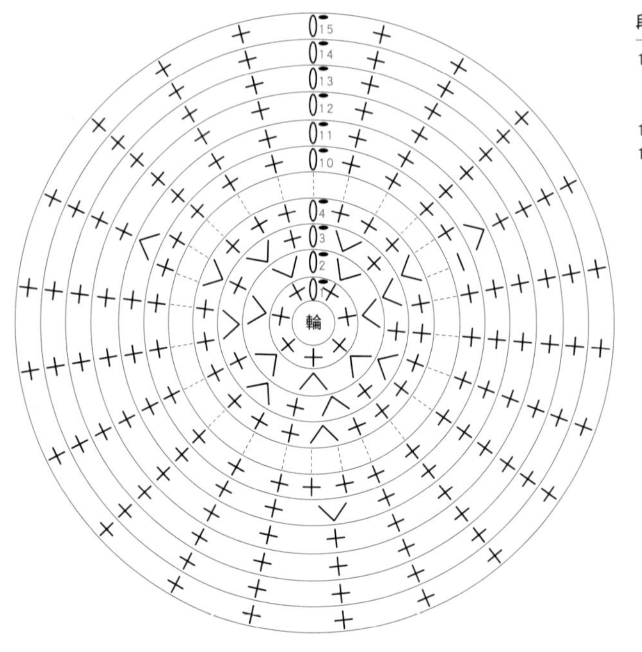

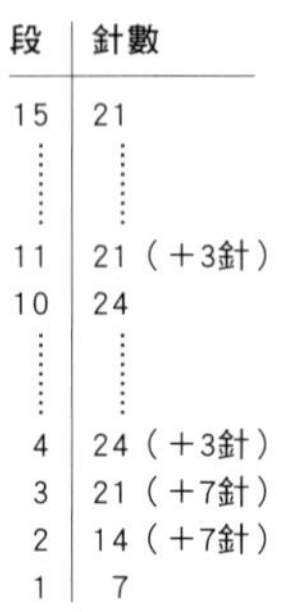

段	針數
15	21
⋮	⋮
11	21（＋3針）
10	24
⋮	⋮
4	24（＋3針）
3	21（＋7針）
2	14（＋7針）
1	7

【耳朵】2個
・淡橘色

【裙子】
・淡藍色
※從身體的第8、9段之間挑針接線鉤織

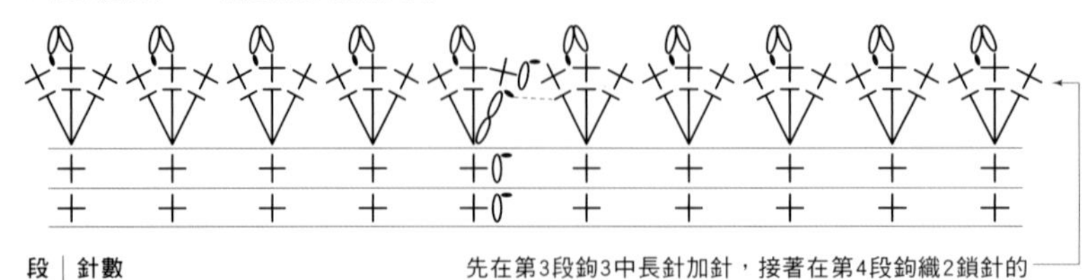

先在第3段鉤3中長針加針，接著在第4段鉤織2鎖針的短針結粒針。3針一組花樣。

段	針數
4	參照編織圖
3	72（＋48針）
2	24
1	24

【頭部】1個

・淡橘色

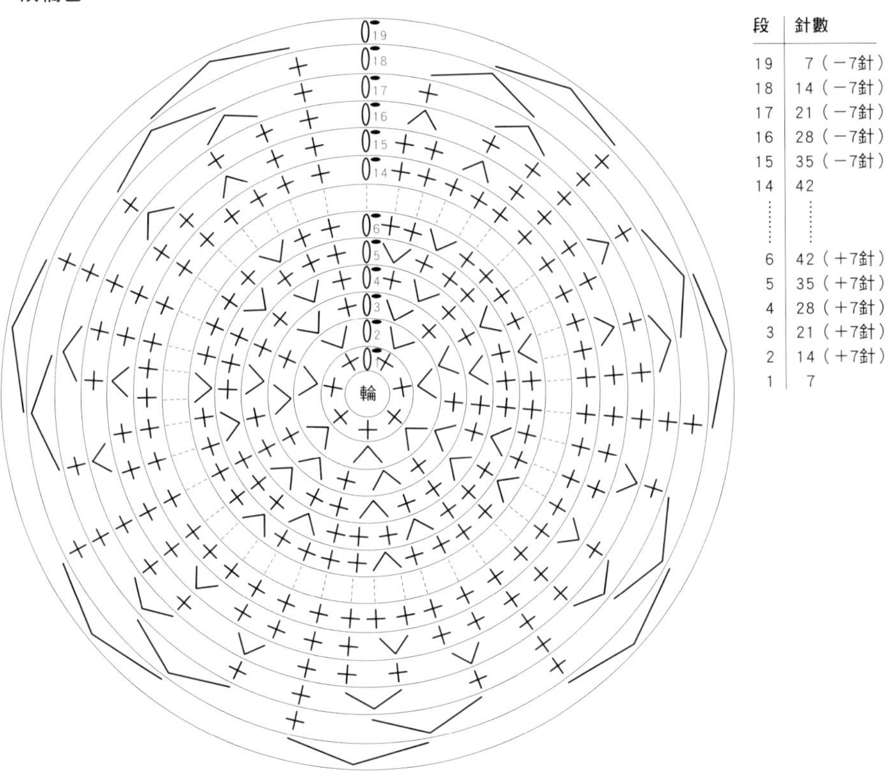

段	針數
19	7（－7針）
18	14（－7針）
17	21（－7針）
16	28（－7針）
15	35（－7針）
14	42
⋮	⋮
6	42（＋7針）
5	35（＋7針）
4	28（＋7針）
3	21（＋7針）
2	14（＋7針）
1	7

【手臂】2個

・淡橘色／黃色

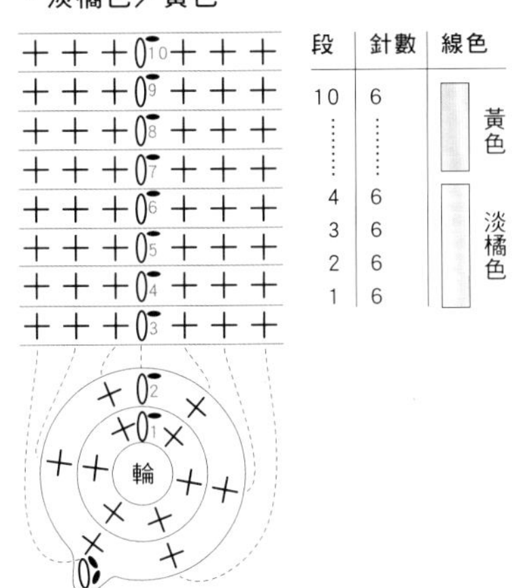

段	針數	線色
10	6	黃色
⋮	⋮	
4	6	淡橘色
3	6	
2	6	
1	6	

【腳】2個

・淡橘色／白色／紅色

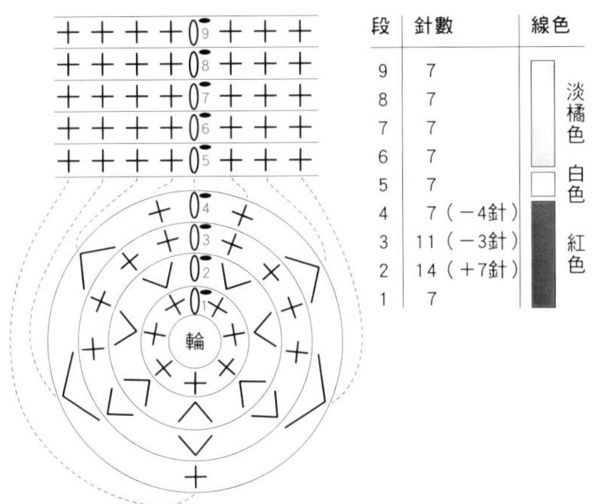

段	針數	線色
9	7	淡橘色
8	7	
7	7	
6	7	
5	7	白色
4	7（－4針）	紅色
3	11（－3針）	
2	14（＋7針）	
1	7	

LESSON 3　穿褶邊裙的女孩

▶ 鉤織頭部

1　依照編織圖加減針，鉤織頭部零件。

2　鉤到一半暫時拿開鉤針，稍做休息。

3　塞入棉花（P.131）。

4　接著鉤織到最後一段。

5　做縮口收針（P.132）。

6　處理線尾（P.149）。

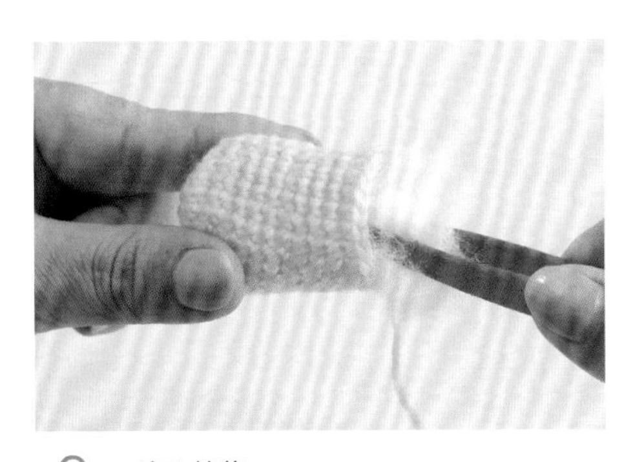

7 完成頭部零件。

▶ 鉤織身體

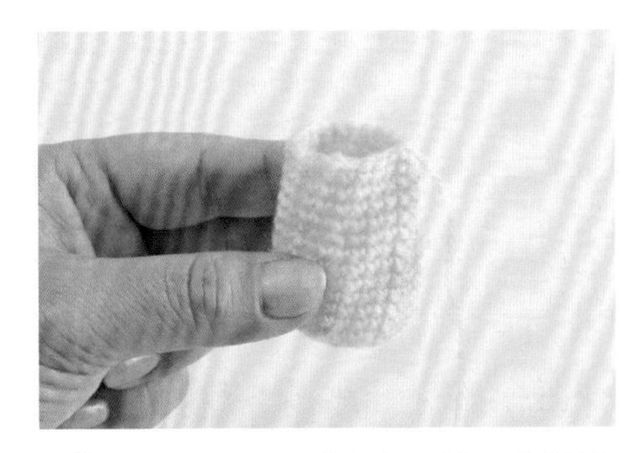

8 按照編織圖鉤織身體。最後以引拔針收針（P.145）。

9 塞入棉花。

▶ 縫合頭部與身體

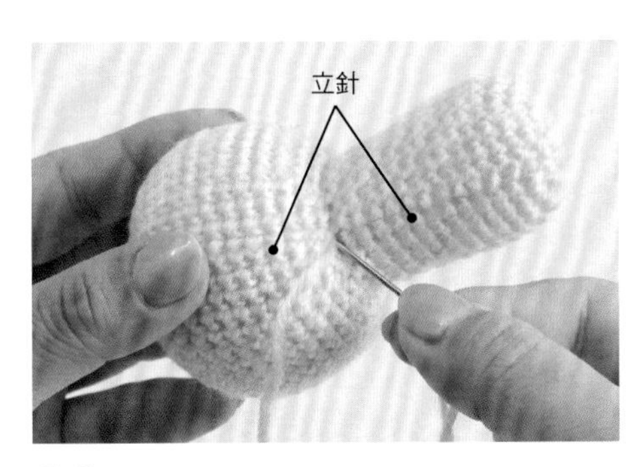

10 將步驟8的線尾穿過毛線縫針，在臉部織片挑針進行縫合（P.118）。

11 使頭部和身體的立針位置相互對準，再行縫合。

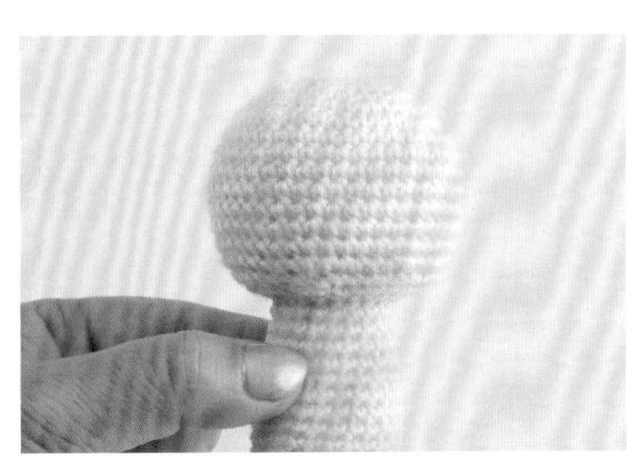

12 縫合一圈後，頭部與身體縫合完畢。

LESSON 3　穿褶邊裙的女孩

▶ 鉤織手、腳

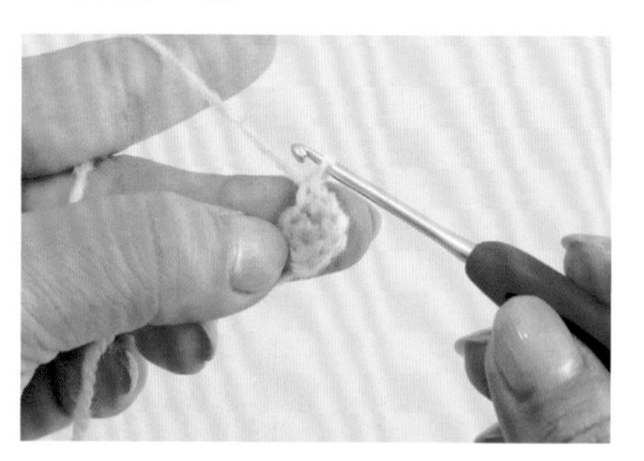

13　按照編織圖從手指開始鉤織。圖中為鉤完第1段的模樣。

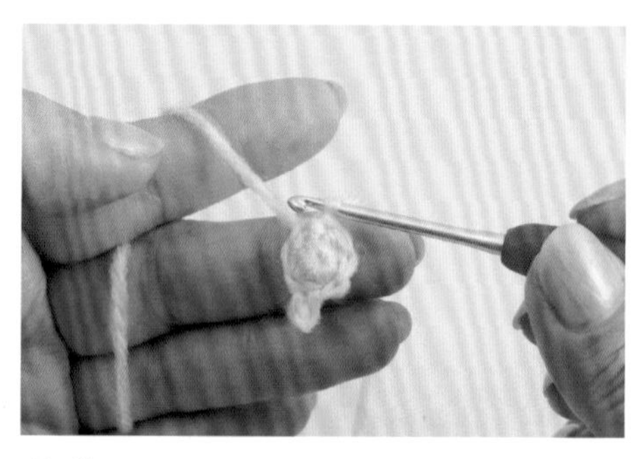

14　按照編織圖，鉤結粒針（P.60）作為大拇指。

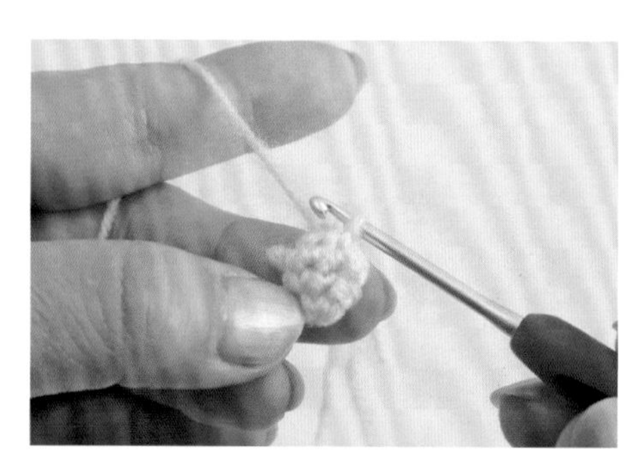

15　鉤完第3段完成手掌後，接著換黃色線鉤手臂。

16　鉤好的手臂部分。

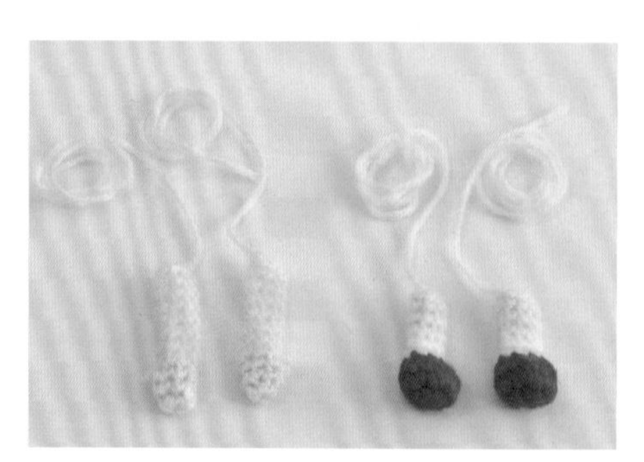

17　腳的部分同樣按照編織圖來鉤織。圖中為鉤好的雙手與雙腳。

▶ 縫合腳部

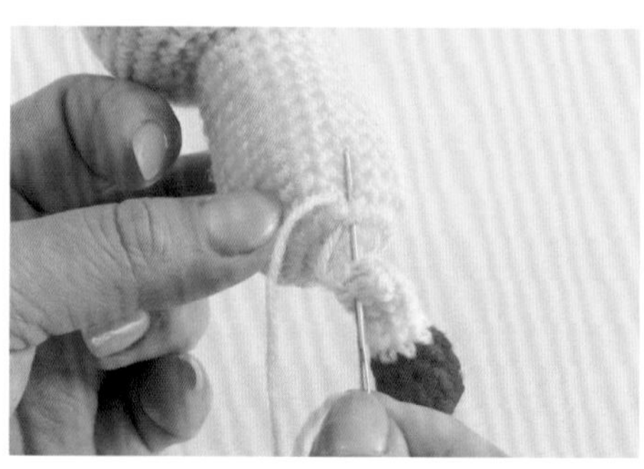

18　腳部鉤織後的線尾穿過毛線縫針，以重疊縫合（P.120）的方式將腳縫合在身體的下側靠前方。

19 雙腳縫合完成

▶ 鉤織裙子

20 接下來在身體的第8段和第9段之間接上淡藍色毛線，以橫向挑針的方式鉤織短針，接線編織（P.129）。

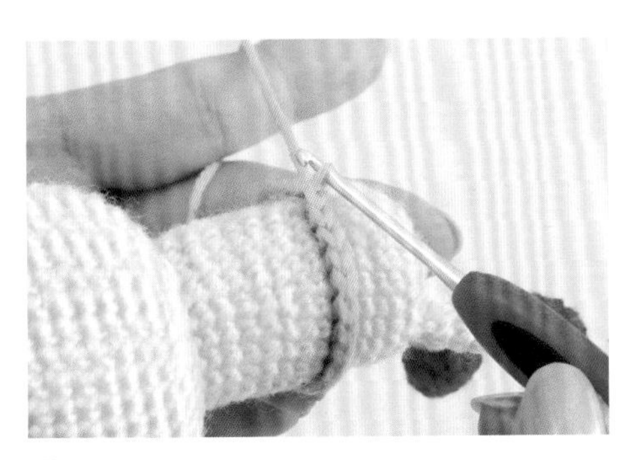

21 鉤完一圈短針。

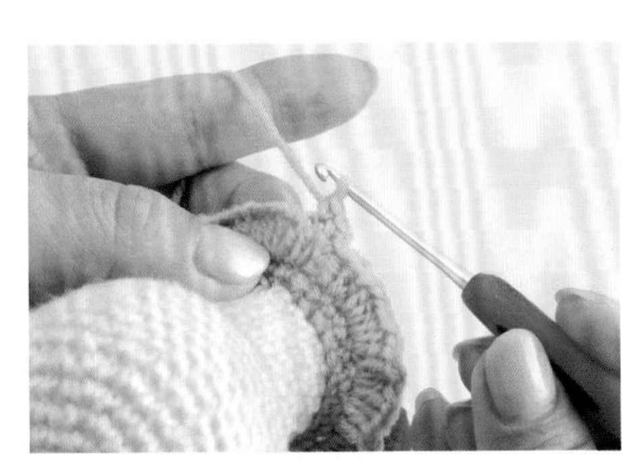

22 接著鉤織3針一組花樣的褶邊（P.94）。先鉤2針短針。

23 鉤完2針鎖針後，將鉤針穿入頭部鎖針並引拔拉出，接著鉤織結粒針（P.60）。這樣就鉤好一個褶邊。

24 鉤完一圈褶邊後，最後線端預留10㎝後剪掉。線尾穿過毛線縫針後以鏈條接合（P.142）的方式收針，最後處理線尾。

LESSON 3　穿褶邊裙的女孩

25　褶邊裙鉤織完成。

▶ 縫合手臂

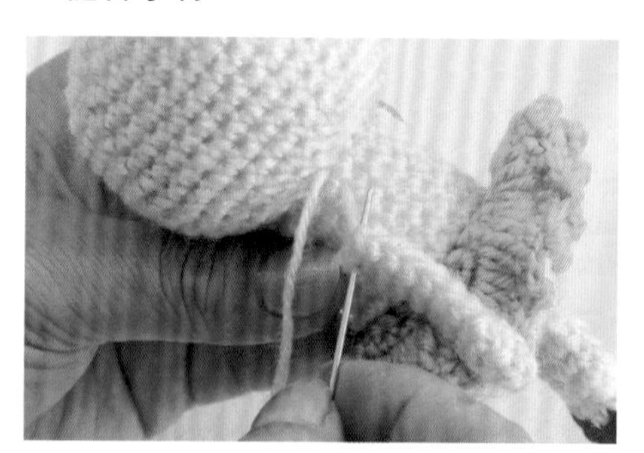

26　手臂零件以重疊縫合（P.120）的方式縫合。縫合前先確認身體的前後方。

▶ 加上眼、鼻

27　試插眼睛配件，決定好穿入位置後以接著劑黏貼（P.164）。

28　以捲線繡（P.163）繡上鼻子。從臉部中心的下一個針目橫向出針後，繞線5圈。

29　壓住捲好的線圈，抽出毛線縫針後，於間隔2個針目的位置入針。

30　完成臉部。

▶ 縫上耳朵

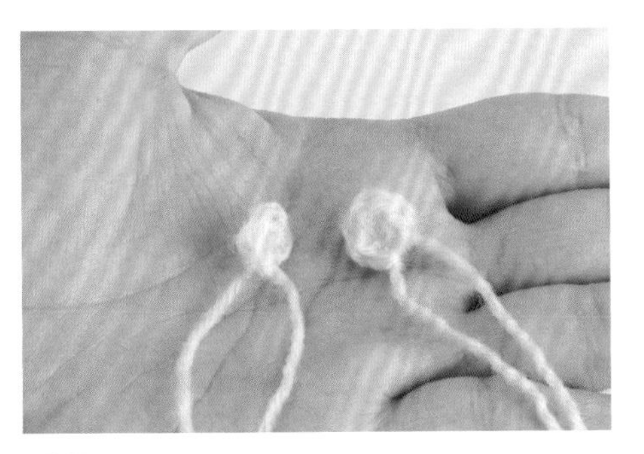

31 按照編織圖鉤織耳朵零件。接著將線端穿過毛線縫針，將耳朵縫合在臉上。

▶ 植頭髮

32 頭頂到後腦的頭髮，採用流蘇的方式植髮（P.172）。

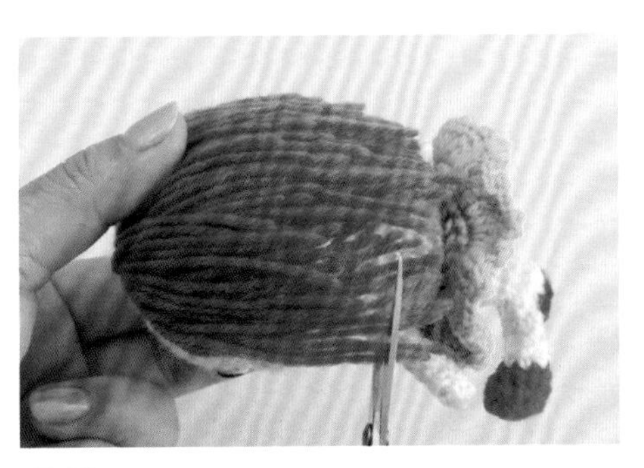

33 將流蘇的末梢修剪整齊。

34 以直線繡（P.155）繡上瀏海。在頭頂的流蘇根部繡直線繡，以免髮根露出。

35 最後用蒸氣熨斗燙直頭髮。

36 大功告成。由於腳縫在身體的前方，因此人偶可以坐著。

〈本書玩偶零件編織圖〉

P.80

【開口】

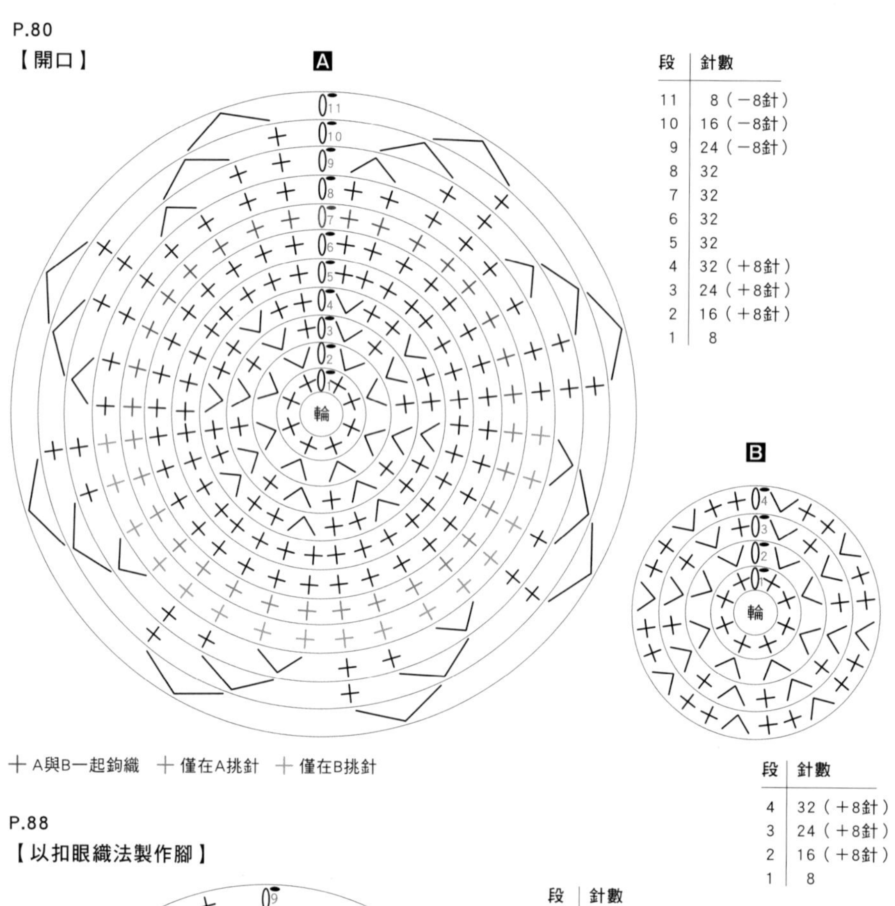

A

段	針數
11	8（－8針）
10	16（－8針）
9	24（－8針）
8	32
7	32
6	32
5	32
4	32（＋8針）
3	24（＋8針）
2	16（＋8針）
1	8

B

段	針數
4	32（＋8針）
3	24（＋8針）
2	16（＋8針）
1	8

＋ A與B一起鉤織　＋ 僅在A挑針　＋ 僅在B挑針

P.88

【以扣眼織法製作腳】

9
8
7
6
5
4
3
2
1
輪

段	針數
10	8
9	8
8	8
7	8※扣眼織法
6	8
5	8
4	8（－2針）
3	10
2	10（＋5針）
1	5

P.166

【鉤織頭盔形髮片】

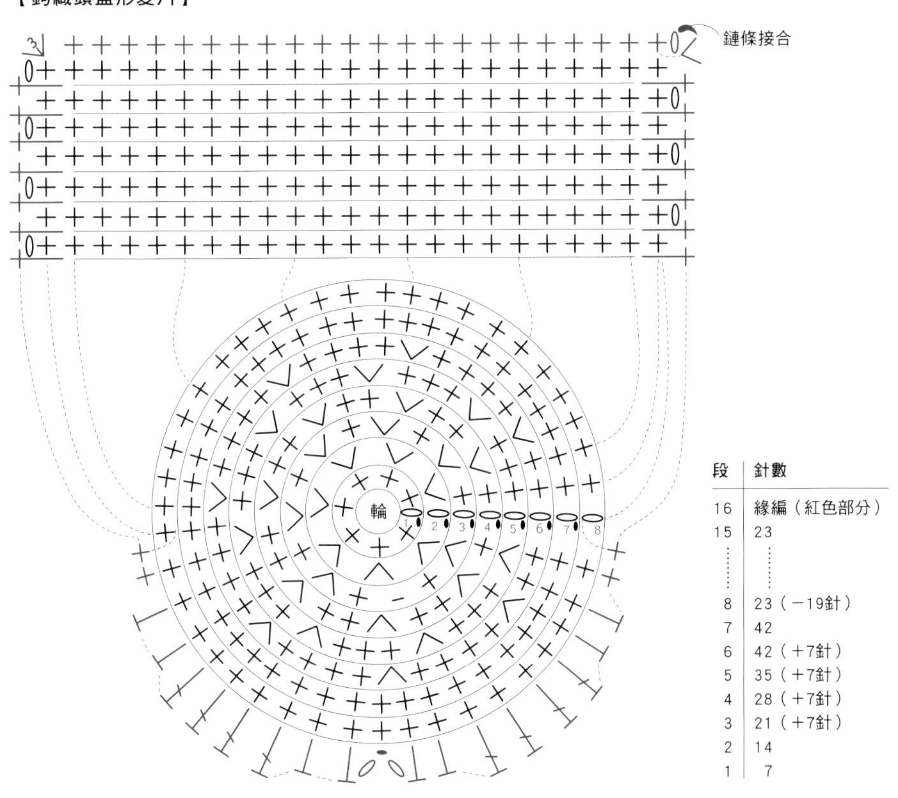

段	針數
16	緣編（紅色部分）
15	23
⋮	⋮
8	23（－19針）
7	42
6	42（＋7針）
5	35（＋7針）
4	28（＋7針）
3	21（＋7針）
2	14
1	7

P.170

【另外鉤織頭髮】

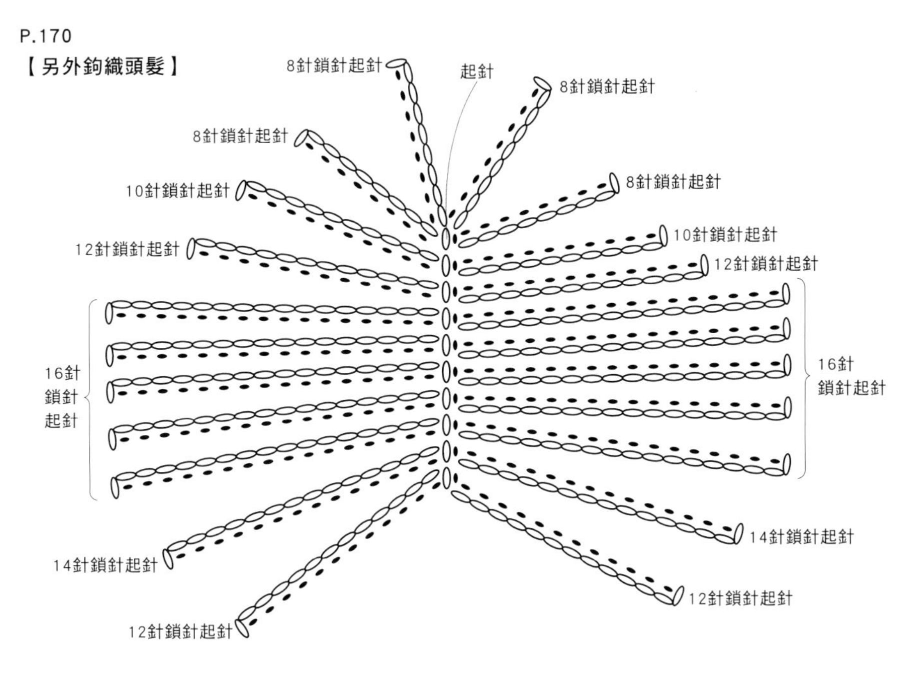

P.177

【小熊口金包】

・本體(2片) 棉 6/0號

〈米色〉

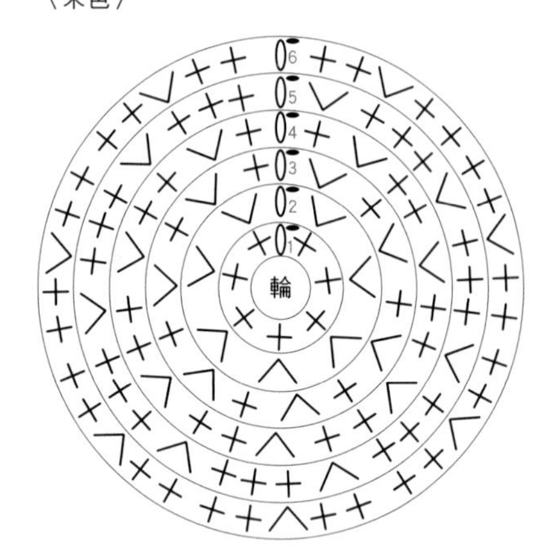

加裝口金的部分
為22針

・鼻子(1個)

〈白〉

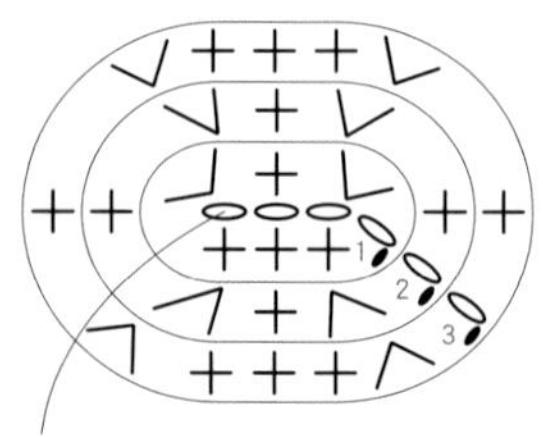

起針
3 針鎖針起針

段	針數
3	16(+4針)
2	12(+4針)
1	8

・耳朵(2個)

〈淡紫〉

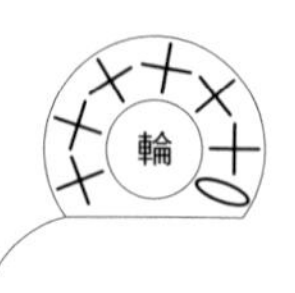

鉤完6針輪狀起針
即結束

鉤織玩偶的素材、名稱、技巧索引

〈英文〉

〈2 畫〉

〈3 畫〉

〈4 畫〉

〈5 畫〉

〈6 畫〉

〈7 畫〉

〈8 畫〉

鉤織玩偶的素材、名稱、技巧索引

〈14 畫〉

〈15 畫〉

〈16 畫〉

〈17 畫〉

〈18 畫〉

〈19 畫〉

〈21 畫〉

〈23 畫〉

〈26 畫〉

〈27 畫〉

一般社團法人 日本鉤織玩偶協會

2002年成立，主旨為推廣鉤織玩偶文化。不僅舉辦「鉤織玩偶收藏」等全國性活動，促進鉤織玩偶製作者與愛好者之間的交流，也持續致力於將「Amigurumi」（毛線娃娃）一詞推廣海外。本協會除了籌辦活動外，亦負責管理供鉤織玩偶藝術家展示作品的展覽空間，另外也經營線上商店，販售協會原創的鉤織工具、配件，以及鉤織玩偶材料包。自2018年起開始舉辦鉤織玩偶技能的認證講座。

作品製作

あみぐるみの森／あみもの工房k-knit／イチゴチョコ／utata*／qupi／kumaneko／けろりん／SUNNY SUNDAY／shimami／すぷうんらんど／田中家／釣谷京子／happysmile／haru*maki／hitokoハウス／BULL／まめずぅや にゃん太郎。／丸二屋／まるみ／みょうみょう＊うるりっと／村田寛之／lemo

協　力

ハマナカ株式会社／クロバー株式会社／内藤商事株式会社

攝影
鏑木希実子

裝幀・設計
佐藤アキラ

繪圖・插圖
小池百合穗

編輯
田口香代

手作鉤織玩偶技法書

出　　版／楓書坊文化出版社
地　　址／新北市板橋區信義路163巷3號10樓
郵政劃撥／19907596 楓書坊文化出版社
網　　址／www.maplebook.com.tw
電　　話／02-2957-6096
傳　　真／02-2957-6435
作　　者／日本鉤織玩偶協會
翻　　譯／黃琳雅
責任編輯／江婉瑄
內文排版／楊亞容
港澳經銷／泛華發行代理有限公司
定　　價／420元
出版日期／2019年7月

國家圖書館出版品預行編目資料

手作鉤織玩偶技法書 / 日本鉤織玩偶協會作 ; 黃琳雅譯 . -- 初版 . -- 新北市 : 楓書坊文化 , 2019.07　面 ;　公分

ISBN 978-986-377-491-4（平裝）

1. 編織 2. 玩具 3. 手工藝

426.4　　108006819